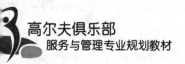
高尔夫俱乐部
服务与管理专业规划教材

"十二五"职业教育国家规划教材
经全国职业教育教材审定委员会审定

GAO'ERFU QIUCHANG JIANZAO YU CAOPING YANGHU

（第2版）

高尔夫
球场建造与草坪养护

U0241840

主　编　常智慧　李存焕
副主编　尹淑霞　黄登峰　杜玉珍
参　编　费　凌　骆　娟　黄志勇　姬承东
　　　　王晓俊　方敏彦　谢　芳　梁小红
　　　　刘文星　梁景春

北京·旅游教育出版社

再版序言

PREFACE

　　"十二五"期间是国家对高尔夫行业宏观政策发生积极变化的时期,将高尔夫纳入规范发展的政策走向逐渐明晰,各级地方政府也相继出台了大量有利于高尔夫行业发展的地方政策。而且,继成为亚运会、奥运会比赛正式项目之后,高尔夫运动也于2013年正式成为我国全运会的比赛项目,这标志着我国高尔夫运动进入了一个新的发展里程。

　　国家相关政策的不断调整和完善、国民经济的不断发展和人民生活水平的不断提高,必将大大推动高尔夫运动在我国新一轮的快速发展。高尔夫覆盖人群的日渐扩大、普及率的不断提高,带动了行业内众多环节的连锁性发展,比如更多高尔夫球场的建造、高尔夫相关产品制造业的繁荣、从业人数的增加以及高尔夫教育产业的发展等。

　　总体来讲,我国高尔夫运动还处于发展的初级阶段。据不完全统计,目前我国已建有高尔夫球场近600家,仅基层从业人员缺口就接近4万人,更不用说具有专业高尔夫背景和多年从业经验的中高级管理人才了。与此对应,我国高尔夫教育也处于刚刚起步阶段。主要体现在开设高尔夫专业的院校数量不多,专业成立时间较短,学科建设不成熟,师资教材相对匮乏。自从深圳大学1995年创办我国首所高尔夫学院后,陆续有近百所院校开设了高尔夫相关专业。但由于目前高尔夫方向还没有纳入国家高等教育专业目录,更没有专业教育指导委员会,各高校都将高尔夫作为体育、管理和草业专业学科下的一个学科方向,即高尔夫运动方向、高尔夫管理方向和高尔夫草坪方向。作为一个新的专业方向,近些年高尔夫教育在我国虽然取得了一定的成效,但在教育理念、教育模式、课程设置、教材质量及师资力量等方面尚存在诸多的问题,与行业对人才培养的实际需求还存在一定的差距。

面对目前国内开设高尔夫课程和专业方向的高校不断增多的形势,如何加强学科建设,推进课程教学改革,确保教学和人才培养质量,巩固人才培养阵地,成为一个亟待解决的问题。教材是解决上述问题的重要环节,是将教学计划和教学大纲所规定的课程目标转化为学生在课堂中具体学习形式的平台,如果没有好的教材,教学计划和课程目标就会失去支撑,人才培养目标就无从实现。

基于上述现状,旅游教育出版社在关注高尔夫教育市场多年并与多所院校及行业专家沟通的基础上,对高尔夫相关教材的现状及需求状况做了大量调研,多次邀请相关院校教师、行业及相关培训机构专家,召开全国高尔夫学科建设及教材编写研讨会。通过对目前高尔夫专业课程设置及教材现状等方面的交流研讨,结合我国高尔夫产业发展对人才规格的实际要求,初步确立了高尔夫专业教学的发展方向、人才培养目标及高尔夫专业教材的研发与编写规划,并组织了专业编委会。

本套教材目前包括:《高尔夫概论》《高尔夫俱乐部经营与管理》《高尔夫球会服务与管理》《高尔夫球场建造与草坪养护》《高尔夫球基本技术与实战策略》《高尔夫赛事组织与管理》《高尔夫英语教程》和《高尔夫英语实用会话》。后续我们还将推出更多的同系列教材。本系列教材可供高等院校高尔夫相关专业教学使用,也可作为高尔夫相关从业人员的参考用书。

在本系列教材编写过程中,由于可用来指导和借鉴的参考资料非常有限,而且参与教材编写的作者多为年轻教师,错误和不足在所难免,这也是我们要对教材进行不断修订完善的重要原因之一。

另外,作为本套丛书编写委员会的主任,我要特别感谢旅游教育出版社的领导和策划、编辑人员,是他们的不懈努力、坚持和付出才有了本系列教材的问世;还要感谢参与编写工作的所有专家学者及其所在单位的领导,正是有了这些高等教育机构的支持和实践,我国高尔夫教育的水平才能向前推进和提高。最后,祝愿我国高尔夫专业教育更加规范,蒸蒸日上,为高尔夫产业的发展培养更多优秀的专业人才!

韩烈保

于北京林业大学

自 1984 年中国第一个高尔夫球场——中山温泉高尔夫球场建成以来，高尔夫这项古老的球类运动在我国逐渐发展开来。近年来，随着经济的发展和人民生活水平的提高，我国越来越多的人开始喜欢上高尔夫这项集休闲、娱乐、运动和社交于一体、讲究诚信与自律的运动，使得对高尔夫球场的需求不断增加。2004 年以来，我国每年新建高尔夫球场 50~60 个，截至 2015 年年底，我国建成高尔夫球场数量已有近 500 家。

随着我国高尔夫运动的发展，高尔夫球场以及打球人口数量的不断增长，高尔夫行业对于从事高尔夫球场设计建造、草坪建植与管理的专业人才需求日益增加，开设高尔夫相关专业的高等院校、职业院校也越来越多。据不完全统计，截至 2015 年年底，全国开设有高尔夫相关专业的高等院校、大专院校和职业院校已有近百所。由于我国高尔夫球场草坪建植与管理的水平相对落后，目前可供参考的资料和书籍很少，为了尽快培养高尔夫球场草坪相关专业人才，推动我国高尔夫球场草坪建植与管理水平的提高，我们在借鉴国内外高尔夫球场草坪植管先进理论与技术的基础上，结合我国高尔夫教育和高尔夫球场草坪养护管理的实际，编写了这本《高尔夫球场建造与草坪养护》教材。

本教材力求理论与实践并重，在介绍高尔夫球场草坪的发展历史、高尔夫球场草坪草等基础知识的基础上，系统介绍了高尔夫球场果岭、球道、发球台、沙坑等区域的建造，高尔夫球场草坪灌溉排水，高尔夫球场营养与施肥，高尔夫球场果岭、球道、发球台、高草区草坪以及沙坑的养护与管理，高尔夫球场有害生物与防治等内容,重在解决高尔夫球场草坪管理的实际技术与理论。

本教材首版于2012年,并于2014年入选"十二五"职业教育国家规划教材。经过四年多的使用,得到了广大院校师生的认可。为了进一步完善本教材,我们结合行业发展的新情况及各方反馈意见,对其进行了第2版修订。修订重点如下:第一章,根据近年高尔夫行业的发展变化,更新一些实时性信息;第二至第十三章,则从文字细节上修订并丰富完善了第一版的内容,使其语言表述更加专业,知识信息更加严谨,实操内容更加实用。修订幅度较大的章节有:第一章、第二章、第六章、第九章、第十一章、第十三章。希望修订后的教材能够更加适应教学的需要。

参加本教材编写工作的编者不仅具有深厚的理论知识,而且具有丰富的高尔夫球场草坪管理实践经验,全部是从事高尔夫球场草坪科研和教学的一线教师。本教材是由10个院校的13位教师共同完成的,他们分别是北京林业大学常智慧博士(第一、第五、第十二章)、尹淑霞博士(第四章)和梁小红老师(第十二章),北京东方研修学院高尔夫分院杜玉珍老师(第二章),深圳大学高尔夫学院李存焕博士(第一章),辽宁职业学院高尔夫学院王晓俊和梁景春老师(第三章)、刘文星老师(第五章),江汉大学高尔夫学院谢芳老师(第六章),湖南高尔夫旅游职业学院姬承东老师(第七、第八章)、黄登峰老师(第十三章),武汉体育学院黄志勇老师(第七章),吉林大学珠海学院费凌老师(第九章),江苏农林职业技术学院方敏彦老师(第十章),三亚学院旅业管理分院骆娟老师(第十一章)。

在教材编写过程中,编者还查阅了国内外高尔夫球场草坪的最新文献资料,在教材中介绍了大量高尔夫球场草坪建植与管理的先进理论和技术,从而使教材更具科学性、实用性和前瞻性。在此,谨对参与编写的教师付出的辛勤劳动和给予的真诚合作深表感谢。同时感谢旅游教育出版社对于本教材出版给予的支持和帮助,没有他们的努力,本书不可能如此顺利地和读者见面。

希望本教材的出版,能促进我国高尔夫球场草坪人才的培养,推动我国高尔夫球场草坪管理水平的提高,为我国高尔夫运动的发展贡献微薄之力。

当然,由于水平所限和时间仓促,书中难免有错误和不妥之处,敬请读者批评指正。

常智慧

2016年10月于北京

CONTENTS 目录

第六章　高尔夫球场草坪水分与灌排水 / 103

第九章 发球台草坪养护管理 / 190

第十二章 沙坑维护与管理 / 245

第十三章 高尔夫球场草坪有害生物防治 / 262

第一章
绪 论

本章导读

本章主要介绍高尔夫球场草坪管理发展的历史,高尔夫球场草坪管理职业的演变及草坪管理者的职责,国内外主要高尔夫球场草坪研究和咨询机构等内容。

1. 了解高尔夫球场草坪发展历史
2. 了解高尔夫球场草坪管理职业的演变及草坪管理者的职责
3. 了解国内外主要高尔夫球场草坪研究和咨询机构

第一节　高尔夫球场草坪养护管理的发展历史

一、早期的高尔夫球场草坪管理

高尔夫运动不像其他球类(足球、篮球)运动,我们不知道其起源的确切年份和地点,只知道其大致起源于 14～16 世纪。高尔夫球场草坪管理是如何发展而来? 人们何时开始对高尔夫球场草坪进行管理? 早期高尔夫球场草坪管理者采取哪些措施对球场不同区域草坪进行管理? 这些问题都没有定论。

为了满足高尔夫运动的发展需求,世界各地的新建高尔夫球场层出不穷,而新建高尔夫球场的核心内容之一就是草坪建植。因此,高尔夫球场草坪建植与管理随着高尔夫运动的发展,也成了一门职业。同时,在那些早期已经建有高尔夫球场的地方,随着人们球技的提高,人们对高尔夫球场打球条件的要求越来越高,自然希望球场草坪具有更好的击球质量,因而草坪管理又发展成为一门专门的学科。

大多数学者认为,高尔夫运动诞生并成熟于苏格兰。圣·安德鲁斯是苏格兰最古老的学术中心和权威教会的所在地,早期的宗教和商务活动吸引了来自世界各地的传教士和商人,也就是这一时期高尔夫运动来到了苏格兰,来到了安德鲁斯。高尔夫在此盛行并传遍世界不是偶然的,苏格兰独特的气候以及林克斯(Links)地形造就了高尔夫运动。圣·安德鲁斯古老的球场上没有发球台和球道,甚至连果岭也没有。推杆的地方也只不过长满和其他地方一样粗短的草皮。据说,早期的球手把兔穴作为推杆的球洞,因为兔穴周围的草皮被兔子啃食得比较低。球手们一般是在兔穴旁边抓起数捧沙土铺平作为下一洞的发球台,所以早期的球场上没有经过精心养护的推杆草皮。

1700 年前后,圣·安德鲁斯球场开始设立果岭,而且采取人为的措施使果岭草坪旺盛生长,保持良好的推杆面。1754 年,圣·安德鲁斯球会成立,球会明确提出每年为老球场草坪维护提供养护费用,这被认为是球会认识到高尔夫球场草坪需要专门管理的标志性事件。1764 年,圣·安德鲁斯会认为前 4 洞缺乏挑战性,决定去掉 2 个果岭,并把它合并为两个长洞,圣·安德鲁斯球场由此变成 18 个球洞,这也成为后来新建高尔夫球场的标准。1832 年,圣·安德鲁斯会开始在果岭上设置洞杯,开创了在果岭上统一洞杯位置的先河。

二、高尔夫球场草坪养护管理的发展

20 世纪以前,是高尔夫球场草坪管理者不断摸索的过程。典型的养护办法是直接用粪肥做肥料,用波尔多液防治病害,用尼古丁溶液防治害虫,用小刀防除杂草。大多数球场草坪主要依靠羊群、家畜及野兔"修剪"。一些球场的部分草坪,也雇用人工用镰刀修割草坪。

草坪修剪,是提高或获得良好击球草坪面的有效途径之一。高尔夫球场草坪管理的发展,离不开草坪修剪机械的发明和发展。1830 年,英国人布丁(Edwin Budding)发明了第一台剪草机;1832 年,剪草机开始批量生产并用于修剪草坪,结束了高尔夫球场靠镰刀和动物"修剪"的历史。自从布丁发明了滚刀剪草机技术,在世界科学技术革命之前,如何提高剪草机的剪草工作效率成为主要研发方向。20 世纪 20~30 年代,动力剪草机开始流行,并逐渐取代人力,剪草效率大大提高。第二次世界大战之后,以美国为代表的管理革命使提高工业产品的生产效率不再是难题,剪草机发展重点转为如何适应高尔夫运动的发展。现在,随着相关技术的不断发展,剪草机更轻便、灵活,修剪效率更高、更易维护,使用寿命也更长。剪草机的发展方向转变为如何在保持对草坪伤害更小的情况下,实现高质量剪草;同时,要求剪草机动力系统对环境污染更小、能耗更低。

高尔夫球场草坪灌溉设备及技术,也是随着高尔夫运动对草坪质量要求越来越高而产生和发展的。1850 年前,高尔夫球场主要用牲畜拉水进行灌溉;直到 1880 年,苏格兰的球场才采取专门的措施进行灌溉。1894 年,圣·安德鲁斯老球场专门钻了一口水井用于果岭灌溉,开创了果岭灌溉的先河。1897 年,齿轮传动喷头出现并广泛用于球场灌溉,成为最早的高尔夫球场灌溉设备。20 世纪 30 年代和 50 年代,托罗(Toro)、雨鸟(Rain Bird)和亨特(Hunter)等为高尔夫球场提供专业喷灌设备的生产商开始出现。1949 年,美国喷灌喷头制造商协会(1978 年改名为美国喷灌协会)成立,成为高尔夫球场灌溉技术的引领者。

喷灌,是目前高尔夫球场草坪最主要的灌溉方法。高尔夫球场灌溉经历了一个由低级向高级,从人工压力管道喷洒到移动式喷灌,从地上摇臂式喷头到地埋式喷头,从手动控制喷灌到自动控制喷灌系统,从普通加压水泵到变频调速水泵等的发展过程。随着全球水资源供需矛盾的日益加剧,提高灌溉水的利用率和水资源的再生利用率成为高尔夫球场灌溉的发展目标。将新技术、新材料和新设备与高尔夫球场草坪灌溉技术结合起来;将雨水、再生水等水资源广泛运用于高尔夫球场灌溉,实现高尔夫球场灌溉的节水化、精准化、综合化和管理科学化,是未来的发展方向。

果岭,是球手推杆入洞的草坪区域,如何评判球在果岭上的滚动效果,做到球场中 18 个果岭不同区域滚动效果一致,成为困扰高尔夫球场草坪发展的问题。随着高尔夫球运动的发展,果岭球速这一评价果岭区域运动性能的重要指标应运而生。1937 年,埃迪·史汀生(Eddie Stimpson)发明了原始的果岭测速计(Stimpemeter),其原理为使用获得一定动能的标准高尔夫球的滚动距离表示果岭球速。1978 年,经过改进后的果岭测速仪首次在英国公开赛中使用。果岭球速概念及果岭测速仪的广泛应用,使得果岭草坪质量评价有了一个重要的指标。球场总监可用果岭测速仪来监测球场的果岭速度,还可用来评价各种管理措施对球速的影响,并决定这些措施的使用强度,力求果岭速度达到球手的理想要求。

第二次世界大战后,随着世界经济的复苏,高尔夫运动在世界范围内得到了前所未有的发展,高尔夫球场草坪管理技术也得到了长足的发展。20 世纪 50 年代前后,球场设备供应商将更加先进、高效且廉价的养护设备推入市场;化学公司也开发出各种更安全可靠的杀菌剂、杀虫剂以及除草剂用于草坪养护;各个大学或机构培育出品质更加优良的草坪草品种,这些都极大地推动了高尔夫球场草坪质量的提高。现在,美国有超过 30 个大学、30 多个有专职研究人员的农业试验机构在从事高尔夫球场草坪的相关研究。

2014年,全世界共有34 011家高尔夫设施分布在206个国家,绝大部分(79%)集中在10个国家,包括美国、澳大利亚、加拿大、英国及日本等。南、北美洲两块大陆上的球场数量占了全世界球场总量的55%(美国球场数已占世界总量的45%);欧洲拥有仅次于南、北美洲的球场数量,占到了全世界的22%;接下来是占14%的亚洲以及占6%的大洋洲。美国是全世界高尔夫球场数量和打球人口最多的国家。根据2011年的统计数据,美国已经有高尔夫球场近2万个,高尔夫行业产值达688亿美元,打球人口3300余万人。

第二节 高尔夫球场草坪管理者

一、高尔夫球场草坪管理者职业的演变

早期苏格兰的林克斯(Links)球场处于原始状态,没有专门的草坪管理者,主要靠绵羊和野兔来完成球场草坪的"修剪"。18世纪末,出现了被专门雇用来负责球场草坪管理的工人,称之为草坪管理者(Greenkeeper)。最早有关草坪管理者的记载,是1774年皇家伯吉斯高尔夫球会(Royal Burgess Golfing Society)以每一季度6先令和一套工作服雇用一个男孩负责球场草坪管理,他被认为是高尔夫最早的"球场总监"。从1809年到1820年,该球会一直雇用一位既负责球杆制造又负责草坪管理的职员。当时的草坪管理者比高尔夫球员的待遇好得多。早期许多高尔夫球手往往也是草坪管理者。著名的高尔夫大师老汤姆·莫利斯不仅是早期著名的高尔夫球场设计者,也是草坪管理者。从1865年到1904年他一直是圣·安德鲁斯高尔夫俱乐部的草坪管理者,主要负责果岭草坪修复、球洞位置更换等。

高尔夫历史学家贺瑞斯·哈钦生(Horace Hutchinson)在他的《高尔夫》一书中对高尔夫草坪管理者作了这样的解释:草坪管理者是由俱乐部以一定的年薪雇用的职员,主要负责管护球场草坪、维护发球台、监管小孩不让他们破坏球场草坪等工作。1906年,贺瑞斯·哈钦生又解释说,现代高尔夫球场草坪管理工作不再是球童或者球手轻易能够兼任或者负责的工作。他认为,高尔夫草坪管理者必须具备化学、植物学的基本知识和敏锐的观察能力。

随着高尔夫运动的不断发展,高尔夫规则逐渐形成,对球场状况的要求也越来越高。人们要求在各种条件下都能够到球场打球,无论是长期干旱或降雨,还是在

其他不利于草坪草生长的情况下。这对高尔夫草坪管理者提出了更高的要求。在20世纪20年代美国高尔夫球协会果岭部成立前，世界高尔夫球场草坪研究基本上没有多大进展。美国高尔夫球协会果岭部致力于高尔夫球场管理研究，极大地推动了高尔夫运动在美国乃至全世界的发展。到20世纪60年代，随着高尔夫球场草坪管理水平的不断提高，从事高尔夫球场草坪管理的人越来越多，人们逐渐用高尔夫球场草坪总监(Superintendent)取代"高尔夫草坪管理者"。从此，高尔夫球场草坪总监或高尔夫球场总监的称谓，随着高尔夫运动在世界各国流行开来。

虽然高尔夫球场草坪总监行业随着时间在不断变迁，但是高尔夫球场草坪总监的工作内容一直是艺术与科学的融合。高尔夫运动的发展以及科技进步已把高尔夫球场草坪总监由一个职员转变为人力资源管理者。

据美国国家高尔夫基金会调查表明，高尔夫球场草坪总监大多是迷恋高尔夫运动或者喜欢在大自然中工作的人。美国高尔夫球场总监协会2014年调查发现，美国高尔夫球场草坪总监平均年龄为41岁，年平均收入为8万美元，平均从业年限为15年，大多至少在两种不同类型的俱乐部担任过草坪总监。

中国第一家高尔夫俱乐部——中山温泉高尔夫俱乐部于1984年在广州成立。从此，中国就产生了高尔夫球场草坪总监这个职位。早期，我国的草坪总监大多由外国人担任。经过30多年的发展，我国本土草坪总监队伍从无到有，逐渐成为中国高尔夫球场管理的主力军。目前，我国有高尔夫球场草坪总监和助理草坪总监600余人，直接从事高尔夫球场草坪管理的从业人员有5000余人。

二、高尔夫球场草坪管理者的职责和要求

球场草坪总监，是高尔夫球场草坪管理的领导者和责任承担者。高尔夫球场草坪总监的核心职责是，在高尔夫俱乐部球场养护管理费用预算范围内，为高尔夫球手提供最好的草坪击球面。球场草坪总监要精通草坪养护人员的管理和任务分配，这样才能保证这项任务高效圆满地完成。最重要的是，球场草坪总监要牢记高尔夫球场是所有生物共有的生存场所，保证高尔夫球场的运营有益于环境、并能实现可持续利用。球场草坪总监应时刻考虑球场养护管理措施是否对球手、附近居民和野生动植物有益。

球场草坪总监是整个球场管理的计划者、领导者和监管者，如果球场击球状况不好，球场草坪总监应负主要责任。球场草坪总监要每天观察果岭、发球台、球道的草坪状况，确保草坪病虫害以及杂草处于可接受范围；草坪草要定期修剪，满足高尔夫球手要求；定期维护沙坑以及更换发球台标志和球洞位置，使高尔夫球手获得愉悦的打球体验；不利于草坪草或者球场景观树木生长的气候来

临时,球场草坪总监要及时采取措施确保这些植物保持良好的生长状况。在打球旺季或者高尔夫比赛期间,球场草坪总监没有节假日,甚至经常加班。球场草坪总监要时刻牢记高尔夫球场草坪管理是一项服务性行业,这需要总监热爱这个行业,最大限度地满足球手的需要。

学会正确的挥杆和击球姿势只是打高尔夫球的一小部分,还有很重要的一点就是,学习高尔夫球场规则和礼仪。球场草坪总监不但要具备一定的打球技术,而且要随时随地负责向高尔夫球手解释各种打球礼仪和高尔夫球场的相关规则,包括球斑的修复、球场上球包的正确放置、高尔夫球车使用规则、沙坑耙沙、高尔夫鞋钉及其危害、球手在球场上的权利与义务等。称球场草坪总监为"多面手"一点不为过,他既要有科学家的精深,又要有环保主义的理念;既有农学家的广博学识,又有出色的人员管理能力;他还应是一个气象学者,是一个业务训导师,同时也是一个节能降耗的成本控制者。高尔夫球场草坪总监所从事的是一个科学知识、专业技能和实践经验相融合的工作。球场草坪总监须具备扎实的基础知识,概括起来大致包括:草坪学、植物学、土壤学、植物生理学、植物营养与施肥、生态学、环境保护学、农业气象学、景观工程学、农药化学、机械维修、植物保护学、园林植物学、管理学等诸方面的知识。这些知识互相补充、相互联系、缺一不可。

专业基础扎实、经验丰富的球场草坪总监,是高尔夫球场养护计划有效、成功实施的基础。对一个合格的高尔夫球场草坪总监来说,具有高尔夫球场职员工作经历、在成熟优秀的球场草坪总监监督下做过助理总监的经历是最理想的。一流管理水平的球场草坪总监大多系统地学过大学专业课程,因为草坪总监养护好草坪必须具备草坪、土壤、经济管理等方面的专业知识。如果没有扎实的专业知识,要成为一个优秀的总监,就不得不在多年管理的实践和失误中总结出一套非常成功的管理体系。只有那些接受过高尔夫球场养护各方面正规教育,在这一领域做过长期研究加之参加草坪管理培训和学术会议,不断学习和接收前沿专业知识的人才能准确诊断每个高尔夫球场的各个问题。只有他们才能以最小的失误负责球场管理。作为现代高尔夫球场总监,接受过正规的岗位训练是克服各种困难所必需的条件。

球场草坪总监需具备高尔夫球场不同阶段、不同季节和不同气候条件下的管理和草坪管理经验;熟悉高尔夫球场各种化学物质的性质及正确使用方法和安全防范措施;具备组织高尔夫赛事和协调高尔夫赛事转播的知识;具备较高的高尔夫打球水平;具备球场建造确定和养护高尔夫球场果岭、球道、发球台、高草区和沙坑的知识和实践经验;具备种植和管理高尔夫球场树木、观赏植物和景观植物的经验和知识;具备高尔夫球场管排水系统使用及简单维修相关知识;具备建造和维修球场中途休息亭、避雨亭、围栏、高尔夫球车道路及停车场等知识和实践经验。球场草坪总监具备人力资源管理能力和支配能力,能够有效激励和指导职员高效地完成分配的任务;能够列出各种养护机械和化学药剂清单并监督其合理使用;能够写出详细的年度预算报告、气候、草坪管理研究以及必要的安全记录;具有较强的组织能力、领导能力和公关协调能力。

就像高尔夫球和球杆随着时间的推移和科技的进步发生演变一样,球场草坪总监管理高尔夫球场草坪所运用的养护材料和技术也在发生着变化。对一个球手来讲,知道枯萎病、三联剪草机、一年生早熟禾等知识,虽不能帮他提高成绩,但有助于增加知识和丰富这项运动的观赏性。对于球场草坪总监而言,只有不断地丰富自己的专业技能,提高自己的知识水平,坚持再学习,再教育,才能跟上科技和时代的进步,才能适应高尔夫产业的发展。

第三节 国内外高尔夫球场草坪研究和咨询机构

随着草坪科学的不断发展,新技术和新产品不断涌现。高尔夫球场草坪管理者需要通过不同的渠道获得新技术、新信息、新知识和新的研究成果,高尔夫研究和咨询机构应运而生。

一、美国高尔夫球协会(USGA)及果岭部

1894 年 12 月 22 日,美国高尔夫球协会(USGA)正式成立,是美国本土和墨西哥两个国家的最高高尔夫管理机构。美国高尔夫球协会,是由高尔夫爱好者经营管理,服务于高尔夫爱好者的非营利组织。美国高尔夫球协会的理念是"一切为了高尔夫运动(For the Good of the Game)"。美国高尔夫球协会每年举办13场国内锦标赛,参与制定并解释《高尔夫规则》、负责高尔夫球具的测试认证,为球场的草坪养护和管理、高尔夫球场设计建造、高尔夫差点系统以及高尔夫相关研究提供资金援助,推动高尔夫运动的发展。

1920 年,美国高尔夫球协会指派一位专员负责当年承办球员竞标赛的球场,以便为赛事准备场地。期间,该专员发现要收集或者获取球场养护方面的信息和建议非常困难,可以借鉴的研究成果也很少。于是,他努力说服美国高尔夫球协会和美国农业部共同成立一个专门从事高尔夫球场草坪研究与服务的机构。1920 年 11 月,美国高尔夫球协会果岭部(Green Section)成立,成为世界上最早的高尔夫球场

草坪研究和咨询机构。该机构在三个方面为高尔夫球场提供服务：

(1)每月出版一期专刊,为其会员提供草坪养护管理措施、劳力、预算、草种、病虫害和杂草方面的信息。

(2)出版各类刊物和杂志,为球场提供草坪管理、球场建造改造、球场与环境等各方面的最新信息。

(3)每年召开一次学术研讨会,讨论球场养护管理中遇到的问题及解决措施,必要时对相关问题进行立项研究,并将研究结果公之于众。

为了提高高尔夫球场的运动条件和增强高尔夫运动的娱乐性,自1983年以来,美国高尔夫球协会提供了4000多万美元的研究资助。这些研究项目包括球场建造、草坪综合养护管理方案、高尔夫球场与环境、土地可持续利用、野生动植物等。

自1963年以来,美国高尔夫球协会将其资助的研究成果或者高尔夫球场相关领域的最新研究刊登在其主办的杂志 *Green Section Record* 上。这本双月刊杂志被业界认为是高尔夫球场管理最权威的杂志和信息获取平台,内容涉及最新高尔夫相关研究信息、高尔夫球场草坪管理以及高尔夫球场环境问题等内容。

二、美国高尔夫球场草坪总监协会(GCSAA)

20世纪20年代,美国球场数量不断增加,从事高尔夫场地管理的人员也越来越多,球场场地管理者需要一个组织能为其提供相关信息、提供进一步的教育以及避免这些人员之间的恶性竞争。1926年,全美绿地管理者协会成立。该协会在成立之初仅有会员400名,到2016年,其会员已经有17000余人,遍及世界72个国家和地区。1928年,全美绿地管理者协会发起了一年一届的高尔夫球场教育与设备博览会,现在该协会每年举办的国际高尔夫博览会是世界上规模和影响力最大的高尔夫博览会。

随着全美绿地管理者协会会员不断增加,1951年全美绿地管理者协会更名为现在的美国高尔夫球场草坪总监协会,其宗旨是为会员提供服务并提升他们的专业素质,增强高尔夫运动的活力并推动其发展。1979年其出版的杂志更名为《高尔夫球场草坪管理》,为高尔夫球场管理者和高尔夫从业者提供各种信息。

三、国际草坪学会

国际草坪学会(International Turfgrass Society, ITS),始建于1969年,是一个非营利性的科技机构,其主旨是通过举办国际会议展示在草坪生产及应用阶段各个领域的草坪科研成果和信息,鼓励与支持草坪科学的教学与研究,促进各国间草坪研究人员的沟通与交流。国际草坪学会每四年举办一次国际草坪学术大会,迄今为止已举办了十二届会议。

1969 年,在英国 Harrogate 召开了首届国际草坪学术大会,共有来自 12 个国家的 78 人参加了首届大会,总计提交了 99 篇论文。随后的历届国际草坪学术大会,开始注重草坪科研成果的交流,并邀请特邀嘉宾和与会代表进行现场演讲。James Beard 博士自 1969 年至 2005 年,一直在国际草坪学会任职并指导学会的工作,称得上是国际草坪学会的元老。他指出,过去的 40 年在国际草坪学会任职的官员和主管,来自全球 16 个不同的国家。

国际草坪学术大会通过会前征集草坪研究论文,邀请相关领域的专家学者审阅稿件,会后对通过审阅的研究论文公开出版,以及会议代表在大会进行发言和张贴论文等方式,为各国从事草坪科研、教学、工程等方面的专家、学者和从业人员提供了良好的沟通与交流的平台,有力地促进了国际草坪学的发展,为草坪科研水平的提高和草坪知识的普及做出了积极贡献。

2005 年 7 月,在威尔士举办的第十届国际草坪学会学术大会上,北京林业大学草坪研究所所长韩烈保教授被选为第十二届国际草坪学会主席,2009 年 7 月,在智利首都圣地亚哥举办的第十一届国际草坪学会学术大会上,中国获得第十二届国际草坪大会主办权。

2013 年 7 月,第十二届国际草坪学术大会在北京召开,这是国际草坪学会学术大会第一次在发展中国家举行。来自中国、美国、加拿大、英国、意大利、西班牙、瑞典、澳大利亚、新西兰、日本、韩国、瑞士、挪威、智利、希腊、丹麦、朝鲜等 17 个国家和地区的 200 余名草坪科学家、学者、从业人员等参加了此次大会。本次会议对我国草坪教学科研水平的提高和草坪业的健康发展起到积极的推动作用。

四、北京林业大学高尔夫教育与研究中心

北京林业大学高尔夫教育与研究中心,成立于 2003 年 11 月。北京林业大学草坪研究所暨草业科学系,成立于 1999 年 3 月,隶属于林学院。具有草业科学博士和硕士学位授予权,现设有草业科学(草坪科学与管理方向)和草坪管理(中美合作办学)两个本科专业。

北京林业大学高尔夫教育与研究中心,现在有从事高尔夫规划设计、高尔夫球场草坪建植与管理、高尔夫球场园林景观设计、高尔夫球场有害生物及其防治等相关教学和研究的教师 16 人,其中教授 6 人,副教授 5 人,讲师 5 人。中心现设高尔夫教育研究室、高尔夫经济与环境研究室、高尔夫球场设计与建造研究

室、球场景观与树木研究室、草坪病虫害诊断与防治实验室和草坪土壤与营养测试实验室六个研究实验室。到 2015 年，北京林业大学高尔夫教育与研究中心已经毕业研究生和本科生 500 余人，成为国内外高尔夫研究单位、高尔夫企业和高尔夫球场草坪管理者的一支生力军。

为了加强中国高尔夫球场规划设计、球场建造和管理者之间的交流，提高球场规划设计、球场建造和管理水平，推动高尔夫运动在中国的发展，2004 年 11 月，中国高尔夫球协会场地管理委员会成立。中国高尔夫球协会场地管理委员会秘书处设立在北京林业大学高尔夫教育与研究中心。

北京林业大学高尔夫教育与研究中心主要开展高尔夫经济、高尔夫土地、高尔夫球场草坪管理、高尔夫球场与环境、高尔夫消费市场、高尔夫球场规划设计、高尔夫球场灌排水等相关研究，致力于为高尔夫球场草坪管理、高尔夫发展政策以及普及高尔夫运动提供理论基础和科学依据。研究中心在国内外高尔夫界具有较高知名度，与美国高尔夫球场草坪总监协会、美国高尔夫球协会、欧洲高尔夫球协会等世界高尔夫知名协会有着良好的科研和人才培训合作关系。

【本章小结】

本章介绍的高尔夫球场草坪管理产生及其发展，高尔夫球场草坪管理者的职责与要求，主要高尔夫球场草坪研究和咨询机构等内容，都是高尔夫球场草坪管理相关专业的学生应该了解的基础知识。

【思考与练习】

1. 高尔夫球场草坪管理者的职责是什么？应该具备哪些知识？
2. 国内外高尔夫球场草坪研究和咨询机构有哪些？

第二章
高尔夫球场草坪基础

本章导读

　　高尔夫球场草坪管理的对象是草坪草,了解和掌握高尔夫球场草坪草的一般特征、生长发育规律及其分类,常用草坪草种及其品种的形态特征、生态习性及其使用特点等知识,是高尔夫球场草坪管理的基础。本章除了介绍上述草坪草基础知识外,还讲述了高尔夫球场草坪质量评价概念、评价指标及其方法等内容。

教学目标

　　1. 了解和掌握高尔夫球场草坪草的一般特征,生长发育规律及其分类;

　　2. 识别高尔夫球场常用草坪草种,掌握其生态习性及其使用特点;

　　3. 了解高尔夫球场草坪质量评价概念,掌握高尔夫球场草坪质量评价方法。

　　进入一个高尔夫球场,首先映入眼帘的就是广阔的草坪区域;高尔夫球场草坪的质量好坏,常常决定了高尔夫球场的等级。用于建植高尔夫球场发球台、球道和果岭草坪的草种,应该具备耐践踏、耐修剪、抗性强等特性;用于建植高尔夫球场高草区的草坪草种应该具备耐粗放管理、杂草不易入侵等特点。高尔夫球场草坪的坪用目的就是给球手提供一个良好的、具有挑战性的击球表面。定期地进行高尔夫球场草坪质量评价,不仅能客观地评判高尔夫球场现有的质量状况,并且能够及时发现草坪已经存在或将要出现的问题,为不同区域草坪的管理养护措施制定和实施提供依据。

第一节　草坪草的特征与分类

一、高尔夫球场草坪草的特征

（一）高尔夫球场草坪的一般特征

草坪,具有观赏、保健、运动、游憩、环保等多种功能和用途,因而被广泛用于公园、运动场、景观地和水土保持地段等。草坪草有许多共同的特性,无论是禾本科还是豆科等其他科属的植物,都具有一定的共性。高尔夫球场对于草坪质量要求较高,如果岭要求草短、平滑,有助于推球,因此,高尔夫球场草坪草大多数为具有扩散生长特性的根茎型或者匍匐型禾本科植物。

高尔夫球场草坪草种类极其丰富,但一般都具备以下特征:

1. 地上部分生长点低,具有坚韧的叶鞘保护

地上生长点多位于茎基部位,离地面较近,而且大部分草坪草都有坚韧的叶鞘保护,在进行低修剪镇压等养护操作时机械损伤小,不至于破坏生长点,利于分枝和不定根的生长,也有利于越冬。

2. 叶多而小,细长且直立

草坪草细而密生的叶片有利于形成地毯状草坪,同时直立而细小的叶片有利于太阳光线照射到草坪的下层,使下层叶片很少发生黄化和枯死的现象,这样草坪修剪后不会因剪去草坪草上部而露出黄斑。

3. 低矮的丛生型或匍匐茎型,覆盖力强

无论是根茎型还是匍匐茎型,都有利于形成致密如毯的草坪,增加其美观性;并且都具有旺盛的生命力和繁殖能力。除具备种子繁殖力外,还具备极强的无性繁殖能力。

4. 环境适应性强

草坪草能适应各类环境而广泛分布,抗逆性好。特别是在土壤贫瘠、干旱及多盐分的地区,有较多种类的草坪草分布,能适应各类土壤环境。对气候的优劣及变化也有较强的适应能力。

5. 对人畜无害

草坪草通常无刺或其他易刺伤人或动物的部分,无毒无异味,这一点非常重要,草皮是为人类所利用的,重要的前提就是对人和在球场周围活动的动物等无害。

6. 最重要的特征是绿色均一且绿期长

优良的草坪草应枝叶翠绿,绿色均一且绿期长。一般优良冷季型草坪草绿色期在 280 天以上,优良的暖季型草坪草绿色期在 250 天以上。

一些双子叶草坪草,如豆科植物,不完全具备以上特征,但它们的再生能力强,有些种类具匍匐茎,具有耐瘠薄的特点;有些区域,如高尔夫球场的次级高草区①,也可以用它们建植管理粗放的草坪。

(二) 高尔夫球场草坪的形态学特征与生长发育过程

草坪草大部分属于禾本科,少数属于莎草科。禾本科和莎草科在植物分类学中属于种子植物门、被子植物亚门、单子叶植物纲。高尔夫球场选用的草坪草种均为禾本科植物。

禾本科草坪草为多年生、二年生或一年生草本植物。禾本科植物的茎称为"秆",秆节明显,通常节间中空。叶片互生,叶脉平行,具叶鞘和叶舌,有时还有叶耳。小穗是构成花序的基本单位。由颖片、稃片及颖果组成,一个小穗是一个退化而变形的分枝,由小穗集合成各种花序。花序顶生,最常见的有圆锥状花序(简称圆锥花序),部分是穗状花序,还有少数是总状或头状花序。花两性,少有单性,每小穗含 1 至多个孕花,而不孕花则具多种情况。小穗基部通常有颖片 2 个(第一颖及第二颖)。紧包着颖果(或囊果)的苞片叫做内稃和外稃,与颖果紧贴的一片为内稃,对着的一片为外稃。少数内稃退化或缺失,如外稃顶端和背面可具有 1 芒,系中脉延伸而成,芒通常直或弯曲;有的则膝曲,形成芒柱和芒针两部分。每个外稃含 1 小花,花被通常退化成 2 个浆片,膜质透明,在开花时膨胀。雄蕊通常有 3 枚,少数有 6 枚,雌蕊具有 1 心皮和 1 室的子房。

禾本科植物的"种子",确切的科学名称叫做颖果。颖果的果皮与种皮相紧贴,不易分离。少数禾草的果皮薄且质脆,易与种皮分离,称为囊果,又称胞果。胚位于颖果茎部对外稃的一面,呈圆形、卵圆形或卵形的凹陷,用肉眼就可以看到。脐呈圆点或线形,位于胚相对的一面,即向内稃的一面。

1. 种子的萌发和幼苗发育

种子萌发的过程是从吸水膨胀开始的,经过一系列生化过程和形态变化,最

① 次级高草区:高尔夫球场高草区一般分"初级高草区"和"次级高草区"。"初级高草区"是指紧邻球道边缘的高草区草坪;"次级高草区"是指靠近初级高草区边缘、远离球道的高草区草坪,往往不需要太频繁的修剪和喷灌。在管理精细的球场,在球道和初级高草区中间还保留有"中间高草区"。

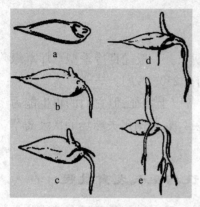

图 2-1　发芽过程

a. 末端有胚的颖果；

b. 长出初生根和胚芽鞘；

c. 长出另外的种根；

d. 根分枝；

e. 第一叶长出胚芽鞘的顶端

终胚生长发育成幼苗。胚是植物的原始体。种子吸水膨胀以后，盾片内产生激素，促进糊粉层内产生大量的淀粉水解酶，在这些酶的作用下，胚乳内的淀粉水解为简单的碳水化合物，被盾片吸收并转运至胚的各部分，为胚提供营养。

种子发芽时形态发育的第一步，是通过细胞的伸长使胚根增大；同时，从胚根鞘长出根毛状的结构，其作用是固定胚并从土壤中汲取水分。接着，初生根从胚根鞘中伸出向下穿入土壤中。与此同时，包围着生长点的由半透明组织构成的胚芽鞘长出地面。

当第一片叶由胚芽鞘长出地面时，标志着光合作用的开始；此后，幼苗就不靠胚乳供给养分，而开始独立生活了。此时，草坪草幼苗进入自养阶段，而植株生长完全靠胚乳供给养料的阶段称为异养阶段。如果草坪草播种时过深，草坪草异养阶段变长，幼苗在能够自养之前将胚乳中贮藏的养分消耗殆尽，则会因饥饿而死亡。

幼苗生长点包在胚芽鞘内，随着第一叶的出现，第二叶随之长出胚芽鞘，最后胚芽鞘枯萎，因此在地表只能见到明显的叶。新的叶均从生长点产生，并在卷曲的老叶中向上生长。

建坪时的出苗率和幼苗成活率，取决于种子的播种深度、土壤中有效水分、温度、光照和胚乳内所含养分的量。因为此阶段幼苗的发育不完全，从土壤中吸收水分的能力有限，又由于土壤表面的蒸发作用引起水分过快的损失，因此使刚出土的幼苗极易脱水。在严重遮阴的地方，幼苗还会因为得不到充足的光照而降低光合作用的水平，生产不出维持生长所必需的养分。最后，由于内源养分供应不足引起幼苗的死亡。幼苗初期的死亡，往往是由于种子播的过深或使用了生活力下降的陈旧种子所致。

2. 根的结构与生长

草坪草的根系分为两种类型：种子萌发时胚产生的初生根和从根茎及侧茎节上长出的不定根。成熟草坪草的根主要由不定根组成，形成非常密集的须根系。草坪建植当年，初生根（种子根）死亡，次生根（不定根、节根）在第一片叶从胚芽鞘内长出后不久开始形成，并从根状茎和匍匐茎较低的节上产生。根在地表或地表以下形成，但在适宜的小气候条件下，稠密的草坪草中，根依然能在地表以上形成。

　　草坪草种子播种之后,气温、土壤、温度、水分等环境因子满足它的需要时就发芽出苗。胚根是胚长出的初生根,它使幼苗固定在土壤中,并吸收水分和养分。种子萌发之后,胚乳及盾片仍留在播种的土层深处。由于中胚轴纵向生长,胚芽及胚芽鞘被顶出土面。中胚轴的伸长仅在黑暗处进行,当胚芽鞘顶端出土见阳光后它就不再伸长;当播种较深时,第二节间的伸长可以补充中胚轴生长,使胚芽近于土壤表面处。种子胚乳中贮存的营养物质多,上述伸长能力

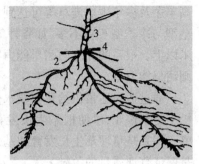

图2-2　根系

1.根毛;2.不定根;3.直立茎;4.匍匐茎

强,反之则弱。胚芽出土后,中胚轴的生长变为胚芽的发育,主枝上第一片真叶迅速地自胚芽鞘中伸长出来,并且很快形成绿素。在这一段时间内,绿色组织的光合效率较弱。只是与由于呼吸作用造成的养分损失相平衡。枝条的继续生长仍然依靠胚乳中贮存的营养物质,因此,出苗初期可称为幼苗发育的临界时期。在正常情况下,当第一片真叶充分开展的时期,光合作用的速度有助于以后的生长,从下面的节上迅速地长出次生根来。

　　草坪草的根系属于须根系,无主根。须根生长越多越茂盛,分蘖、叶片等地上部分的生长势也越良好,两者往往呈正相关。根系的主要功能是在土壤中吸收水分和养分,供给草坪草生长发育之用,同时起着机械支撑作用,使植株固定在土壤中。根系表面具有数目众多的根毛,根毛使根系的表面积增加,能扩大根系与土壤接触面,且能吸收大量的水分和养分供给草坪草本身利用。老根毛与新根毛保持着交替生长和生存。老根毛死亡,新根毛生长,连续不断地进行更新。

　　草坪草的根通常可活6个月至2年,大多数能活1年左右。冷季型草坪的根,当气候温凉时生长发育正常;遇到炎热的夏季便处于休眠状态,受环境胁迫严重的甚至死亡。暖季型草坪草,在寒冷的晚秋或冬季进入休眠状态,遇到严寒气候则死亡。根系生长的适宜土壤温度,冷季型草坪草为12℃~15℃,暖季型则需26℃~28℃。当土温分别满足它们的生长需求时,必须及时供给水分、养分,才能促其使正常生长发育。

　　根据研究,草坪草的根系90%以上分布在地面以下0~20厘米土层中。掌握和了解根系的深度,有助于建坪前考虑需要整理坪基的深度、施用基肥的数量及供排水系统的设计。最深的根系,冷季型草如草地早熟禾,匍匐翦股颖、紫羊茅、

高羊茅及多年生黑麦草等可达到 30~50 厘米;暖季型草如结缕草、狗牙根等根状茎型与冷季型相差不多,如雀稗等丛生型用作保持水土的禾草,它的根系可达 2米以上。根系的深度与耐旱能力密切相关。通常根系越深,耐旱能力越强,反之则耐旱能力差。

通过适时适量供给草坪草水分和养分,适宜的剪草次数和留茬高度,适当的松土更新作业,可使根系生长发育良好,从而促使草坪草地上部分生长苗壮茂盛。根系是草坪草生长发育的基础,提高草坪养护管理水平,促进根系良好生长是保证草坪质量的关键。

3.茎的结构与生长

按照形态结构的不同,可以把草坪草茎分成两种。一种是与地面垂直生长的直立茎,进入生殖阶段后即为生殖枝。这种茎切面为圆形或椭圆形,由稍微隆起的节和节间组成,起初柔软的髓充满茎内,随着茎的伸长,多数变为中空。另一种是以匍匐的形态爬生于地下的根状茎或匍匐生于地上的横走茎。所有茎都具有节和节间,在条件允许的情况写可以长出新的分生组织。

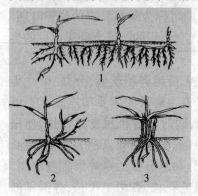

图 2-3　禾本科草坪草的分蘖类型
1.根茎型;2.疏丛型;3.密丛型

在草坪草生长过程中,草坪草形成的茎主要有三种类型,即横走茎(匍匐枝)、根状茎和生殖枝。

横走茎沿着地表生长,在节上形成根和新的枝条。横走茎覆盖地面能力强,覆盖度大,建成草坪迅速,特别是节间短的禾草建成草坪,它的覆盖度更加理想,可达到优良品质标准。通常高尔夫球场果岭及发球台、草坪足球场均采用这类草坪草。例如,具有横走茎的匍茎翦股颖、具有短根状茎的草地早熟禾及具有横走茎和根状茎的百慕大杂交种、结缕草等。

根状茎生长在地表以下,包括有限根茎和无限根茎两种。有限根茎通常较短,可以向上形成新的地上枝条。这种根茎常以向上和水平两种状态生长。向上生长的根状茎到达地表附近,因环境变化而导致节间生长停止,进而形成新的枝条。草地早熟禾是典型的具有有限根茎的草坪草。无限根茎长且节上具有分枝,是由地下茎的腋芽生出的地上枝条。此外,狗牙根也具有无限根茎。不具有横走茎或根状茎的草坪草则依靠分蘖生长繁殖。从腋芽鞘内长出新的地上枝条的现象叫做分蘖。分蘖枝与根状茎和横走茎不同,其具有向上或斜上生长的习性,不具横向生长习性。丛生型草坪草依靠产生的分蘖而覆盖地面,但扩展形成草坪的速度较慢。例如高羊茅、多年生黑麦草等可用作高尔夫球场的高草区,单播或混播则可用作草坪足球场播种材料,适宜的剪草次数及留茬高度,可促使形成更多的分蘖。

当草坪草进入生殖阶段时,产生延伸的茎,即生殖枝,生殖枝由花序组成。花序具有众多的小穗,穗内含小花,孕育的小花发育成颖果,市场上称为种子。从事草坪草种子生产的科研人员,必须深入了解和掌握生殖枝的生长、抽穗、开花、结籽过程。采用能使结实率(即结籽率)高、获得饱满种子、单位面积收籽量高的技术措施,否则将会事倍功半、甚至以失败告终。在草坪绿地的养护管理中,管理人员必须适时剪草,防止形成生殖枝。因为生殖枝会消耗养分和能量,影响草坪草的营养生长,缩短分蘖寿命,使草坪覆盖度降低,并影响整片草坪的整齐均匀,使草坪外貌受损坏。因此,应根据不同的目的来决定生殖枝的取舍。有关草坪草抽穗、开花、结籽的试验、是重要研究项目之一,值得重视。

4. 叶的结构与生长

草坪草依靠叶从大气中吸收二氧化碳(CO_2),并在细胞内叶绿体所含叶绿素的帮助下,利用光能合成糖类、淀粉等碳水化合物,这个过程序称为光合作用。草坪草含有大量碳水化合物,光合作用是它生长发育的重要生理过程。

草坪草的叶包括叶片、叶鞘、叶舌、叶耳和叶脉五部分。叶片位于上部,约占2/3 以上;叶鞘位于下部,约占 1/3,叶片呈扁平、对折、内卷等形状,可用作分类的依据。叶鞘包裹茎(又称"秆"),顶端与叶片交界处称为"鞘口",基部与根茎相连。

叶片外层细胞叫表皮,表皮细胞外表有质薄、不透水的保护层,叫角质层,角质层为蜡质,能保持叶片内的水分。

气孔是表皮层的开孔,气体经过气孔流动于叶片内外,光合作用所需要的二氧化碳(CO_2)和呼吸作用所需的氧气(O_2),均在气孔张开时进入叶片,干旱时气孔关闭,防止水分从叶片蒸发,气孔关闭时,二氧化碳(CO_2)不再进入叶片内,光合作用停止,夜间没光,气孔关闭,不进行光合作用。叶脉是一束维管组织,在叶脉中,木质部和韧皮部连接着根系里的维管组织,当草坪草叶子因蒸腾作用失去大量水分时,木质部会把根系中的水分输送到茎和叶中,以

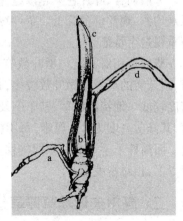

图 2-4　叶的生长

a.衰败的老叶;b. 基部叶原基;

c.成长中的新叶;d.成熟的叶片

弥补失去的水分,还能溶解养分。韧皮部把叶内制造的养分向下输送到茎和根系,并能向上输送到草坪草植株的各个生长部位,位于叶片中心的较粗的大叶脉叫中脉,中脉明显或不明显,凸出、平坦或凹陷,在鉴别草坪草时可用作分类的依据。

气温、光照、相对湿度、土壤水分、营养状况、剪草措施、病虫害和杂草等,均能影响叶的生长速度、新叶形成、色泽和密度。叶片呈绿色、深绿或浓绿色,标志着草坪草生长发育正常;叶片若呈褐色、棕色或黄色,则属于生长不良;叶片向上或斜上生长,挺立而不弯曲、不下垂,证明生长正常;叶片若弯曲下垂、挺不立,则属于不正常。当生长不良或气候不适合生长时,它们会进入休眠期,如野牛草、结缕草、百慕大杂交种等暖季型多年生草坪草晚秋来临就会进入叶片枯黄休眠期,这种现象是自然界的正常情况,地上部分虽枯黄,地下部分仍活着,翌年春季从根茎或根状茎上萌发出新的茎叶,仍会呈现出一片绿草如茵的景象。

草坪草叶片窄细程度(叶片宽度),直接与草坪质量、景观、审美感觉及观赏效果有关。一般而论,叶片越窄细,草坪质量越高,越易形成致密草坪。紫羊茅、杂交狗牙根和匍匐翦股颖等草坪草叶片极细,能用来建植高质量草坪。草地早熟禾和多年生黑麦草等,叶片宽度中等,可以建植果岭以外的中高质量草坪。钝叶草、雀稗和地毯草,属于叶片极粗的暖季型草坪草,虽然这些禾草观赏价值较差,但由于它们能抗高温炎热气候,我国华南地区及世界各国热带地区仍广泛应用于园林绿地。

草坪草叶片色泽,也与草坪质量、外貌景观、审美感觉及观赏价值有密切关系。一般而言,叶片色泽越浓越深,草坪质量越好,观赏价值越高;反之则质量和景观均差,观赏价值降低。草坪草品种间叶片色泽差异很大,选择草坪草品种时应重视这个特征。

草坪草相对密度与嫩叶数有关,剪草留茬高度会直接影响嫩叶数。一般而言,耐低剪的草坪草嫩叶数较多,相对密度较高;不耐低剪的禾草嫩叶数少,相对密度较低。匍匐翦股颖、紫羊茅及草地早熟禾的一些品种(例如 Merion 等)耐低剪,其修剪高度为 2.3 厘米,每 10 平方厘米的嫩叶数可达 200 片以上,相对密度高。而高株羊茅等品种在同等修剪高度情况下,每 10 平方厘米的嫩叶数在 100 片以下,相对密度低。

二、高尔夫球场草坪草分类

草坪草,是根据植物的生产属性,从中区分出来的一个特殊化了的经济类群,借助植物分类学或对环境条件的适应性等进行的多种分类。草坪草种类繁多,特性各异,根据不同的分类标准可将草坪草分成不同的类型,常用的分类是按照草坪草的气候适应性,将草坪草分为暖季型草坪草和冷季型草坪草。暖季型草坪草,最适生长温度为25℃~32℃;冷季型草坪草,最适生长温度为15℃~25℃。

此外,按草坪草叶宽度不同,可以把草坪草分为宽叶草坪草和细叶草坪草。

（一）按气候条件分类

按照草坪草生长的适宜气候条件和地域分布范围,可将草坪草分为暖季型草坪草和冷季型草坪草。其中,冷、暖季型草坪草的生长速度和时间关系如图2-5所示,图中表示出冷、暖季型草坪草的最适生长温度,生长高峰期分布等。

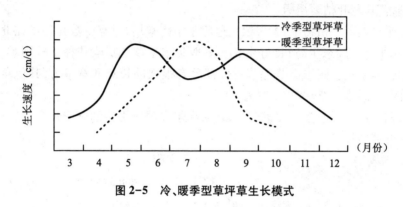

图 2-5　冷、暖季型草坪草生长模式

一般而言,冷季型草坪草的光合作用过程属卡尔文循环(或称 C_3 途径),碳的初级同化产物以三碳酸形式存在,之后被进一步合成碳水化合物。暖季型草坪草光合作用的初级产物是四碳酸,光和循环 C_4 途径。

C_4 植物由于具有 C_4 起"二氧化碳泵"的作用,所以,其光合作用在自然条件下一般不受二氧化碳量不足的限制,能高效的利用二氧化碳,在相对高温下,可以加速酶促反应及代谢物的运输。因此,C_4 植物的最适温度较 C_3 植物高。C_3 植物的最适温度比 C_4 植物低,这是由于在此温度范围内比在较高温度下,二氧化碳对光合作用的限制作用减少,因为二氧化碳在水中的溶解度随温的增加而降低。

卡尔文循环的最佳温度是 15℃~20℃。冷季型草坪草一般在 15℃~20℃ 的条件下生长最好。不同植物光和速度达到最高时的辐射度不同,C_4 植物的为 $390~465W/m^2$,C_3 植物的为 $116~233W/m^2$。也就是说,暖季型草坪草在较高辐射照度下能达到高的二氧化碳固定率,此时其二氧化碳同化率可达 $50~70mg/(dm^2 \cdot h)$,或干物质生产率达 $30~50g/(m^2 \cdot d)$。对冷季型草坪草而言,二氧化碳同化率或干物质生产率最高时分别仅为 $20\sim30mg/(dm^2 \cdot h)$ 或 $2g/(m^2 \cdot d)$。

1. 暖季型草坪草

暖季型草坪草主要属于禾本科、画眉亚科和黍亚科的一些植物,最适生长温度为 $25℃\sim32℃$,主要分布在热带和亚热带温暖潮湿地区,多种植在我国长江流域及以南较低海拔地区。这类草在夏季生长最旺盛,生长的主要限制因子是低温强度和持续时间。当温度低于 $10℃$ 以下时就进入休眠状态,耐寒性差,在北方地区越冬困难。冬季呈休眠状态,早春开始返青,复苏后生长旺盛。进入晚秋,一经霜害,其茎叶枯萎褪绿。

在暖季型草坪植物中,大多数只适应于华南栽培,只有少数几种可在北方地区(辽东半岛和胶东半岛)良好生长。一般暖季型草坪草收获种子较困难,故主要采用营养繁殖。暖季型草坪草一般都具有很强的长势和竞争力,其他草很难入侵,因此,暖季型草坪草多单播。

目前常用的暖季型草坪草有十多个,高尔夫球场常用的杂交狗牙根、日本结缕草和海滨雀稗等。

图2-6 杂交狗牙根

(1)杂交狗牙根

拉丁名:*Cynodon dactylon × Cynodon transvalensis*

英文名:hybird Bermudagrass

别称:天堂草、矮生百慕大。

分布地区:杂交狗牙根是目前世界上最常用的草坪草种,约有 100 多个国家都是用杂交狗牙根建植草坪。

形态特征:杂交狗牙根是近年来人工培育的杂交草种,由普通狗牙根(*C. dactylon*)与非洲狗牙根(*C. transvalensis*)杂交后,在其子一代的杂交种中分离筛选出来的。杂交狗牙根具有根茎发达、叶丛密集低矮、茎略短等优点,匍匐生长,可以形成致密的草皮。耐寒性弱,冬季易褪色。可耐频繁的低修剪,践踏后易于修复。

生态习性:杂交狗牙根为热带性植物,喜强光、长日照,不耐遮阴,属于旱生植物,年降雨量 $600\sim2500$ 毫米以上的热带或亚热带地区都可以存活,具有相当强的耐旱与耐盐性,虽喜好高湿环境,但是不耐涝。在适应的气候和栽培条件下,能形成致密、整齐、密度大、侵占性强的优质草坪。长江流域以南地区绿期为

280天,华南略长一些。最佳生育温度是25℃~35℃,在遮阴等环境下,能勉强形成草坪。

栽培与管理:杂交狗牙根是杂交种,没有商品种子出售,一般用营养繁殖,在国外可直接向草种供应商购买商品化草茎。国内多将草坪切碎后撒播于坪面,覆土压实后浇水,保持湿润来建植草坪。由于匍匐枝生长能力极强,以此繁殖系数较高,扩大推广非常容易。一般形成的草坪均需精细养护,尤其夏秋旺盛生长期内,高频率的修建才有利于匍匐枝向外延伸。

坪用特点及常见品种:杂交狗牙根在适宜气候和栽培条件下,能形成致密、整齐的优质草坪。可用于建植我国南方地区及过渡带地区的高尔夫球场果岭、球道、发球台、高草区等草坪。球场常见品种有:Tiflawn(天堂草),Tifdwarf(矮天堂),Tifgreen(T-328,天堂草328),T-419(天堂草419),Tifway(天堂路),TifEagle(老鹰草)等。

（2）日本结缕草

拉丁名:*Zoysia japonica* Steud.

英文名:Japanese lawngrass

别名:锥子草,老虎皮,崂山草,宽叶结缕草。

分布地区:日本结缕草在我国吉林、辽宁、河北、山东、江苏、上海、浙江、福建、台湾等省（市）均有分布。

图2-7　日本结缕草

形态特征:日本结缕草为多年生,较粗糙,有发达的根茎和匍匐茎。秆直立,基部常伴有宿存枯萎的叶鞘。叶色浓绿,叶卷折式,叶扁平,革质,条状披针形。总状花序穗状,小穗卵圆形,淡绿色或紫褐色。在温带地区4月中旬返青,10月下旬枯萎,全年绿期180~190天;在亚热带地区4月上旬返青,11月上旬开始枯萎,全年绿期为200~210天。

生态习性:适应性强,喜光、耐旱、耐高温,能耐受40℃以上的高温。喜深厚肥沃排水良好的沙质土壤。在微碱性土壤中亦能正常生长。草根在-20℃左右能安全越冬,20℃~25℃生长最盛,30℃~32℃生长减弱,36℃以上生长缓慢和停止;但极少出现夏枯现象。秋季高温干燥可提早枯萎,绿色期缩短。竞争力强,易形成连片平整美观的草坪,耐磨、耐践踏、病害较少。不耐阴,匍匐茎生长较缓慢,蔓延能力较差。叶子粗糙且坚硬,质地差,绿期短。种子外壳致密且具有蜡质,自然状态下发芽率低,成坪慢,苗期易受杂草侵害。

栽培与管理:所有结缕草的栽培均可用匍匐茎或草皮营养繁殖,需要中等管理养护水平,需要肥料与灌溉,尤其是在半干旱地区。日本结缕草与大多数常见草坪草相比不易染病,但在某些特殊条件下,可能感染锈病、褐斑病和币斑病;线虫对日本结缕草草坪危害大;日本结缕草较其他暖季型草坪草更抗黏虫、蛴螬、蝼蛄等引起的虫害。

坪用特点及常见品种:结缕草植株低矮致密,修剪次数少。具有发达的地下网状根茎,根系入土深。具有很强的抗旱、抗寒、抗病虫、耐盐碱的能力,耐践踏,有弹性,需肥量低。管理相对粗放,养护成本低,是国际上公认的建植高尔夫球场草坪发球台、球道以及高草区的优良品种。高尔夫球场常用的品种有:Meyer(梅耶)、Emerald(绿宝石)和青岛结缕草等。

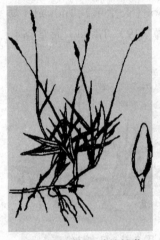

图2-8　半细叶结缕草

(3)半细叶结缕草

拉丁名:*Zoysia matrella*(L.)Merr.

英文名:Manilagrass

别名:沟叶结缕草、马尼拉草。

特性:多年生草本。具横走根茎,须根细弱。产于广东、海南等地。其生态习性和培育特点与细叶结缕草相似,耐热性强,管理粗放。抗病性强,耐践踏,较低矮,质地较细,深绿。比细叶结缕草抗病性强,植株更矮,叶片弹性和耐践踏性更好,在园林、庭园和体育运动场地广为利用。

(4)细叶结缕草

拉丁名:*Zoysia tenuifolia Willd.extrin.*

英文名:Mascarenegrass

别名:天鹅绒、台湾草。

形态特征:禾本科,结缕草属。主要分布于我国南部地区,是我国栽培较广的细叶型草坪草种。多年生草本。呈丛状密集生长,高10~15厘米,秆直立纤细。具地下茎和匍匐枝,节间短,节上产生不定根。须根多浅生;叶片丝状内卷,长2~6厘米。

生长习性:喜光,不耐阴,耐湿,耐寒力较结缕草差。竞争力极强,夏秋生长茂盛,油绿色,能形成单一草坪,华南夏、冬季不枯黄。华东地区于4月初返青,12月初霜后枯黄,多行营养

图2-9　细叶结缕草

繁殖。三四年后,草丛逐渐出现馒头状凸起,绿色期短,有时叶尖枯焦,或因积水发生病害,影响观赏。色泽嫩绿,草丛密集,杂草少,外观平整美观,具弹性,易形成草皮,常作封闭式花坛草坪或作塑造草坪造型供人观赏。作开放型草坪,也可固土护坡、绿化和保持水土。

（5）野牛草

拉丁名:*Buchloe dactyloides*（Nutt.）Engelm.

英文名:Buffalograss

别名:水牛草。

生态习性:禾本科,产于北美洲,早年引入我国,现为华北、东北、内蒙古等北方地区的当家品种。多年生草本。具匍匐茎,秆高 5~25 厘米,线形较细弱,长 10~20 厘米,宽 1~2 毫米,两面疏生细小柔毛,叶色绿中透白,色泽美丽。适应性强,亦能耐半阴,耐土壤瘠薄,具较强的耐寒能力,夏季耐热、耐旱,竞争力、耐践踏力强。种子和营养繁殖均可。结实率低,目前各地均采用分株繁殖或匍匐茎埋压。再生快、生长迅速,植株较高,需常修剪。耐旱,浇水不宜多。绿色期较短,其雄花伸出叶层之上,破坏草坪绿色的均一性,耐阴性差,不耐长期水淹,枝叶不甚稠密,不耐践踏。

图 2-10　野牛草

栽培与管理:植株低矮,枝叶柔软,较耐践踏,繁殖容易,生长快,养护简便,抗旱、耐寒,为我国北方栽培面积最多的草坪植物。抗二氧化硫、氟化氢等污染气体能力较强。可作固土护坡植物,城市中管理粗放的绿地和高尔夫球场非击球区。

（6）海滨雀稗

拉丁名:*Paspalum vaginatum swartz*

英文名:seashore paspalum

别名:沙结草,夏威夷草。

分布地区:海滨雀稗源生于澳洲,形态和杂交狗牙根非常相似。生长于南北纬 30°之间的沿海地带,现广泛分布在整个热带和亚热带地区,以能适应各种非常恶劣的环境而闻名。

形态特征:海滨雀稗为多年生草本植物,具根茎及匍匐茎。叶片条形至条状披针状;叶鞘松弛,背部具脊,通常边缘上部具纤毛;叶舌膜质,长 1~1.5 毫米。总状花序,谷粒椭圆形,灰色,先端有少数细毛。

生态习性:海滨雀稗原生在海边的沙地,因此最突出的特性就是耐盐性,对于有重金属污染物的地区或是沿海地区,都可以利用海滨雀稗。不同品种适应的土壤 pH 值范围可达 3.6~10.2。耐水淹性强,在每年 250 天雨季的地区,在遭受涨潮的海水、暴雨和水淹或水泡较长时间后,仍可以生长良好。

栽培与管理:海滨雀稗必须用无性繁殖,没有种子,如果利用匍匐茎繁殖,需要 4~5 个月可以形成良好的草坪。施肥一般在夏季少量,春秋季适量,初冬重施。海滨雀稗具有地上茎和地下茎,耐频繁低修剪,修剪越低,草越密,并可种在废污水灌溉的地区。

坪用特点及常见品种:海滨雀稗因耐频繁低修剪,修建高度可以达到 3~5 毫米可以用于高尔夫球场的果岭、球道、发球台和高草区。高尔夫球场常用的品种有:Adalayd(阿达雷德),Futurf(福特福),Tropic Shore(热带海滩),Salam(萨拉姆)等。

2. 冷季型草坪草

冷季型草坪草广泛分布于气候冷凉的湿润、半湿润及干旱地区,最适生长温度 15℃~25℃,主要种植在华北、东北和西北等长江以北的我国北方地区。它的主要特征是耐寒性较强,绿期长,在夏季不耐炎热,春、秋两季生长旺盛是高峰期,尤其适合于我国北方地区栽培。其中也有一部分品种,如草地早熟禾、匍匐翦股颖等耐热性较强,适应性较强,可以延伸至冷暖过渡带地区栽培。在南方越夏较困难,必须采取特别的养护措施,否则易于衰老和死亡。冷季型草坪草种类繁多,应用广泛,常用在高尔夫球场上的有匍匐翦股颖、草地早熟禾、粗茎早熟禾、高羊茅、多年生黑麦草等几种。

(1)匍匐翦股颖

拉丁名:*Agrostis palutris* Huds.

英文名:creeping bentgrass

别名:本特草,葡茎翦股颖,四季青。

分布地区:匍匐翦股颖广泛分布于我国东北、华北、西北及江西、浙江等地均有分布,常见于河边和较湿润的草地。

形态特征:匍匐翦股颖为多年生草本植物。茎基部平卧于地面,具有发达的匍匐枝,节上可生不定根。叶鞘无毛,稍带紫色。叶舌膜质,长圆形,背面稍粗糙。叶片线形,两面具小刺毛。圆锥花序卵状长圆

图 2-11 葡茎翦股颖

形,带紫色,老后呈紫铜色。

生态习性:匍匐翦股颖适合于世界上大多数冷凉湿润地区。栽培种颜色从浅绿、深绿到蓝绿不等。须根系稠密,能够忍受部分遮阴,在全光下生长更好,耐践踏性中等。在多种土壤上都能生长,但最适宜于肥沃、中等酸度的细壤土和土壤保水力好、pH 值为5.5~6.5的地带。抗盐性和抗淹性比一般冷季型草坪草好,但对紧实土壤的适应性差。

坪用特点及常见品种:匍匐翦股颖质地细软,生命力强,生长繁殖快,耐低修剪,修剪高度为3~5毫米时能产生细致的草坪。匍匐茎强壮,扩展性好,低矮生长,耐践踏,须根系,对土壤适应性较广,易形成芜枝层,需高水平养护管理。常见的高尔夫品种有:Penncross(攀可斯),Putter(帕特),Cato(开拓),Seaside(海滨),PennA-1,PennA-4,Penneagle(宾州鹰),T1 等。

另外,细弱翦股颖(*A.acpillaris* L.)质地细,为草皮型多年生草坪草。它通过匍匐茎和根茎扩繁,易形成致密的草坪。地上茎尽管横向生长,但节上不易扎根,不太适宜很低的修剪。适宜的修剪高度为1.25厘米,更适于作高尔夫球道草坪草。

（2）草地早熟禾

拉丁名:*Poa pratensis* L.

英文名:Kentucky bluegrass

别名:肯塔基草地早熟禾、早熟禾、肯塔基蓝草、蓝草、六月禾等。

分布地区:草地早熟禾广泛分布于北温带冷凉湿润地区,在我国黄河流域、东北、江西和四川等地均有野生分布。

形态特征:草地早熟禾为多年生,具有发达的地下生长的细根状茎,叶舌膜质,无叶耳,叶片质地好,圆锥花序。叶对叠,叶鞘疏松包茎,具条形花纹。叶片"V"形,或扁平,背腹面光滑,两条浅色线在中心叶脉的两侧,叶尖如船形。种子细小,千粒重0.37克。

图2-12　草地早熟禾

生态习性:草地早熟禾是一种多年生草坪草,广泛分布在寒冷潮湿带和过渡带。在冬季寒冷和夏季无高温高湿的地区生长良好,具有很强的耐寒能力,较耐热,绿期长。抗旱性较差,夏季炎热时生长停滞,春秋生长繁茂。在排水良好、肥沃湿润的土壤中生长良好。根茎繁殖力强,再生性好,较耐践踏。

栽培与管理:草地早熟禾主要以种子进行繁殖,也可以通过根茎繁殖。建坪、成坪速度较慢,但再生能力强。由于有地下根状茎,容易使缺苗空地恢复。种植直播40天可形成草坪。

草地早熟禾绿期长,春季生长快,生长旺盛季节应注意修剪。还要注意施肥,主要是氮、磷、钾肥的施入量要根据情况具体来定。在水分不足的情况下要经常灌溉。草地早熟禾对病虫害有一定的抗性,应以预防为主。

坪用特点及常见品种:草地早熟禾主要用于我国北方建植高尔夫球道和发球台,其叶片细腻柔软,颜色从淡绿到深绿不等,可适合不同喜好的人们选择。草地早熟禾是目前冷季型草坪草使用最为广泛的一个草种,常用于高尔夫球场的草坪品种有:Midnight(午夜)、Opal(欧宝)、Baron(巴润)、Freedom(自由神)、Conni(康尼)、Broadway(百老汇)、Award(奖品)、America(美洲王)、Merit(优异)、Glade(哥来德)、Nuglade(新哥来德)、Nassau(纳苏)、Rugby Ⅱ(橄榄球 Ⅱ)、Bluemoon(蓝月) 等。

除草地早熟禾外,常见的早熟禾还有一年生早熟禾(*Poa annua* L.)、加拿大早熟禾(*Poa compressa* L.)、粗茎早熟禾(*Poa trivialis* L.)等,一般在高尔夫球场球道、发球台中使用较多,也可用于过渡带球道、发球台及果岭的冬季交播。

(3)高羊茅

拉丁名:*Festuca arundinacea* Schreb.

英文名:tall fescue

别名:苇状狐茅,苇状羊茅等。

分布地区:高羊茅分布在我国新疆,在欧洲一些地区也有分布。

形态特征:高羊茅为多年生草坪草,根系深,丛生型,大多数品种无匍匐茎,仅靠根基萌发分蘖向外扩展。芽中叶片呈卷曲状,尖形叶尖、叶片质地粗,叶片上面叶脉凸出,缺少主脉。叶领较宽,有时呈亮、浅绿色。基部红色或紫色,圆锥花序。普通型有短叶舌和圆形的叶耳,改良型则无这一特征。

生态习性:高羊茅适应性强,具有显著的抗践踏、抗热、抗干旱能力,同时适度耐阴。抗冻性稍差,丛状生长,在草坪中常呈丛块状。形成的草坪植株密度小,叶片质地粗糙,虽然有短根茎,但仍为丛生型,很难形成草皮。最适合 pH 值为 5.5~7.5,适应范围是 4.7~8.5。与大多数冷季型草坪草相比,高羊茅更耐盐碱,尤其是在有浇灌的条件下。

栽培与管理:高羊茅常用种子繁殖,建坪速度快。生长迅速,长势旺盛,春季返青早,秋季可接受2~3次霜冻。具有较强的耐践踏性,草坪受损后再生能力强。高羊茅与草地早熟禾混播形成的草坪质量比单播高羊茅好,与其他冷季型草坪草种子混播时,其比例不应低于60%~70%。在寒冷潮湿地区的较冷地带,施肥中氮水平过高会使高羊茅更易受低温的伤害。高羊茅不结枯草层,抗旱性强。

坪用特点和常见品种:高羊茅耐修剪、耐践踏,极抗酸碱和阴湿,抗旱性强,可以吸收深层土壤中的水分,在灌溉和多雨季节还可以储备水分。生命力强,生长迅速,夏季不休眠,寿命较长。但是粗糙限制它成为优质草坪,较适宜做养护管理粗放的我国北方过渡带高尔夫球场高草区草坪和保土植物。在高尔夫球场高草区常用的草种有:Houndog(猎狗),Houndog 5(猎狗5号),Arid(爱瑞),Arid 2(爱瑞2号),Finelawn(佛浪),Cochise(可奇斯),Crossfire Ⅱ(交战二代),Millennium(千年盛世),Eldorado(黄金岛)。

(4)多年生黑麦草

拉丁名:*Lolium perenne* L.

英文名:perennial ryegrass

别名:宿根黑麦草,黑麦草,英国黑麦草。

分布地区:多年生黑麦草在我国广泛栽培,是一种普遍使用的冷季型草坪草,适宜在我国黄河流域以北地区种植。

形态特征:叶片对折,叶尖呈尖形,植株具细短根茎,丛生。叶鞘疏松,无毛;叶片质软,扁平,上面被微毛,下面平滑,正面叶脉明显,边缘粗糙。穗状花序直立。

图2-13 多年生黑麦草

生态习性:多年生黑麦草喜温暖湿润、夏季较凉爽的环境,适宜在冬无严寒、夏无酷暑的地区生长。气温低于-18℃时产生冻害,最适温度27℃。春季生长快,炎热的夏季呈休眠状态,秋季生长较好。不耐干旱,在水分缺少、贫瘠的土壤中生长不良。再生速度快,耐践踏性较强。

栽培与管理:多年生黑麦草多用种子繁殖,可春播或秋播,单播或混播。种子较大,发芽率高,建坪快。抗病虫害能力较差,在湿热季节应加强防治。适宜土壤范围广,以中性偏酸、肥沃的土壤为宜。耐碱性强,但耐阴性差,不耐低修剪。在干旱期为保证多年生黑麦草的存活,灌溉是必要的。

坪用特点及常见品种:多年生黑麦草可单独用于一般草地、高尔夫球道和高草区。在南方的冬季,多用于暖季型草坪的交播。与草地早熟禾混播比例不应超过15%,过多会引起它与所需的草坪草过度竞争,破坏这些种建植的草坪。高尔夫球场常用的品种有:PH.D.(博士草),Pickwick(匹克威),Derby Supereme(德比极品),Sakini(萨卡尼),All Star(全星),Taya(托亚),Accent(爱神特),

Manhattan(曼哈顿)。

(二)按不同科属分类

以前草坪植物的主要组成是禾本科草类,近年来莎草科、豆科及旋花科等一些植物有时也用来建植草坪。

1. 禾本科

禾本科草坪草占草坪植物的90%以上,植物分类学上分属于羊茅亚科、黍亚科、画眉亚科。

(1)翦股颖属(Agrostis L.)

代表草种有细弱翦股颖(*A. tenuis* Sibth.)、绒毛翦股颖(*A. canina* L.)、匍匐翦股颖(*A. stolonifers* L.)等,该类草具有匍匐茎或根茎,扩散迅速,形成草皮性能好,耐践踏,草质纤细致密,叶量大,适应于弱酸性、湿润土壤。可建成高质量草坪,如高尔夫球场、曲棍球场等运动场草坪和精细观赏型草坪。

(2)羊茅属(Festuca L.)

代表草种有紫羊茅(*F. rubra* L.)、高羊茅(*Festuca arundinacea* Schreb)、羊茅(*F. orina* L.)等。共同特点是抗逆性极强,对酸、碱、瘠薄、干旱土壤和寒冷、炎热的气候及大气污染等具有很强的抗性。紫羊茅、匍匐紫羊茅、细叶茅均为细叶低矮型。高羊茅为高大宽叶型。羊茅类草坪草主要用做运动场草坪及各类绿地草坪混播中的伴生种。

(3)早熟禾属(Poa L.)

代表草种是草地早熟禾(*P. pratensis* L.)、加拿大早熟禾(*P. compressa* L.)、粗茎早熟禾(*P. trivialis* L.)和一年生早熟禾(*P. annua* L.)等。根茎发达,形成草皮的能力极强,耐践踏,草质细密、低矮、平整、草皮弹性好、叶色艳绿、绿期长。抗逆性相对较弱,对水、肥、土壤质地要求严。这类草坪草是我国北方建植各类绿地的主要草种,也是建植运动场草坪的主要草种,尤其是草地早熟禾的许多品种。

(4)黑麦草属(Lolium L.)

代表草种为多年生黑麦草(*L. perenne* L.)和一年生黑麦草(*L. multiflorum* Lam.)。多年生黑麦草种子发芽率高、出苗速度快、生长茂盛,叶色深绿、发亮,但需要高水肥条件,坪用寿命短(1~2年),一般主要用作运动场草坪和各类绿地草坪混播方案中的保护草种。

(5)结缕草属(Zoysia Willd.)

代表草种为日本结缕草(*Z. japonica* Steud.)、中华结缕草(*Z. sinica* Hance

Steud.）、沟叶结缕草（*Z.matrella* Steud.）、细叶结缕草（*Z.tenuifolia* Steud.）。结缕草具有耐干旱、耐践踏、耐瘠薄、抗病虫等许多优良特性，并具有一定的韧度和弹性。不仅是优良的草坪植物，还是良好的固土护坡植物。

（6）狗牙根属（Cynodon Richard）

狗牙根属植物具有根状茎或匍匐茎，节间长短不等。喜光稍耐阴，能经受住初霜。叶柔软色浓绿，干旱时叶短小。是高尔夫球场果岭、发球台、球道的理想选择草种。

2. 非禾本科植物

凡是具有发达的匍匐茎，低矮细密，耐粗放管理、耐践踏、绿期长，易于形成低矮草皮的植物都可以用来铺设草坪。首先，莎草科草坪草，如白颖苔草、细叶苔、异穗苔和卵穗苔草等；豆科车轴草属的白三叶和红三叶、多变小冠花等，都可用作观花草坪植物；其次，还有其他一些草，如匍匐马蹄金、沿阶草、百里香、匍匐委陵菜等，也可用做建植园林花坛、造型和观赏性草坪植物。

（三）按草坪草叶宽度分类

1. 宽叶型草坪草

叶宽茎粗，叶宽 5 毫米以上，生长强健，适应性强，适用于较大面积的草坪地。如结缕草、地毯草、假俭草、竹节草、高羊茅等。

2. 细叶型草坪草

茎叶纤细、叶宽 5 毫米以下，可形成平坦、均一致密的草坪，要求土质良好的条件。如翦股颖、细叶结缕草、早熟禾、细叶羊茅及野牛草。

（四）按株体高度来分类

1. 低矮型草坪草

株高一般在 20 厘米以下，可以形成低矮致密草坪，具有发达的匍匐茎和根状茎。耐践踏，管理粗放，大多数采取无性繁殖。如野牛草、狗牙根、地毯草、假俭草。

2. 高型草坪草

株高通常 20 厘米，一般用播种繁殖，生长较快，能在短期内形成草坪，适用于建植大面积的草坪，其缺点是必须经常刈剪才能形成平整的草坪。如高羊茅、黑麦草、早熟禾、翦股颖类等。

三、气候与草坪草适应性相结合分类法

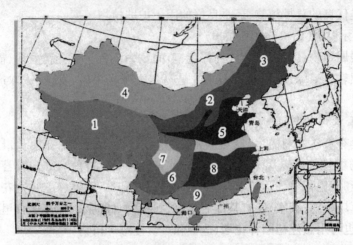

图2-14　中国草坪气候生态区划带

1.青藏高原带;2.寒冷半干旱带;3.寒冷潮湿带;4.寒冷干旱带;

5.北过渡带;6.云贵高原带;7.南过渡带;8.温暖潮湿带;9.热带亚热带

该种分类方法常见于我国草坪的引种等领域,熟悉分类标准及各个区划带所包括的范围,对于我们选择草种上有很大帮助。

1. 青藏高原带

主要指西藏、青海高原和四川省西部高原农区。年平均气温-14℃～9℃,年平均降水量100～1170毫米,最冷月平均气温-23℃～-8℃,最热月平均气温-3℃～19℃,最冷月空气平均相对湿度27%～50%,最热月空气平均相对湿度33%～87%。区域范围在北纬约27°20′～40°,东经约73°40′～104°20′。

具体包括:西藏自治区全部,新疆维吾尔自治区南部部分地区,青海省大部,甘肃省的夏河县、碌曲县和玛曲县等,云南省的德钦县和贡山县,四川省的西北部。

该带自然环境复杂,地势高亢,气候寒冷,生长期短,雨量较少,大部分偏旱,但日照充足,辐射强,气温日差大。果岭一般用匍匐翦股颖中的攀可斯或帕特等品种,发球台一般用草地早熟禾或紫羊茅混合播种;匍匐翦股颖单播。球道用草与发球台相同。高草区可选用草地早熟禾、多年生黑麦草混播;加拿大早熟禾单播。

2. 寒冷半干旱带

年平均气温 -3℃ ~ 10℃，年平均降水量 270 ~ 720 毫米，最冷月平均气温 -20℃ ~ 3℃，最热月平均气温 2℃ ~ 20℃，最冷月空气相对湿度 40% ~ 75%，最热月空气平均相对湿度 61% ~ 83%。区域在北纬约 34° ~ 49°，东经约 100° ~ 125°。

具体包括：青海省部分地区，甘肃省中部，宁夏部分地区，陕西省北部，山西省大部，河南省部分地区，河北省和内蒙古的部分地区，辽宁省西部，吉林省西北部，黑龙江省东部的一小部分地区。

该带果岭用匍匐翦股颖的 1~2 个品种播种建植。发球台可选择草地早熟禾或紫羊茅或加拿大早熟禾单播。球道用草与发球台相同。高草区可以选用加拿大早熟禾单播或草地早熟禾、硬羊茅、匍匐紫羊茅混播。

3. 寒冷潮湿带

年平均气温 -8℃ ~ 10℃，年平均降水量 265 ~ 1070 毫米，最冷月平均气温 -20℃ ~ -6℃，最热月平均气温 9℃ ~ 21℃，空气平均相对湿度最冷月为 42% ~ 77%、最热月为 72% ~ 80%。区域在北纬约 40° ~ 48.5°，东经约 115.5° ~ 135°。

具体包括：黑龙江省、吉林省、辽宁省大部，内蒙古自治区的通辽市东部。

该带冬季漫长而寒冷，多被雪覆盖，温差大；夏季凉爽，多雨，空气湿度大。自然条件除冬季寒冷之外，对冷季型草坪草生长非常有利。果岭常选用 100% 匍匐翦股颖（1~2 个品种）播种。发球台可选用草地早熟禾、紫羊茅或匍匐翦股颖单播。球道用草与发球台相同。高草区可以选用草地早熟禾或多年生黑麦草混播。

4. 寒冷干旱带

年平均气温 -8℃ ~ 11℃，年平均降水量 100 ~ 510 毫米，最冷月平均气温 -26℃ ~ -6℃，最热月平均气温 2℃ ~ 22℃，空气平均相对湿度最冷月为 35% ~ 65%、最热月为 30% ~ 73%。范围在北纬约 36° ~ 49°，东经约 74° ~ 127°。

具体包括：新疆维吾尔自治区大部分地区，青海省少部分地区，甘肃省大部地区，陕西省榆林地区大部分地区，内蒙古自治区绝大部分，黑龙江省部分地区。

该带干旱少雨，土壤贫瘠，没有灌溉水就无法种植草坪草。在水分条件有保证的情况下，这一地区适宜种植的草坪草基本上与寒冷半干旱带一致。该地区选择高尔夫不同球场区域的草坪草种配比时，出了考虑草坪的功能外，要尽可能选择耐旱、耐寒的草坪草种。

5. 北过渡带

年平均气温 -1℃ ~ 15℃，年平均降水量 480 ~ 1090 毫米，最冷月平均气温-9℃~2℃,最热月平均气温9℃~25℃,最冷月空气平均相对湿度44%~72%,最热月空气平均相对湿度70%~90%。区域在北纬约32.5°~42.5°,东经104°~122.5°。

具体包括:甘肃省部分地区,陕西省中部,山西省部分地区,河南省大部地区,安徽省部分地区,山东省,江苏省部分地区,河北省大部分地区及北京、天津地区,湖北省北部。

该带夏季温暖潮湿,冬季寒冷干燥,冷季型草坪草和暖季型草坪草均能种植,但都不是最适宜的。冷季型草坪草不能越夏,夏季表现较差,时常出现夏枯现象。这一地区冬季寒冷干燥,暖季型草坪草常因不能忍耐低温和干旱而死亡,安全越冬性差。果岭可选用匍匐翦股颖单播。发球台草地早熟禾或匍匐翦股颖或日本结缕草单播。球道可选用草地早熟禾或日本结缕草单播。高草区可选用高羊茅、多年生黑麦草混播;日本结缕草单播。

6. 云贵高原带

年平均气温3℃~20℃,年平均降水量610~1770毫米,最冷月平均气温-8℃~11℃,最热月平均气温10℃~22℃,最冷月空气平均相对湿度50%~80%,最热月空气平均相对湿度74%~90%。范围在北纬约23.5°~34°,东经约98°~111°。

具体包括:云南省大部分地区,贵州省绝大部分地区,广西壮族自治区北部少数地区,湖南省西部,湖北省西北部,陕西省南部少部分地区,甘肃省南部,四川省、重庆市一些地区。

该带冬暖夏凉,气候温和,自然条件对草坪草非常适宜,是我国种植草坪草最适宜的地区之一。但土壤贫瘠,有长达半年的干旱期,对草坪的养护提出了较高的要求。果岭可用匍匐翦股颖单播。发球台可选用草地早熟禾的几个品种混合播种或匍匐翦股颖单播。球道用草与发球台相同。高草区选用高羊茅、多年生黑麦草混播或草地早熟禾单播。

7. 南过渡带

主要由两部分组成,即成都平原和华中、华东部分地区。成都平原的年平均气温6.5℃~18℃,年平均降水量735~1680毫米,最冷月平均气温 -3℃~7℃,最热月平均气温14℃~29℃,最冷月空气平均相对湿度57%~84%,最热月空气平均相对湿度75%~90%。区域在北纬约27.5°~32.5°,东经约102.5°~108°;华中、华东地区部分地区年平均气温6.7℃~16.1℃,年平均降水量780~1683毫米,最冷月平均气温-3.2℃~3.3℃,最热月平均气温15.6℃~29.1℃,最冷月空气平均相对湿度63%~76.3%,最热月空气平均相对湿度77.7%~86%。区域在北纬约30.5°~34°,东经约110.5°~122°。

具体包括:四川省、重庆市绝大部分地区,贵州省的少部分地区,湖北省的大部分地区,河南省,安徽省中部,江苏省的中部。

该带春夏秋冬四季分明,从降雨角度讲对草坪草的生长发育非常有利。夏季高温潮湿,冷季型草坪草在夏季表现较差,易发生病害;冬季相对温暖,暖季型草坪草可顺利越冬,但绿期较短。果岭选用匍匐翦股颖单播较好,要求管理精细,尤其是夏季;果岭较为理想的草种还有天堂328,冬季交播粗茎早熟禾。发球台一般选用100%日本结缕草或杂交狗牙根建坪,冬季交播多年生黑麦草。球道用草与发球台相同。高草区选用日本结缕草或狗牙根或杂交狗牙根建坪。

8. 温暖潮湿带

年平均气温13℃～18℃,年平均降水量940～2050毫米,最冷月平均气温1℃～9℃,最热月平均气温23℃～34℃,最冷月空气平均相对湿度69%～80%,最热月空气平均相对湿度74%～94%。区域在北纬约25.5°～32°,东经约108.5°～132°。

具体包括:湖北省少部分地区,湖南省大部分地区,广西壮族自治区的极少部分地区,江西省的绝大部分地区,福建省北部,浙江省,安徽省南部,江苏省的少部分地区,上海市。

该带一年四季雨水较为充足,气候温和,自然条件非常有利于草坪草的生长发育。冬季气候温和,有利于冷季型草坪草的生长发育。秋季凉爽,是各种草坪草生长发育的最佳时节。夏季降雨量大,空气相对湿度也大,温度较高,且持续时间长,高温高湿的气候使冷季型草坪草极易感染病害。该带的高尔夫球场草种选择与配置方案与南过渡带相似。

9. 热带亚热带

主要由海南省、台湾省及广东省、广西壮族自治区、云南省部分地区组成。海南省和台湾省年平均气温13℃～25℃,年平均降水量900～2370毫米,最冷月平均气温5℃～21℃,最热月平均气温26℃～35℃,最冷月空气平均相对湿度68%～85%,最热月空气平均相对湿度74%～96%;其他地区的年平均气温12.7℃～23.6℃,年平均降雨量888～2200毫米,最冷月平均气温4.4℃～16.7℃,最热月平均气温16.3℃～29.1℃,最冷月空气平均相对湿度67.9%～82%,最热月空气平均相对湿度74.4%～92%。区域在北纬约21°～25.5°,东经约98°～119.5°。

具体包括:福建省部分地区,广东省、台湾省、海南省、广西壮族自治区绝大部分地区,云南省南部。

该带雨水相对充足,空气湿度大,春夏秋冬四季不是很分明,水热资源十分丰富。果岭一般选用杂交狗牙根(如天堂草328、老鹰草、矮天堂等)或海滨雀稗。发球台和球洞通常选用杂交狗牙根(如天堂草 419)或海滨雀稗。高草区常选用天堂草 419 或海滨雀稗或结缕草。

第二节 高尔夫球场草坪质量评价

草坪质量的评价,是对构成草坪质量的各个主要因子进行定点定期地测试,然后运用国际通用的质量标准对所测试的草坪质量进行综合评价和分级,并对其时空变化趋势进行有效预测。

定期地进行高尔夫球场草坪质量评价和监测,不仅能客观地评判一个草坪现有的质量状况,并且能够及时发现草坪已经存在或将要出现的问题,预测该草坪质量状况的未来演变趋势,为草坪的季节性宏观管理提供具有前瞻性的科学依据。另外,草坪质量的评价和监测是一项基础性的工作,它在运动场草坪的建设,新技术、新产品的评价,重大赛事的场地准备等方面十分重要。

草坪质量的评价始于几十年以前。例如,草坪测速仪自 30 年前研制出以来,如今已在全世界广泛地应用于高尔夫果岭草坪球速的测定。草坪硬度测定仪,是目前为止最为广泛地用于测定天然运动场草坪表面硬度的仪器。经过 30 多年的发展完善,该仪器不仅能较有效地测定运动场草坪根系表层土壤物理特性和管理措施对草坪使用功能的影响,也能较有效地模拟运动员踢踏运动对草坪质量的影响。

一、草坪质量评价概述

草坪质量评定(Turf Quality Evaluation),是对草坪整体性状的评定,用来反映成坪后的草坪是否满足人们对它的期望与要求。通过草坪质量评价体系对高尔夫球场草坪进行监测,及时地发现草坪出现的问题,使草坪质量达到最优状态。

美国草坪草评价体系(NTEP),是各种草坪草评价体系中应用最为广泛的一种,它是由美国农业部贝尔斯威尔农业研究所和美国草坪联合公司提出的一种非营利性草坪评价体系,包括草地早熟禾、高羊茅、黑麦草、结缕草和狗牙根等不同草坪草的评价体系。主要用于评价各种草坪草在美国和加拿大不同地区的适应性及主要表现特性。

NTEP 评价体系的主要指标包括:草坪综合质量、色泽(遗传色泽,春季、冬季和秋季色泽)、叶片质地、密度(春季、夏季和秋季)、春季返青状况、幼苗活力的测定、生长季节的活体覆盖度、抗旱性(主要包括抗萎蔫、抗休眠和干旱过后的恢复能力)、抗霜冻能力、抗病虫害能力、其他指标(如耐磨性、草皮强度、抗抽穗能力、抗杂草能力等)。草坪综合质量指标又分为在所有试验区的综合质量、3 种不同氮肥水平下的综合质量(2.1 至 3.0 磅、3.1 至 4.0 磅和 4.1 磅以上)、4 种不同修剪高度下的综合质量(0.5 至 1.0、1.1 至 1.5、1.5 至 2.0 和 2.1 以上)以及 3 种不同气候带的综合质量(过渡带、寒冷湿润带和寒冷干旱带)。抗病虫害指标仅在发生时进行测定,所以不是每年每个地区都有数据。

二、高尔夫球场草坪质量评价

高尔夫球场草坪质量,是指草坪在其生长和使用期内功能的综合表现,体现草坪的建植技术与管理水平,是对草坪优劣程度的一种评价,由草坪的内在特性与外部特征所构成。根据草坪质量的构成,草坪质量包括外观质量、生态质量和使用质量,因而从草坪养护管理角度提出草坪外观—生态—使用的综合质量评价指标体系。高尔夫球场草坪的特点和使用目的与草坪质量密切相关,评价球场草坪质量的具体指标、内容和方法对于球场草坪充分发挥其生态效益、社会效益和经济效益显得至关重要。

(一)外观质量评价

1. 草坪密度

草坪密度,指单位面积内草坪草个体或植株数量的多少。密度是草坪质量最重要指标,密集毯状的草坪是最理想的。草坪密度与草坪草种和品种有关。然而,任何一个品种的草坪密度随着草坪种植方式、生存环境以及生长时期的不同表现出较大差异。某些品种可以获得最高的草坪密度,尤其在低修剪和大量施肥、灌水、无致病生物、无昆虫侵袭的草地中更为明显。同一品种,其密度也因栽培方法、环境、季节等产生显著差异。充足的水分供应,较低的修剪高度和氮肥的施用等均能增加草坪的密度。

高尔夫球场的不同区域对于草坪密度的要求也不尽相同:果岭要求草坪密度大,无裸露地面存在;球道和发球台草坪也不能裸露地面存在;高草区作为高尔夫障碍区域,允许草坪密度稍小,有裸露地面存在。

2. 草坪质地

草坪质地,是对叶宽和触感的量度。通常认为草坪草叶片越细腻,质地越好。1.5~3.3 毫米的叶片宽度被认为是优良的草坪草质地。比较不同草种的草坪质地时,测量的不同叶片必须具有相同的生长年龄或生长时段,而且要在相同

的地点。依草坪草种及品种的叶宽,可分如下等级:

(1)极细:细叶羊茅、绒毛翦股颖、非洲狗牙根;

(2)细:狗牙根、草地早熟禾、细弱翦股颖、铺茎翦股颖,沟叶结缕草;

(3)中等:细叶结缕草、一年生黑麦草、小糠草;

(4)宽:草地羊茅、结缕草;

(5)极宽:苇状羊茅、狼尾草、雀稗。

草坪草混播适应选择叶片质地相近的草种和品种以期获得均一的外观,所以叶宽相差较大的品种通常不在一起混播。通常,密度和质地是密切相关的,密度越大,质地就越细。

一般而言,高尔夫球场果岭属于精细养护,要求草坪质地极细或细;球道和发球台中等质地;高草区则宽或极宽质地即可满足草坪要求。

3. 草坪颜色

草坪颜色,是对草坪反射光的量度,是草坪质量目测评定的重要指标。草坪颜色依草种及品种不同而异,从浅绿→深绿→浓绿。出现黄色或褪绿,说明草坪草营养缺乏、疾病或不利因素影响。深色表示肥料过多、草坪草将发生萎蔫或是患疾病的早期征兆。

目前,国内外对叶片色泽的测定方法有直接目测法、比色卡法、SPAD-502 叶绿素仪、TCM500 草坪色彩管理仪和分光光度法这五种方法。评定草坪颜色的传统方法是测定叶绿素的含量。最简洁的方法,在草坪上部高 1 米处测定光反射量,反射光的量越少质量越高。

草坪草叶片的颜色有墨绿、深绿、浅绿、黄绿、灰绿等。草坪草叶片的颜色构成了草坪整体的颜色。不同的草坪草种类颜色有所不同,如高羊茅、多年生黑麦草颜色往往深绿,而翦股颖和狗牙根颜色为灰绿,粗茎早熟禾为黄绿。

同一个草坪草种不同的品种之间颜色会有些差异,如草地早熟禾、高羊茅和多年生黑麦草中的品种就有一些深浅不一。苗期的颜色会略为淡一些,植株较老时颜色会深一些。同一块草坪,同一种草坪草,不同的季节颜色会有不同。以杭州为例,狗牙根草坪在霜降以后就变红褐色直到枯黄,直到来年 4 月初才开始缓青。高羊茅草坪在夏季会略显黄,冬季叶尖也会有一些黄,春秋生长季节颜色则显得翠绿。另外,同一块草坪,同一种草坪草,在不同的养护条件下颜色差异比较明显,如施肥后和施肥前,修剪后和修剪前,草坪产生病虫害后和之前,草坪杂草的多寡,颜色都会有差别。另外,施肥、浇水、修剪等措施如果不均匀,则草坪的颜色就会产生花斑,影响美观程度。

4. 草坪盖度

草坪盖度,指草坪草覆盖地面的面积与总面积的比,可用目测法或点测法确定。盖度越大,草坪质量越高。盖度不够时往往有裸露地面存在。

高尔夫球场草坪在不同时段、不同区域的盖度是不同的,因此,评价时应注明时间和位置。

(二)生态质量评价

1. 草坪组成

草坪组成,是指构成草坪的植物或品种以及它们的比例,这一特性与草坪的使用目的有关。一般果岭区域以单播为主,草坪组成较为单一,更易保持良好的均一性

2. 草坪分枝类型

草坪草分枝类型,是指草坪草的枝条生长特性和分枝方式,这一特性与草坪的扩展能力和再生能力密切相关,是描述草坪草枝条生长特性的指标。不同草种具有不同的分枝类型:有丛生型、根茎型、匍匐茎型三种类型。

丛生型草坪主要是通过分蘖进行扩展,播量充足时,可以形成均一的坪面。然而,在播量偏低时,则形成分散独立的小株丛,导致不均一的坪面。多年生黑麦草、高羊茅、一年生早熟禾等均属此列。

根茎型草坪草通过地下茎进行扩展,由于根茎末端在远离母株的位置长出地面,地上枝条与地面趋于垂直,因此强壮的根茎型草坪草可以形成均一的草坪。品种间枝条生长速度和叶片伸展方向的不同会影响草坪的质量及其耐低修剪性能。

匍匐茎型草坪草是通过匍匐茎的地上水平枝条进行扩展。匍匐翦股颖在修剪高度较高的情况下,修剪常常形成明显的"纹理"现象。不同草坪草品种具有不同的"纹理"。在果岭上,"草坪纹理"不仅影响草坪的外观质量,还影响推球质量。

一般要求果岭草坪草具有根茎和匍匐茎;球道和发球台要求则不严格,有无匍匐茎均可。高草区则要求以丛生型为主。

3. 草坪抗逆性

草坪的抗逆性,是指草坪草对寒冷、干旱、高温、水涝、盐渍及病虫害等不良环境以及践踏、修剪等使用、养护强度的抗逆能力。

草坪的抗逆性除受草坪草的遗传因素决定之外,还受草坪的管理水平和技术以及混播草坪的草种配比的影响。草坪的抗逆性是一个综合特征,评价它的

指标主要有形态、生理、生化和生物指标。不同用途的草坪对抗逆性要求的侧重点不同,如运动场草坪要求耐践踏、耐修剪能力强,耐高强度管理;观赏草坪则要求抗病虫害,绿期长。

4. 草坪绿期

草坪绿期,是指草坪群落中80%的植物返青到80%的植物枯黄之日的持续天数。较高的养护管理水平可延长草坪的绿期,但草坪的绿期受地理气候和草种的影响较大。评价草坪绿期之前要获得不同草种在某地区绿期的资料,然后对被测草坪的绿期进行观测打分,达到标准值的计分为5分,每缩短3天扣1分,如此确定草坪绿期的得分。

5. 草坪植物的生物量

草坪植物生物量,是指草坪群落在单位时间内植物生物量的累积程度,是由地上部生物量和地下部生物量两部分组成。草坪植物生物量的积累程度,与草坪的再生能力、恢复能力、定植速度、草皮生产性能有密切关系。

(三) 使用质量评价

1. 草坪弹性与回弹性

草坪弹性,是指草坪叶片受到外力挤压变形、倒伏,消除应力后叶片恢复原来状态的能力,这是草坪的一个重要特性指标,因为在使用和养护(如修剪)草坪过程中,草坪不可避免地受到践踏。回弹性,又称韧性,是指草坪吸收外力冲击而不改变草坪表面特征的能力。草坪的回弹性部分受草坪草叶片和茎生长特性的影响,但更主要的受草坪草生长介质特性的影响。例如,草坪存在适当的枯草层可增加草坪的回弹性。土壤类型和土壤结构也是影响草坪回弹性的重要因素。高尔夫球场果岭的草坪具有足够的回弹性。

2. 草坪硬度

草坪硬度,指草坪抵抗其他物体压入表面的能力,与草坪的缓冲性能密切相关。由于草坪是由植物与表土层土壤构成的复合体,对测量表面的确有一定的困难。因此,对草坪硬度的测量方法和表示方法较多。最简单的方法是用直尺测定践踏后踏入土壤表面时所造成脚印凹陷的深度,也可以利用测定土壤物理性状的仪器来评价草坪硬度,如土壤针入度仪、土壤冲击仪等。

3. 耐践踏性

耐践踏性,是指草坪耐受践踏能力的大小。耐践踏性评价是耐磨损性、耐土壤紧实性及恢复能力的综合体现。一般可采用践踏器对草坪进行一定强度和频度的模拟践踏来测定,也可通过单位面积直立枝条数的测定来评价。

4. 果岭速度(平滑度)

果岭速度,是草坪的表面特征,是运动场草坪品质的重要因素,对高尔夫球场果岭而言尤其重要。果岭上不应存在使球滚动发生偏移的障碍和凹陷。果岭速度慢的草坪,将降低球滚动的速度和持续时间。草坪草叶片生长特性和平滑度可以根据表现评估,看球滚动的距离及是否偏向来评价。

果岭球速,是指高尔夫球在果岭上滚动的速度,可用果岭测速器(Stimpmeter)测定果岭球速。即在一定的坡度、长度和高度的助滑道上,把球向下滚动,记录球滑过草坪表面的运动状态,以确定草坪的平滑性。该方法仅限于测试有相似的、均匀坡度的草坪果岭表面,对风速的影响和方向很敏感。

【本章小结】

高尔夫球场草坪管理的对象是草坪草,利用各种草坪管理措施,使之达到满足运动要求的草坪。了解草坪草的一般特征,掌握高尔夫球场常用草坪草草种分类,形态特征及其生态习性,理解其用途特点,并在此基础上理解高尔夫球场草坪质量评价的概念,掌握评价的方法,是进一步学习和掌握高尔夫球场草坪管理基础。

【思考与练习】

1. 草坪草都有哪些共同特征? 如何分类?

2. 高尔夫球场常用草坪草品种都有哪些,它们分别有什么样的生态习性和使用特点?

3. 什么是高尔夫球场草坪质量评价? 如何评价?

第三章
果岭建造

本章导读

　　果岭在高尔夫球场中突出的重要性,使其在建造方面要求很高。以其单位面积计算,所投入的资金、人力和时间是最昂贵、最费时的。目前,世界上通用的果岭建造方法为美国高尔夫球协会(USGA)果岭标准建造法。了解果岭坪床结构,理解其优缺点,是学习本章的关键。

教学目标

　　掌握高尔夫球场果岭建造方法,了解不同建造方法的优缺点,在实践中结合实际情况灵活应用,能建造果岭、建植果岭草坪并进行幼坪养护管理。

第一节　果岭坪床结构

　　由于果岭草坪是高尔夫球场草坪中最重要的草坪区域,其建造方案也是草坪研究人员不断研究和探讨的问题。美国高尔夫球协会(USGA)于1960年首次发表了果岭建造推荐方案,其后,经过多年的不断研究和总结经验,分别于1973年、1989年、1993年和2004年进行了四次修改。由于各地气候和土壤条件的差异,至今国际上还没有一个统一的果岭建造方案。USGA果岭建造方法,经大量实验研究为基础,得到了广泛应用。其他建造方法,如加利福尼亚果岭建造法、日本果岭建造法、中国果岭建造法等,与USGA相比各有优缺点,需在实际应用中灵活掌握。

一、USGA 果岭建造法

图 3-1 为用 USGA 标准建造的果岭构造示意图,两图分别是省略粗沙过渡层和未省略粗沙过渡层的果岭坪床构造。USGA 果岭坪床结构主要优点有:抗紧实;利于根层的水分渗入和水分过多时快速排水,避免表层积水;减少表层径流而增加有效降水;根系层具有良好的通气性,可以为根系的健康生长提供充足的养分。

此结构的总孔隙度为 40%～50%,渗水率为 100～150 毫米/小时(mm/h),持水率 12%～25%。由此可见,该结构具有良好的渗水性和持水性,并且能为草坪根系的生长提供充足的氧气。由于其良好的性能,在世界范围内得到广泛的应用。

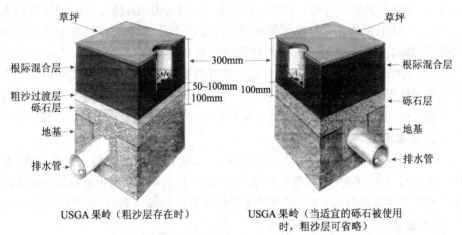

USGA 果岭(粗沙层存在时)　　　USGA 果岭(当适宜的砾石被使用时,粗沙层可省略)

图 3-1　USGA 的果岭构造示意图

(引自韩烈保,2004)

USGA 果岭构造在地基上从下到上依次为,排水管层、砾石层、过渡层(中间层或粗沙层)、根系混合层。各层的厚度及作用如表 3-1 所示。

表 3-1　USGA 果岭坪床结构及作用

名称	厚度(cm)	作用
排水管层	30	排除果岭根系层多余的水分,以利于草坪草的生长。排水管周围用砾石包围,以防止孔隙堵塞,影响排水管排水。
砾石层	10	砾石用水冲洗可以减少石粉、脏物堵塞砾石间隙,便于根系层多余水分迅速排走。

名称	厚度(cm)	作用
粗沙层 (过渡层)	5~10	防止沙子渗流到砾石层,阻塞排水管排水;对水分从根系层到砾石层有一个缓解过程,可稳定果岭结构。
根系混合层	30	草坪草根系生长环境。

1. 排水管层

果岭的排水对果岭后期养护极为重要。地表排水是果岭排水的基础,根系层地下排水是果岭排水的关键。排水不畅,很容易在雨季时造成烂草、烂根、长青苔,严重时甚至无法打球。USGA 果岭地下排水系统中,排水管层的厚度约为30 厘米,排水管的作用是排除果岭根系层多余的水分,以利于草坪草的生长。排水管通常用有孔 PVC 波纹管,排水管周围用砾石包围,以减少石粉、泥土堵塞排水管,填充的砾石同砾石层,排水管层中非管道系统部分由原土组成即可。近些年有些球场果岭建造时改变了传统的挖沟埋设 30 厘米厚度排水管层,而是在原土基础上使用扁平排水管,有关扁平排水管将在果岭建造实例中详细介绍。

2. 砾石层

砾石层厚度为 10 厘米,所用砾石粒径大小在 6~12 毫米,其粒径组成为:≥12 毫米小于 10%,6~9 毫米至少 65%,≤5 毫米小于 10%。所用砾石最好用水冲洗。砾石层主要起过滤作用,用水冲洗过的砾石可以减少石粉、脏物堵塞砾石间隙,便于根系层多余水分迅速排走。

3. 粗沙过渡层

粗沙层又称过渡层、中间层,厚度为 5~10 厘米,由 1~4 毫米的沙粒组成。过渡层的作用是防止根际混合层的沙子渗流到砾石层,阻塞排水管排水。此外,过渡层使水分从根际混合层到砾石层有一个缓解过程,故可起到稳定果岭结构的作用。

粗沙层是否需要铺设,根据铺设砾石的大小与根系混合层颗粒的大小而定。如果砾石的大小合适,砾石层的砾石与根系层颗粒相容性高,则可以省略掉粗沙层。如果寻找不到合适的砾石,就必须在砾石层上先铺设粗沙层,然后再在上面铺设根系混合物。在球场建造过程中,粗沙层的铺设是一项十分艰巨的工作。然而,该层是否必须要设置,经过广泛研究证实,其必要性取决于上面根际层与下面砾石层的粒径大小匹配情况。否则,盲目省略过渡层会带来严重的后果,甚至会导致果岭建植失败。

可以省略粗沙过渡层时,砾石材料的选择如果能够寻找到大小合适的砾石材料,就可以在果岭建造中省略掉粗沙过渡层的铺设。在某些情况下,这样可以节约相当可观的时间和金钱。

砾石大小的选择是依据根层材料的粒径分布而确定的。这项工作通常是由专业的土壤实验室完成的,这就需要球场设计师或建造总监与实验室保持紧密的联系。在选送根层混合物的原料样品去实验室检测时,要把不同的砾石样品一起送去。一般砾石的大小应在2~9.5毫米范围内。实验室首先确定最好的根层混合物材料,然后再检测砾石样品,以确定二者之间是否符合表3-2中的各项指标。在送检根层混合物的各种原料时,要求实验室根据测试结果推荐出适宜的砾石颗粒的大小范围。球场建造人员可根据要求寻找一种砾石材料,并提交给实验室做进一步的确认。

表 3-2　粗沙层不存在时砾石大小的推荐标准

考虑因素	推荐标准
桥梁作用	$D_{15砾石} \leqslant 8 \times D_{85根层}$
渗透能力	$D_{15砾石} \geqslant 5 \times D_{15根层}$
均匀性	均匀系数:$D_{90砾石}/D_{15砾石} \leqslant 3.0$
粒径分布要求	粒径不能有大于12毫米的沙粒 小于2毫米的沙粒不能超过总量(以重量计)的10% 小于1毫米的沙粒不能超过5%

注:$D_{85根层}$是指根层总重量中最小的85%部分所对应的粒径大小;$D_{15砾石}$是指砾石总重量中最小的15%部分所对应的粒径大小;$D_{15根层}$是指根层总重量中最小的15%部分所对应的粒径大小;$D_{90砾石}$是指砾石总重量中最小的90%部分所对应的粒径大小。

如果实验测试结果表明砾石完全符合表3-2中的各项指标,则说明在果岭建造中可以省略过渡层的铺设。不完全明白这些推荐指标的含义没有关系,重要的是在选择砾石材料时要与专业的土壤实验室保持紧密联系。严格按照这些标准来选择建造材料是非常重要的,不遵守这些推荐指标很可能导致果岭建造失败。

这些标准是在工程原理的基础上建立的。首先是依赖于根层中最大的15%的颗粒与砾石层中最小的15%的颗粒之间具有的"桥梁"作用,这能够保证二者之间产生许多小孔隙,这些小孔隙能够阻止根层中的颗粒向下迁移到砾石层中,同时还可以使根层保持足够的渗透性。

如果二者具有桥梁作用,则应当满足 $D_{15砾石} \leq 8 \times D_{85根层}$;为了保证根层与砾石层的界面处维持足够的渗透能力,应当满足 $D_{15砾石} \geq 5 \times D_{15根层}$;砾石的均匀系数应满足 $D_{90砾石} / D_{15砾石} \leq 3.0$。总之,是否需要铺设过渡层不是随意决定的,而要有科学依据。

此外,任何被选择的砾石都应当全部 100% 的通过 12 毫米孔径的筛,而且样品中通过 2 毫米筛的砾石数量不能超过总重量的 10%,其中通过 1 毫米筛的砾石不应超过总重量的 5%。

4. 根系混合层

根系层,是草坪根系生长的空间,直接影响到草坪的生长质量和持水性。要求根系层具备以下特点:

(1)具有良好的渗水性能,避免因水分过多而影响到草坪的健康生长和果岭使用。

(2)要为草坪生长保存必要的水分和防止肥力的流失,并为草坪根系的生长发育创造良好的条件。

大多数高尔夫场地的土壤以黏土、粉沙土、石块和类似的不适合果岭草坪质量要求的土壤为主,因而果岭草坪根系层必须用专门准备的混合土来建造。USGA 标准的果岭根系层,是以沙为主的沙和有机质的混合土壤。这样的根层不易紧实,有相对较高的水分渗透和渗透率。另外,沙质根层有较好的透气性,利于形成较深的根系,不易紧实。但是沙质根层有不利之处,如阳离子交换的能力差、持水保肥能力差等。因此,需在以沙子为主的基础上混合一些有机物质以改善沙子的不足之处,常用的改良物质有草炭土、泥炭土、腐烂的锯末、木质化的木料等,这些材料需精细粉碎。腐熟良好的有机质可改善根系层的养分状况、持水性、弹性和透水性,它利于沙比例高的根系层草坪建植。有关沙和有机质的比例应随不同地区不同的气候条件做相应的调整,一般二者的比例为 8∶2 或 7∶3。

从表 3-3 可以看出 USGA 推荐的果岭根系混合层沙粒以粗沙和中沙为主,这样的粒径分布能够保证整个根系层颗粒分布的均匀性较高。均匀性高的粒径分布在颗粒之间存在较多的大孔隙,有利于通气与快速排水。相反,均匀性低的粒径分布则意味着从大颗粒到小颗粒都存在,小颗粒会将大颗粒之间的孔隙堵住,从而使得通气性、排水性大大降低,这样的土壤结构在日后的养护管理中存在着很大隐患:①通气、排水性能降低;②土壤易紧实、草根系缺氧、难以扎根;③大量灌水或雨季到来时排水不畅形成表层积水,甚至会影响打球。因此,选择均匀性高的材料建造果岭是非常重要的一个环节。

表 3-3　USGA 果岭根系混合层的沙粒粒径分布要求

根系混合物粒径分布要求		
名称	粒径大小（mm）	推荐量（以重量计）
小砾石 很粗的沙	2.0～3.4 1.0～2.0	小砾石≤3%最好没有 二者不能超过总量10%
粗沙 中沙	0.5～1.0 0.25～0.5	≥60%
细沙	0.15～0.25	≤20%
很细的沙 粉粒 黏粒	0.05～0.15 0.002～0.05 <0.002	≤5% ≤5%　三者≤10% ≤5%

二、其他果岭建造方法

除使用较多的 USGA 果岭建造法,各国研究者相继发明了加利福尼亚法、日本法和中国法等,每种方法都各有优缺点。

（一）加利福尼亚法

加利福尼亚法共有 5 层,实际为 3 层,即生长层、中沙层、粗沙层,统称为混合表层。厚约 30 厘米,成分比 USGA 方法更复杂,包括 85%～95% 的极粗沙 2 毫米、粗沙 1 毫米、中沙 0.5 毫米、细沙 0.25 毫米和 2%～8% 混合物,包括极细沙 0.05 毫米、微沙小于 0.05 毫米和少量黏土 0.002 毫米。但是,它与 USGA 方法不同的是,由上述沙子构成的混合表层为水洗后的混合物,即水洗沙。其他与USGA 方法相同。加利福尼亚法的生长层不需要泥炭土,但沙子成分复杂,需要大量水清洗为纯净沙,成本很高。

（二）日本法

日本法共有 4 层,实际也可粗分为 2 层。改良层（15 厘米）、河沙层（20 厘米）和粗沙（10 厘米）统称为混合表层或床土,厚约 45 厘米。沙的粒径和比例规定为:0.25～1.0 毫米范围内占 75%,最少也在 65% 以上,1～2 毫米占 7%,2 毫米以上占 3%,二者合计不超过 10%。0.25 毫米以下不超过 10%,最多不超过 25%。

实际上上述混合层也是一层混合沙。最后一层为砾石层,其中包埋水管。水管先铺设大砾石,然后为小砾石,放置水管后再铺设小砾石。

三、不同果岭建造方法比较

不同方法的果岭结构均为解决合理持水和排除多余水分,创造一个有利于果岭草坪草生长的环境。科学利用沙层之间的吸水力和毛细管现象,采用不同粒径的沙子分层的果岭结构可以实现这一目标。目前,世界各国球场果岭的建造均仿美国高尔夫球协会方法进行,但在建造过程中,根据本地区特点也进行了部分改良。

美国高尔夫球协会法提出时间最早,为世界各国遵循。但缺点也是明显的,坪床混合表层的成分比较复杂,厚约 30 厘米,建造费时费工,且须小心均匀。所需砾石很难获得,铺设施工费时费力,成本很高。

加利福尼亚法生长层不需要泥炭土,但沙子成分复杂,需要大量水清洗为纯净沙,成本很高。

日本法也需要混合 30 厘米厚的各种成分,费时费力。但砾石层分为大小两层砾石,均用规格不同的碎石替代,各层之间采用尼龙网防漏。因此,成本也较高。

中国法结构简单,排除余水处理效果高,但合理留水较差。其主要优点是成本很低,建造时间大为缩短,而其果岭寿命也被延长。它将美国和日本法 30 厘米生长层缩小为 10 厘米厚,并用大砾石替代部分细沙层、粗沙层、小砾石和大砾石,小砾石和细沙之间采用尼龙网防漏即可。

第二节　果岭建造过程

高尔夫球场中果岭草坪的建植和管理水平,代表了当今草坪科学的前沿和最高水平,因而对其建造质量和水平有着严格的要求,需要花费大量的时间和资金。果岭建造过程不同于一般意义上的简单草坪建植,而是包括精细的坪床建造、草坪建植和幼坪管理几个部分。

一、果岭坪床建造过程

高尔夫球场果岭建造,一般包括一个大的地下排水系统、特殊根层改良、精细地表造型等。一般建造流程如下:

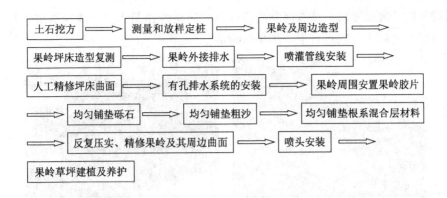

土石挖方 → 测量和放样定桩 → 果岭及周边造型 →

果岭坪床造型复测 → 果岭外接排水 → 喷灌管线安装 →

人工精修坪床曲面 → 有孔排水系统的安装 → 果岭周围安置果岭胶片 →

均匀铺垫砾石 → 均匀铺垫粗沙 → 均匀铺垫根系混合层材料 →

反复压实、精修果岭及其周边曲面 → 喷头安装 →

果岭草坪建植及养护

（一）测量和放样定桩

果岭的测量和放样定桩（图 3-2），是从已确定的果岭中心线开始，用永久水准点控制标高，放出整个果岭的平面轮廓。定桩时要从球道中心线开始标桩，以果岭中心点为圆心，在果岭周围以 4 米左右间距打桩，在变化的凸出点上，如最高和最低点，可附加定桩。每条木桩用鲜艳的颜色涂抹并注上标高数，以便引导造型师在实际操作造型机械时掌握每点的变化和控制填方或挖方。

（二）果岭及其周边造型

果岭坪床及其周边造型工作，主要是依次进行粗造型、细造型、造型检测。

果岭地基的粗造型（图 3-3）是造型师按照施工图和现场的定桩，指挥和操作造型机械挖出多余或填埋所需的土方，已达到设计要求的高度。果岭造型师需用履带式推土机对果岭坪床及其周边区域反复压实，确保将来不沉降。地基的造型应当与最终果岭造型面的形状尽量一致，果岭地基定型高度低于果岭最后造型 40~45 厘米，以为后期果岭坪床的建造留有足够空间。当建造时过渡层省略时，地基应低于果岭造型面 40 厘米。地基应当完全夯实，以防止将来地表凹陷。应当避免地基积水沉降的现象发生。如果地基原土的稳定性较差，可以在原土与砾石层之间铺设一些土壤加筋材料，将稳定性较差的原土与砾石分开。

在完成机械化的粗造型后，果岭地基大致反映了果岭地面的变化形状。此时，配以机械（图 3-4）及人工对整个粗造型进行修补、夯实、整洁等细致的工作，使之平顺、光滑。有些球场为了使地基更加稳固，地基表层黏土常混合石灰或水泥。

果岭坪床细造型之后，要对坪床整体进行检测，以确保建好的果岭轮廓与曲面符合设计师的要求。请有经验的设计师按照果岭详图和果岭现场造型进行比对、验收,之后才可以进行下一步果岭建造。

图 3-2　放样画线

图 3-3　果岭地基粗造型

图 3-4　果岭地基细造型

（三）排水系统安装

果岭的排水对果岭后期养护管理极为重要,地下排水是果岭排水的关键。排水不畅,很容易在雨季时造成烂草、烂根、长青苔,严重时甚至无法打球。

1. 放样画线

排水管道的布设,是以主管道沿着最大落差线铺设为原则的,支管道以一定角度贯穿地基斜面,支管与主管之间存在一个自然的落差。排水系统中的排水管的布设多采用鱼脊式或炉壁式。果岭排水系统中鱼脊式排列方式使用较多,支管间距4~6米,与主管呈45°角在主管两侧交替排列,并且延伸到果岭的边缘。炉壁式一般由排列成人字形的110毫米横向排水管和主排水管道组成,横向排水管之间最大间隔5米,排水管的最小倾斜度为1%。放样画线可用喷漆、沙、石灰等,或用竹签或木桩定桩。

2. **开沟挖土**

沟槽的挖掘采用机械或人工方式(图3-5),排水沟应当在完全紧实的地基上开挖,要使排水管始终保持一定的坡度,从其最远端到出水口之间至少应保持0.5%的坡度。沟壁及沟底均呈现整洁光滑的开挖面,沟底平整,挖掘出来的土方堆置于距沟缘45厘米以外的地方,如遇松软或易塌陷的土质,堆土离沟边80厘米以上,以减轻侧土压,之后将所挖出土物及时从地基中移走。挖沟的深度与宽度一般由排水管管径来决定,比排水管管径各长10~15厘米,至少应为15厘米宽、20厘米深,以便上下左右留有足够的空间放排水管及砾石。从主管道进水口到出水口,坡度至少为1%。

图3-5 开沟挖土

3. **夯实平整**

排水沟槽开挖成形后,清除沟槽基底面上的坚硬物,整平,用相应工具进行镇压沟的三面,防止土壤塌陷,为排水管铺放砾石提供一个较好的基础。测量排水坡度,以达到完全符合设计排水坡度要求。雨季施工如出现积水浸泡沟槽,应尽快采取措施将水排出,待沟槽基面基本渗干后,再次整平,方可放置排水管。

4. **沟底铺放砾石**

排水沟底铺放入5~10厘米、直径4~10毫米经水冲洗过的砾石,所有的排水管道应当铺设在排水沟中的砾石床上。南方地区雨水较多,砾石可稍微大些,为5~15毫米。部分球场在铺放砾石及排水管之前尽在沟内铺放一层塑料以使泥石分开。

5. 放排水管

排水管道放设前,应继续进一步检查沟槽基面的坚实度,基面变形处及时补平压实。一般选用有孔波纹塑料管(图3-6),其优点是管凹壁有孔,利于排水透气。主排水管直径200毫米,支排水管直径110毫米。主管与支管的进水口用塑料纱网封口,防止沙、石冲入管内,影响排水。

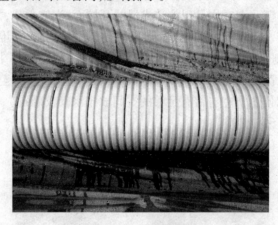

图3-6　有孔波纹管

6. 铺满砾石

排水管铺设完,经检查没有错误后,在管的左右及上面铺放直径4~10毫米经水冲洗过的砾石(图3-7),砾石面比地基高,一般呈龟背形。

图3-7　铺放排水管

7. 放防沙网

在排水管砾石上面,铺盖一层防沙网,用铁线钉将防沙网固定,以减少根系层的河沙渗漏到砾石间隙,阻碍排水和透气。防沙网一般用塑料纱网或尼龙网。

果岭内的排水主管应安装一个通向果岭表面的 T 形接口,以备将来排水管出现堵塞时能够直接用水冲洗。

果岭内的主排水管最终要有一个通向果岭外的排水口,将水经过排水管排到集水井或人工湖等(图 3-8)。

图 3-8 排水井

在果岭排水系统中,除了使用圆形排水管外,也可直接在准备好的地基上铺设一种扁形排水管(图 3-9),2004 年新标准中允许使用这类材料,只要它能符合美国 ASTMD700 标准即可,且最小孔径达到 30 厘米。这种扁管的最小宽度为 30 厘米,应当用 U 形钉钉牢在地基上,或固定在某处,以防止在建造中被移动。在果岭排水系统中使用传统的果岭排水系统需要挖排水沟、然后铺设砾石后铺排水管,其工序人力成本较高,而且后期排水管损坏后不易修理。因此可以将圆管与扁管合理结合一起使用在果岭排水系统中。

图 3-9 扁平排水管铺设

（四）砾石层铺设

在地基上间隔一定距离设置标桩,在桩上标记好砾石层、粗沙层、根系层各层的记号线。在排水层的基础上,铺上一层厚约10厘米经水冲洗过的4~10毫米砾石,将整个果岭地基铺满(图3-10),要求其形状与最后造型面相一致。使用水冲洗过的砾石是为了减少石粉、脏物对石子间隙的堵塞,以便将来根系区多余的水分迅速地排入排水管道内。

图3-10 砾石层铺设

铺设使用手推车或小型运输工具将砾石运入果岭中,从车辆入口较远的一侧开始铺设,人工用铁耙等工具将碎石铺平,按照果岭的网格桩控制铺设高度,使砾石层面与果岭的最终造型表面一致,并且使坡度变化自然、平滑。

（五）粗沙层铺设

在砾石层之上铺设一层厚度为5~10厘米、颗粒直径1~4毫米粗沙层。它能防止根系层的沙子渗流到砾石层而阻塞排水管排水。沙的流失会造成果岭表面变形,破坏原来的造型。粗沙层使水从根系区渗到砾石中有一个缓解过程,起到稳定果岭结构的效果,并对根系区的沙有阻挡作用。

粗沙层铺设方法与砾石层铺设方法相同(图3-11),铺设时要保证厚度均匀,铺设后形成的沙面要与果岭造型表面的起伏相一致。USGA标准方法认为最好是人工铺设,因为大型机械很难保证整个过渡层均匀一致。

图3-11　粗沙层铺设

铺设时要谨慎操作,砾石层和粗沙层之间最好由防沙网(图3-12)隔开,防止该层与铺好的砾石层搅拌混合。

图3-12　粗沙层与砾石之间铺防沙网

(六)果岭胶片铺设

在果岭沙质混合料与外层土壤之间应垂直安置一圈果岭胶片(图3-13),防止果岭水分侧向流入邻近的干土中,也防止日后球道草与果岭相互侵害。果岭胶片的厚度应介于0.3~1毫米,宽40~45厘米,铺装时其顶端应与周边造型设计高齐平。

图 3-13　果岭胶片

（七）根系混合层铺设

根系层是草坪草生长的立地条件,它不断地为草坪草提供水分、养分、氧气等草坪生长所必需的物质。根系层的结构性是决定草坪草生长质量的一个重要条件。一个标准的 18 洞高尔夫球场球手有一半的杆数在果岭上完成,每个果岭每天有几十到上百人击球,长时间的践踏必然导致果岭根系层变紧实从而影响草坪草生长。而黏土、风沙土等不适合果岭草坪草生长,根系层必须用专门准备好的材料进行建造。USGA 标准的果岭根系层是以沙和有机质混合的土壤。这样土壤不易紧实,利于多余水分排出与渗漏。

1. 根系混合材料的准备

根系层是果岭草坪根系的生长区域,是草坪生长的根基。因此,根系层铺设之前,材料的准备是果岭建造中一项非常重要的工作,不仅关系到果岭建造的成败,并将长期影响草坪的生长表现、果岭的推杆质量及日后的草坪管理。

根系层混合物的配制要遵循科学、合理的原则,通过实验室分析混合物的物理、化学特性。调整配比组成以满足草坪草的生长要求。根系层混合物的配制过程如下:

（1）材料选择

果岭根系层的材料由多种物质组成,主要有沙子、有机土壤改良剂、无机土壤改良剂等。

沙子的选择 沙子是根系中的主要组成部分,在很大程度上影响着根系层的特性和草坪的生长状况,沙子的选择指标有:沙子的均匀程度、沙粒的化学特性、沙粒形状等。

沙子粒径分布是影响根系层物理性状的最主要因素,也是进行沙子选择的最重要指标,应严格按果岭建造方案选择符合粒径分布要求的沙子。有关沙子粒径组成和粒径分布要求见前述的果岭建造方案。沙子颗粒的均一程度会影响到根系层混合物的密度和孔隙度等物理性状。沙子的化学特性指沙子的pH值和沙粒的分解稳定性,石英砂对根系层混合物来说是非常好的材料,具有化学惰性、抗风化分解的能力。根系层中的沙粒应具有风化稳定、不易分解的特性。沙粒的pH值的主要因素之一,应尽量选择pH值中性的沙粒。沙粒形状也会影响到根系层的物理特性,沙粒形状尽量避免极圆形和极尖形。均一的极圆形沙在草坪幼坪阶段会产生坪面的不稳定性,极尖沙粒会对草坪系产生伤害。

沙子从沙料场取回后,须送实验室进行上述指标的分析,符合条件的,留待配制根系层混合物使用。

有机土壤改良剂的选择 有机土壤改良剂是根系层的重要组成部分之一,测试有机土壤改良剂的指标有pH值、持水力、有机质含量、密度等。用于果岭的有机土壤改良剂对有机质的含量要求较严格,一般要求有机质含量要在80%以上。用于果岭根系层混合有机质有泥炭。泥炭是比较理想的有机改良剂,对改善果岭根系层的物理、化学特性有很大的作用。

无机土壤改良剂 无机土壤改良物质如果容易获得而且与沙子相比造价更低,也可考虑用于根层混合物中。如具有一定硬度的陶瓷黏土,是目前正在被有效利用的无机土壤改良物质之一。另外,炼钢工业生产的鼓风炉渣也具有一定的优良物理特性;但是,在用炉渣改良土壤时,土壤的pH值需要调整。其他的还有煤矿页岩,如果用物理的方法将其适当地分级,也可进行有效利用。燃煤产生的冲洗灰和煤灰也已被证实在根层改良中很有效,但这些物质必须无潜在的化学毒性,并且含盐量要低。加工过的云母和珍珠岩尚未用于根层土壤改良,因为在遭受很重的践踏时此类物质的机械强度不足,会影响果岭质量。另外,还有很多材料具有应用于根层改良的可能性,如多孔陶瓷土、硅藻土和沸石等,但这些材料还须经进一步的研究和实践来检验,才能决定是否能用于果岭土壤改良。

(2)配比试验

将选择好的符合要求的沙子、有机土壤改良剂、无机土壤改良剂按一定比例进行混合制样、混合均匀的沙样送交实验室,进行物理与化学特性分析。测试内容主要有颗粒组成、分布、总孔隙度、毛细孔隙度、空气孔隙度、土壤饱和水传导率、有机质含量等物理性状,以及 pH 值等化学性状。按果岭建造方案中对这些指标的要求检查测试结果,结果不能满足要求时,调整混合物的组成成分和组成比例,再进行测试,直至配制的混合物样品最终达到要求的指标。

(3)混料

根系层混合物的混合必须在场外进行(图 3-14),绝对避免在果岭上直接进行混料。设立大型的混沙场是非常必要的,可利用混料机、卷扬机或人工进行混料。混料前,最好对沙子进行清洗与晾晒,并彻底清除沙子中的杂物。操作过程中要特别注意将各种材料按统一比例混拌均匀,以免以后造成草坪出苗不均匀现象。为使混合物统一、均匀,操作时应注意三个要点:①配料时,应严格控制各种材料的比例,确保整个制作过程中按统一比例进行;②混拌时,进行多遍混合,直至均匀为止;③所有的材料在混拌前应处理干燥、细致,块状的材料进行粉碎细化。混好的料用卡车运送到果岭周围。在混料和运料过程中,避免将外界的杂质带入混料中。

图 3-14　根系层材料混合

相关注意事项:

土壤选择　如果在根系层混合物中使用土壤为主要原料,样品中的沙粒含量最少要求达到60%,黏粒含量要控制在 5%~20% 之间,最终沙、土、草炭混合物中的颗粒大小应当符合上述要求,此外还应符合其他的物理特性指标。

有机物质的选择　草炭为目前应用最为广泛的有机物质。如果选择草炭,其有机质含量(以重量计)最好达到85%以上。其他有机质像稻壳、粉碎的树皮、锯屑、某些有机废弃物等都是可以使用的,但是这些材料应是经过高温发酵堆置而成的腐熟产品,并且经土壤物理测试实验室证实是符合要求的。堆肥发酵至少要超过一年。如果使用堆肥作为有机改良剂,根层混合物的物理特性测定结果必须要满足 USGA 所推荐的各项指标。堆肥不仅随其来源而变化,而且不同批次也存在差异。因此在选择堆肥材料时要特别慎重。未经证实的堆肥材料必须经过鉴定来确保对植物生长不会造成影响。要特别小心,勿将草炭粉碎过度,因为这可能影响以后根层混合物的特性(表3-4)。在混合阶段草炭应当保持一定的潮湿,以确保混合物的均匀性,同时也能够将草炭与沙样的分离程度减到最小。

表 3-4 USGA 推荐的果岭根系层的物理特性指标

物理特性	推荐范围
总孔隙度	35%~55%
通气孔隙度	20%~30%
毛管孔隙度	15%~25%
饱和导水率(渗透率)	正常范围:15~30cm/h
	高速范围:30~60cm/h
容重	1.2~1.6g/cm³(理想值为 1.4g/cm³)
持水力	12%~16%
有机质含量	1%~5%(理想值范围 2%~4%)
pH 值	5.5~7.0

无机和其他改良物质 多孔的无机改良物质像烟烧黏土、烟烧硅藻土和蛭石都可以用来代替草炭和草炭一起在根层混合物中使用,但要求这些混合物的粒径大小和物理性质都能满足 USGA 标准的各项指标,因而需要与专业实验室密切合作。改良物质的使用者应当注意到各种产品之间的巨大区别。需要强调的是,USGA 标准方法要求使用的任何改良物质都要与 30 厘米厚的根层材料完全混匀,聚丙烯酰胺和其他强化材料是不被推荐使用的。

2. 根系层铺设

根系层的铺设需要分两层进行,约 15 厘米厚一层,并分层碾压,以防日后果岭面的不均匀下沉,造成果岭面的不平整。

先用卡车等大型运输工具,将根系混合物从混料场运到果岭边,然后,用手推车或小型运输工具将之运输到果岭内,人工用铁锹散开,或用小推土机推散铺开。使用推土机铺设,以最远的一侧铺起。铺设厚度要均匀,使整体的铺设厚度保持在 30 厘米左右,其误差一般不超过 1 厘米。铺设时,混合物最好有一定湿度,以利于压实。

根系层混合料经充分压实后的厚度为 30 厘米,允许误差范围为±2.5 厘米。最后精修果岭及其周边曲面,使整个果岭表面平顺光滑,符合果岭的设计要求。根层混合物应当是湿润的,一方面可以阻止向下移动到砾石层,另一方面也有助于压实。

相关注意事项:

在施工场地外将各种根层材料混合均匀是至关重要的,没有任何正当理由能允许在果岭建造现场进行各种材料的混合。

在建造过程中设立质量控制体系是非常必要的。在建造材料生产与混合过程中,应当与有资质的专业实验室保持良好的合作,通过定期检测各种建造材料,确保这些材料在所有方面均能符合标准方法推荐的各项指标是非常重要的。

(八)喷灌系统安装

果岭的喷灌系统虽然仅占整个球场的一小部分,但与整个球场的喷灌系统连成一体。果岭区域内的喷灌系统主要由喷头、电磁控制阀、快速补水插座、喷灌管等组成。喷头喷水时才升出草坪,完成喷水后自动降落到草坪中。喷头内设有一方向元件,可调节喷头的旋转圆周为全圆或半圆。电磁控制阀是控制喷头的开关,电源线将卫星控制箱、喷头与电磁阀连接,喷灌时把卫星喷灌指令通过电磁阀输送到喷头上,指挥喷头工作。

快速补水插座是果岭喷灌系统必不可少的组件之一。它的作用是因风向、坡度或其他原因,需要对果岭局部地方进行人工补充水分。它有相应的盖子、插头和管子,用完后将插头和管子收好,盖上涂有绿色的盖子。喷灌管多采用 PVC或 PE 管,可适当弯曲,其特点是强度高、寿命长,对大部分化学药剂有抗腐蚀作用,承载容量较大,安装结合件简单。

对果岭而言,喷灌面要覆盖到整个果岭;喷头尽可能按三角形或正方形分布,每只喷头喷水的最远点达到相邻的喷头出水口,即相邻的喷头喷水能相互100%重叠,并提供最大的整体覆盖;一般每个果岭需喷头 4~6 个喷头,有些大果岭超过 6 个;每个果岭设 1~2 个电磁阀门;每个电磁阀门控制 1~4 个喷头;喷头最大射程一般控制在 20 米；多选择出水量小的、雾化效果好的喷头，使果岭表层能有效地吸收喷灌水。出水量过大、水流快的喷头，大部分水从果岭表面流失，仅湿润果岭表面，深根层并没有得到充分的灌溉，上湿下干，容易培养出浅根草坪，达不到自动喷灌的预期效果。喷灌量小的喷灌系统能有效灌溉外，在地下病虫害防治、除露水、去霜冻等方面也有很大的帮助。

由于果岭和周边草坪养护不同，在安装果岭喷灌系统时，应将果岭喷灌与周边的沙坑、果岭裙的喷灌分开。设计果岭喷头时，一般安置两种喷头：一种向内负责果岭，一种向外负责果岭周边。这样既能按需供水，在养护上有很大的便利，不至于使不需水的地方被迫接受灌水。例如，果岭边的果岭裙区域打孔施肥后，需浇水，只需打开果岭向外的喷头即可满足果岭沙坑、果岭裙对水的要求，而果岭则避免了接受不必要的灌溉。我国 20 世纪 90 年代初的球场在果岭喷灌设计安装上多采用单喷头，虽然建造成本较低，但以后的长期养护成本和问题却较为突出。现代球场在喷灌设计、有效控制成本上开始更多地考虑为日后管理打下良好的基础。设计、施工和管理达到越来越有机的结合，越来越科学。

快速补水插座一般设计在果岭边两侧，最好是设在果岭后坡不显眼的地方。

喷灌支管一般填埋在 20 厘米以下，管子用沙覆盖四周；感应线穿在 PVC 小管内加以保护。开沟尽量窄，以减少回填量和使土壤回填时紧实，避免土壤下陷。喷头、电磁控制阀、补水插座的安装深度以其顶部与沙土面相平为宜。各种喷灌管线安装完成后，进行洗管工作，将安装时留在管内的沙、土和其他杂物等冲洗出管道，最后再装喷头试水，调整浇水方向、角度和水压。

（九）果岭表层细造型

在完成根系混合层铺放之后，先用小型带推土板的履带推土机多方向做出果岭造型，之后再用耙沙机反复耙平果岭，局部微调果岭表面的标高，使之符合果岭详图的要求；有时有必要用拖网等进行人工耙平，主要是对果岭详图上无法反映出来的极细微的起伏，对其表面压实、平整，以达到理想的光滑曲线面。通过机械结合人工耙、拖等使果岭的最终造型表面均实、光滑、自然流畅，符合果岭详图的要求，确定果岭的最终表面造型。

此时，果岭坪床准备完成（图 3-15），可进入草坪建植阶段。

图 3-15　果岭表层细造型

二、果岭草坪建植过程

（一）草种选择

果岭草坪建植之前首先要按照果岭的坪用功能（平整、光滑、均一、致密、有弹性）选择适合的草种。一般果岭草应满足以下特性：①低矮、匍匐生长习性和直立的叶；②能耐 3~5 毫米低剪；③茎密度高；④叶质地精细，叶片窄；⑤均一；⑥抗性强（抗寒或抗旱、抗病虫害）；⑦耐践踏；⑧再生性好，恢复力强；⑨枯草层少。

在我国北方寒冷地区用作果岭草种的有冷季型草坪草，如匍匐翦股颖和匍匐紫羊茅等，但较为普遍使用的仅有匍匐翦股颖。匍匐翦股颖质地细软、稠密、匍匐茎强壮、扩展性好、生长低矮、耐低剪、耐践踏、须根多、对土壤适应性较广、易形成芜枝层，适宜 pH 值为 5.5~6.5、抗盐和抗淹。常用于果岭的匍匐翦股颖草种有 Penncross（攀可斯）、Putter（帕特）、Penneagle（宾州鹰）、Cato（开拓）、PennA-1（A-1）、PennA-4（A-4）、T1 等，这些草坪草品种均适宜种子直播法建坪，出苗快，成坪迅速，草坪优质。

海拔较高的温暖地区、潮湿和过渡气候带如云南部分地区近些年用匍匐翦股颖建植的果岭质量较高、效果很好。

在我国南方及温暖地区，建植果岭普遍使用暖季型草坪草，如杂交狗牙根和海滨雀稗。常用的杂交狗牙根品种有天堂草 328（Tifgreen328）、矮生天堂草（Tifdwarf）和老鹰草（Tifeagle）等。它们色泽深绿，叶子细软，生长低矮、缓慢，植株密度大，要求高强度管理。由于结实率低，常采用草根茎种植法建坪。

（二）建植时间

草坪建植主要考虑因素是水分、土温，而高尔夫草坪果岭有灌溉系统，需要考虑的主要因素是土温。

表3-5　果岭草坪建植最佳时间和温度

草坪草类型	萌发温度	最佳种植时间	最佳生长温度
冷季型草坪草	16℃～30℃	夏末到秋初	15℃～25℃
暖季型草坪草	21℃～35℃	春末到夏初	27℃～35℃

从表3-5可看出，冷季型果岭草坪草最佳建植时间是夏末到秋初播种，其原因主要是：夏末秋初土壤温度高，利于种子发芽，在水、肥、光不受限制的情况下幼苗旺盛生长，此后较低的秋温和冰冻条件也能限制部分杂草种类生长；早春和夏初也可种植冷季型草坪草，但因地温较低，新草坪的发育较慢，杂草易入侵，而且幼坪要经历整个夏季的不良环境胁迫，所以这个季节种植尤其要加强苗期管理，以使草坪尽快成坪。如夏初播种，增加幼苗在干旱、炎热夏季死亡的可能性和利于夏季一年生的杂草生长；如果秋末播种，种子不易发芽、越冬。

暖季型果岭草坪草最佳建植时间是春末到夏初，其原因是此时不但能为种子提供适宜的发芽温度，也可为初生幼苗提供一个足够长的生长发育期。

（三）建植材料

常用的建植材料有种子、营养繁殖体和草皮等。如建植材料为种子，其播种量主要取决于种子的纯净度、发芽率和种子千粒重等因素。适宜的果岭草种播种量应使草坪幼株达到每平方米1.5万~2.5万株。匍匐翦股颖一般播种量是6~10克/平方米（g/m^2）。

如采取营养繁殖体茎枝等，应将新鲜茎枝切成2~5厘米的短茎，每个短茎上应用2~3个节。对于杂交狗牙根茎枝，其播种茎量为0.3~0.5立方米/平方米（m^3/m^2），一般依据经验确定播量。

如采取铺草皮的方式建植果岭，草皮基层的土壤厚度应为2~3厘米，而且应与坪床根系混合物一致，同时应即起即铺，不要长时间放置。

（四）建植流程及主要步骤

果岭草坪建植流程主要为：

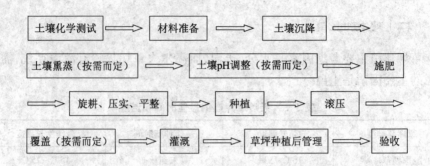

1. 土壤沉降

在果岭建造或其他建造过程中对坪床进行整理后,部分地区要进行填方,回填后的土壤在重力的作用下会下陷,这种现象称为土壤沉降。土壤沉降导致坪床表面的不稳定为草坪建植带了不必要的麻烦。所以在果岭坪床整理时要尽量减少土壤沉降现象的发生。

减少土壤沉降的方法有:每回填30厘米厚的土壤后用大型机械及石碾子进行滚压数次;回填后用水灌溉增强土壤下降的速度;坪床造型完成后让其经过一个完整的冬季,土壤经过冻融交替后,第二年春天地形基本稳定。

2. 土壤 pH 值调整

依据土壤测试结果,按照需要对根系层混合物 pH 值进行适当调整。一般在根系层混合物混合时或根系层混合物放入场地后进行调整,调整材料混入 10~15 厘米根系层。一般石灰石用于调整酸性土壤,白云石石灰调整缺镁酸性土壤,硫一般用于调整碱性很强的土壤。

3. 土壤熏蒸

是否采用熏蒸的方法对根系层混合物进行消毒灭菌,这需要根据现场的实际情况进行判断。在下列情况下应当进行熏蒸处理:线虫问题非常严重的地方;杂草或莎草非常严重的地方;根层混合物中含有未灭菌的土壤。

4. 施肥

草坪草从土壤中获得的营养,是以硝酸盐存在的氮、磷酸盐存在的磷和钾盐存在的钾三种主要元素。磷肥促进草坪根系生长发育,钾肥增加草坪抗逆性,氮肥促进草坪茎叶生长。为了保证草坪草的生长发育需要,草坪种植前要施基肥,一般施肥深度为根 7.5~10 厘米深,纯氮 3~5 克/平方米,其中 50%~75% 缓施肥,以 N:P:K=1:1:1 全价肥为佳。

5. 种植前土壤准备

种前勤翻以保湿润、疏松。手工翻耙,托平。必要时可进行土壤熏蒸杀死部分虫卵、土壤害虫及杂草种子,以减少草坪有害生物发生的可能性,为草坪草的生长提供一个较好的生长环境。常用土壤熏蒸剂有氯化枯、威百亩等。

(五)建植方法

常用的果岭草坪建植方法主要有种子直播法、草根茎种植法、草皮铺植法。选择使用哪种建植方法依费用、时间要求、能否得到纯种的植物和草的生长特性而定。种子直播法建植果岭草坪费用最低,省工,所需时间长,但建坪效果好。草根茎种植法、草皮铺植法等建植果岭草坪昂贵,但速度较慢,其中铺草皮法最昂贵、成坪时间最短。对于某些种草,例如匍匐剪股颖,用上述任何方法都能成功。而某些草种由于得不到纯种子或者能生存的种子,种子直播法不太可行,如杂交狗牙根等结实率低的果岭草常用草根茎等播种方法。

1. 种子直播建坪

购买建坪所需要的种子时,一定要注意检查种子的质量标签,同时检查种子的纯净度,尽量避免混入杂草种子。匍匐剪股颖种子中往往混杂一年生早熟禾和粗茎早熟禾的种子,购买种子时应注意取样分析,以避免增加建坪后清除杂草的难度。

常规种子直播方法是用直落式播种机或喷播机(图3-16)把种子按一定播量均匀撒播在坪床表面,如所建果岭面积小或单独建一个练习果岭可用手摇播种器人工撒播(图3-17)。播种深度为6毫米左右。播种后立即轻度镇压,使种子与土壤紧密接触。为确保播种完全、均匀,可将种子分成多份,从不同的方向少量多次撒播。由于匍匐剪股颖的种子非常细小,可把种子与颗粒较粗、大小均一且重量较轻的玉米屑或处理过的污泥土混合后撒播。播种尽量避免在有风的天气进行。适当的催芽处理可加快成坪的速度,满足球场建造工期的需要。另外,播种时,果岭坪床土壤应保持干燥,尽量减少播种者走过果岭时在土壤表面留下明显脚印。

图3-16　直落式播种机两个方向播种

使用喷播机播种可避免在果岭表面留下脚印。尽管喷播机仅能把种子撒在土壤表面,但果岭有灌溉系统,可根据需要时补水,保持土表湿润。喷播时要特别小心,不要把种子喷到果岭环外。肥料最好在最后表面细造型之前施入土壤,而不要混合到喷播混合物中。

在喷播时要用无纺布进行覆盖(图3-18),这对于保持土壤湿润和温度是一种非常重要的辅助措施。在水源充足的情况下,果岭草坪建植时一般不覆盖。

图 3-17　手摇播种器播种　　　图 3-18　无纺布覆盖

但是对于播种建坪的匍匐翦股颖果岭而言,覆盖是实现快速均一建坪的最好保护措施之一,尤其播种在土壤水分蒸发较大的沙质土壤上,覆盖显得更为重要。国内目前常用无纺布作为覆盖材料,无纺布透光、透水、透气,且可多次使用。有些地方用胡麻草、小麦秆等做覆盖材料也非常成功。

2. 草根茎种植法

草根茎播种步骤:预浇水——施肥(含磷较高、氮适中、钾较低)——草根茎植栽——浇水——滚压——养护管理。

预浇水　在种植前预先浇湿果岭,有利于草根茎的恢复生长,减轻人为或机械对果岭表面的挤压、破坏,有利种植方式(点播、开浅沟等)的实施。

施基肥　为了使新植的草能快速恢复生长,在种植前施含磷较高、氮适中、钾较低的缓效肥料。用手推离心式施肥车均匀地交叉两遍撒施,以耙沙机带一网格状的铁网托耙数遍,使肥料能在1~3厘米表层与沙均匀混合。

种植　将种植材料草根茎(根状茎、匍匐茎)种植。方式有点播、条植、撒植、切压法、喷播等种植方式。

3. 铺草皮法

在草皮非常充足、要求新建果岭在短时间内能投入使用时多采用此法。切出的草皮厚度要均一,有序铺放在果岭上。草块或草卷之间紧密相连。如有条件,最好覆盖一层沙。采用铺植法建坪的最大好处是可缩短工期,且草坪质量有保证。铺植建坪的草皮要在苗圃中培育。在原土铺一层与坪床成分相同的沙床,在上面播种、养护,成坪后在铺植到果岭上。铺植后进行镇压、铺沙等措施,一周后即可达到使用要求。

三、果岭草坪幼坪管理

幼坪是草坪播种后从出苗到成坪这段时间,果岭大约是三个月,匍匐翦股颖果岭草坪成坪需要 10~16 周,狗牙根果岭草坪成坪需要 8~10 周。果岭草坪种植后即开始浇水,开始分蘖时就开始修剪、镇压、铺沙等养护管理以刺激草坪草匍匐茎的快速扩延,尽早形成致密光滑的表面。

(一)浇水

浇水是幼坪能否成坪及成坪时间长短的最为关键的因素之一。幼坪浇水以少量多次、湿润根层为主。浇水次数依据果岭保水情况及天气而定。适宜的灌溉能促进草坪正常生长发育,提高茎叶的韧度及耐践踏性,增加草坪密度,使草坪色泽更加美观。灌溉不当会使草坪根系变浅、草坪密度下降、杂草入侵蔓延。灌溉过量草坪则过于潮湿、草坪草生长纤弱,对人为和天然伤害比较敏感,随之抗逆性就差。一般浇水时间在上午十点至下午三点浇水效果较好,避免在炎热中对幼坪浇水以防治幼苗被烫伤。

浇水原则一般时少量多次,湿润根层,后期逐步加大浇水量、减少次数。浇水频率主要受地域、季节影响,一般炎热夏季频率较高,秋季浇水 3~6 次/天,湿润表层不成水流,喷头呈细雾状。

(二)施肥

土壤是草坪草生长的物质基础,不断地为草坪草生长发育提供必需的水、肥、气、热。由于果岭土壤是经过改良后的其保水保肥能力相对较差,施入土壤的肥料只有少部分被草坪草吸收,多数肥料随浇水渗漏到砾石层流失掉了。为保证草坪草能够正常生长要不断地对其进行施肥以满足草坪生长需要。对于幼坪施肥一般在草坪草新根长至 2 厘米、新芽萌发 1~2 厘米时,每 10~15 天施肥一次,以高氮、高磷、低钾速效肥为主。每次施肥后注意浇水。

(三)修剪

为了得到一个较好的坪用效果,提高草坪的分蘖率,一般在草坪覆盖率达 90%以上,苗高 10~15 毫米且无露水时进行修剪。修剪时遵循草坪修剪 1/3 原则,以后逐渐降低修剪高度至理想高度。一般修剪初期每周1~3次,随草坪密度的增加修剪次数改为每天一次。修剪后的草屑随机带走,不宜留在果岭上。剪草机的刀刃应锋利,避免将幼苗连根拔起和撕破、擦伤纤细的植物组织。剪草机用果岭专用滚刀式修剪机。

(四)滚压

为了得到较好的推球面,增强果岭的硬度要不定期地对果岭进行滚压,在滚压的同时有助于匍匐茎压入土壤,增加草坪分蘖提高草坪密度。滚压前浇水效果更好,滚压次数以果岭紧实程度与光滑度而定。滚压用果岭滚压机或果岭剪草机(不开刀),进行横向与纵向两个方向滚压效果更佳。

(五)铺沙

由于建植时的人为因素、养护管理时浇水不均匀,自然降雨等形成的冲刷、水滴过大对土壤表面的撞击造成的小窝点等原因,导致果岭表面粗糙、不平整。通过铺沙可以解决果岭光滑问题。初期铺沙厚度可厚些,以覆盖根茎、露出叶片为宜,增加草坪分蘖的能力。后期随果岭光滑度加大,铺沙厚度减少,次数加多。铺沙一般用铺沙机完成,随后用平整器、拖网、人造地毯将表面托平,这样沙子可以均匀地落入草坪内。如托完后果岭表面存有较大的沙粒,可用扫帚扫出果岭面,以减少修剪时对果岭剪草机刀刃的损害。

(六)补苗

播种后由于浇水不均匀,播种不均及其他养护管理不当造成的部分区域缺苗或种苗死亡,应及时进行补种。补种时要注意所选种子与果岭种植的种子应保证一致,控制播种量,对补苗区域加强养护管理,保证能出齐苗。

(七)杂草和病虫害防治

草坪草与其他植物一样,在生长发育过程中会受到不适宜的环境条件的影响或病原生物的侵害,致使其细胞和组织功能失调,正常生理过程受到干扰,结构和外部形态上表现出有害变化,使草坪景观受到破坏,产量和品质降低甚至植株死亡。对于初建草坪病害发生较少(易发生苗期猝倒病),主要是虫害与草坪杂草的防治。新建草坪杂草发生量不会很大,发生时主要以人工拔除为主,应尽早拔除拔净。采用除草剂时要谨慎选择,如果出现的是窄叶杂草尽量不用除草剂,当杂草为阔叶杂草时,在打药时应先实验一下,确定对草坪草没有太大伤害时在杂草为 2~4 片叶,风力 3 级以下,温度 15℃~28℃,水分 60% 时使用效果最好。害虫主要是在地下食草坪草根系及根茎,地上食草坪草叶片及茎,污染草地、传播疾病等危害草坪。常见虫害有叶蝉、叶虱、草地螟、蝼蛄、金针虫类、地老虎类、拟步甲类、根蝽类、根天牛类、根叶甲类等。用农药进行喷施、灌药、撒毒土等方法防治即可。化学防治具有快速高效,使用方法简单,不受地域限制,便于大面积机械化操作等优点。但也具有容易引起人畜中毒,污染环境,杀伤天敌,引起次要害虫再猖獗,并且长期使用同一种农药,可使某些害虫产生不同程度的抗药性等缺点。

(八)其他措施

1. 垂直切割

为加速果岭草坪草快速成坪,用耙沙机携带一种三角或近似三角形的滚筒式刀片垂直切割草坪,交叉两遍,切断贴地面生长的匍匐茎,促进侧枝多极生长、生根或分蘖,覆盖率提高,成坪时间缩短。

2. 覆盖

正常的自然温度下,冬季种植的果岭(如杂交狗牙根果岭)成坪时间比夏季要延长很多。覆盖薄膜可以为草坪提供适宜的温度条件,促进幼苗快速生长,缩短常规下的成坪时间。覆盖时,注意水分的补充,中午温度过高时揭膜透气。播种的果岭,覆盖是实现快速均一草坪的最好的保护措施之一。

【本章小结】

本章主要对高尔夫球场中果岭坪床结构、果岭坪床建造及其果岭草坪建植和幼坪养护管理做了详尽介绍,其中果岭坪床结构和果岭建造为本章重点内容。果岭坪床结构以 USGA 标准为例,对各层结构进行了分析,并结合果岭建造实例描述了高尔夫球场果岭建造过程。

【思考与练习】

1. 果岭坪床结构中粗沙层可否省略? 如将果岭坪床中的粗沙层省略,应对砾石层和根系层如何改良?

2. 中国高尔夫球场果岭建造常用方法与 USGA 标准有何不同,可否结合实地情况做一些改进,既省钱又省力,还能建造效果好?

3. 思考草坪出苗后取掉覆盖物的恰当时间?

第四章
其他草坪区域建造

本章导读

　　高尔夫球场除了果岭区域外,还有发球台、球道、高草区等草坪区域,这些区域也是开展高尔夫运动不可缺少的部分。由于发球台、球道、高草区各区域对草坪质量的要求不同,其坪床建造方法、草坪建植以及幼坪管理都存在差异,本章详细叙述了这些内容。

教学目标

　　了解和掌握发球台、球道、高草区坪床建造方法、草坪建植以及幼坪管理,在实践中结合实际情况灵活应用,是学习本章的关键。

　　果岭、发球台、球道和高草区等草坪区域以及沙坑、水面等障碍区构成了高尔夫球场的基本单元——球洞。一个标准的高尔夫球场是由 18 个球洞组成的。果岭是高尔夫球场中最重要的组成部分,体现着球场设计、建造与草坪管理水平。发球台、球道和高草区面积大(三个区域占据球场草坪面积的 98% 左右)、变化多(是构成球场景观和可打性的重要区域),在球场建造中必须加以足够的重视,否则会对后期的草坪管理工作带来很多麻烦。本章主要讨论发球台、球道和高草区等区域的建造与草坪建植。

第一节　发球台建造

　　发球台,是每个球洞打球的起点,是球洞组成中不可或缺的部分。现代高尔夫球场中一般是多发球台体系,即在每个球洞中设置至少 3 个,多为 4~5 个甚至更多个发球台。多发球台体系,增加了球场布局与打球的灵活性、变化性与趣味性,有利于灵活地利用场地地形和自然的景物,也便于调整球道长度和每个球洞的打球战略,以适应于不同水平球手的要求。同时,发球台是球场中使用强度最大的草坪区域,多个发球台体系可以为发球台的草坪恢复提供充足的时间间隔。因此,每个球洞在建造发球台时,不仅仅是建造一个发球台,而是建造该洞的至少 3 个或更多的单个发球台,即发球台区域的建造。

一、发球台坪床的建造

发球台是球场中践踏最剧烈、草坪损伤最严重的区域,而对发球台草坪的质量要求仅低于果岭。一般来说,良好的发球台草坪应密度大、耐 1~2.5 厘米的低修剪、坪面平整光滑且坚实均一,并具有一定的弹性和硬度。要满足这些要求,必须选择适宜的坪床结构并在其后的坪床建造过程中严格按要求操作,以便为草坪草的生长创造良好的土壤条件。

(一)坪床结构

坪床是草坪草生长的基质和基础,良好的坪床结构应能为草坪草的生长创造有利条件。发球台因面积有限,践踏严重,土壤极易紧实,导致草坪草生长不良。因此,理想的坪床结构应具有良好的通透性,不易紧实、弹性适中,且无石块等妨碍种子萌发和草坪草生长的杂物。对于利用强度大的发球台,在经费充裕的情况下,可以参照果岭坪床结构来建造,虽然这种坪床结构投资多,对建造材料要求高,建造程序也很复杂,但最适宜草坪草生长。发球台根系层深度一般为20~45 厘米,其坪床结构一般有三种(图 4-1)。

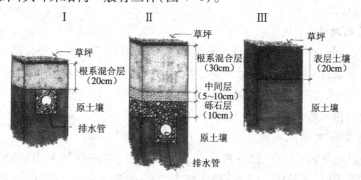

图 4-1　发球台坪床结构示意图　(引自 James B Beard,2002)

第一种坪床结构最上面为 20 厘米沙壤土,其下是原土壤层,在原土壤层中设有排水管道,这种结构投资较少,建造相对简单,具有一定的排水性,适于利用强度为中等的发球台。

第二种坪床结构剖面深为 45 厘米,最上层 30 厘米为沙质根系混合层,其下为 5~10 厘米的由粗沙构成的中间层,中间层下面为 10 厘米的砾石层。最下面为原土壤层,原土壤层中设有排水管道。这种结构投资大,建造程序复杂,对建造材料要求高,建成后排水性能优良,最适宜草坪草生长,适于利用强度大的匍匐翦股颖发球台。

第三种坪床结构是在原土壤上铺设 20 厘米当地的肥沃的表层土壤,要求表土是排水性好、不易紧实的沙质壤土,一般是由当地优质的表层土壤堆积而成,造型高于四周。这种结构投资最少,建造最简单,但排水性能相对要差,适于面积较大、利用强度低的发球台。

(二)坪床建造过程

发球台的坪床建造主要有 6 个步骤,即测量放线、基础造型、安装地下排水系统(如果选择有地下排水系统的坪床结构)、铺设根系混合层、安装喷灌系统、表面细造型等。在进行发球台坪床的建造施工之前,应具备的图纸资料主要有发球台桩线图、发球台施工详图、喷灌设计图、排水管线路图等。

1. 测量放线

在球场建设初期进行的测量放线工作中,应按照球场设计师的要求,测放出各球洞的发球台中心桩的位置,并立好标桩,在施工中如发球标桩被碰撞或破坏应及时恢复。在发球台坪床建造中,应以这些设置好的中心桩作为基准点,按照设计师的设计标示出每个发球台的形状和轮廓,定出发球台的边界位置,并打上标桩,标出标高。

2. 基础造型

根据不同的坪床结构,发球台最上层是 20~30 厘米的根系混合层,因此发球台基础应较最终标高低 20~30 厘米,否则应按球场等高线图进行发球台基础的挖方、填方和造型工作,使基础造型与最终造型相匹配。另外需注意,发球台表面应保持向排水管方向 1% 的坡度以利排水。

3. 安装地下排水系统

在发球台坪床中安装地下排水系统,是多数高尔夫球场采用的做法。排水管多为有孔 PVC 波纹管,主管管径一般为 100~110 毫米,支管管径为 65~100 毫米,支管间距一般为 3~5 米。排水管的布设方式多为炉算式,即主排水管位于发球台一侧,渗透进支排水管中的水在重力作用下流入主排水管中,主排水管与设在附近高草区中的出水口相连,并最终流入球场地下排水系统中。

具体做法是,首先将发球台基础清理干净,并彻底压实,然后依据排水管线路图给排水管准确定位,并用白石灰放线。而后进行管沟的开挖,管沟的深度和宽度都为15~25厘米,管沟两壁要求垂直,并具有3%~5%的坡度,保证水流能以自然流方式流向出水口。沟底应干净,无任何建筑垃圾,并夯实到平滑、坚硬。而后在沟底铺设厚为3~5厘米的砾石层(粒径为6~12毫米),沿管沟中心线将排水管铺设在砾石层上,并用尾盖盖住每根排水管的末端,以防止砾石或泥沙进入排水管。主管的坡度不小于1%,支管坡度不得小于0.5%,且排水管的坡度要变化均匀。管沟和排水管周围用相同的砾石回填与夯实,直到回填料与相邻的地基面齐平为止。

4. 铺设根系混合层

在安装好排水管的发球台基础上,铺设事先搅拌好的根系混合物。一般根系混合物是设先配置好的"客土",或清场工作中堆积的原表层土,一般以沙为主,且含有适量的基肥,有的还含有泥炭土以及其他土壤改良剂,适合草坪草生长。铺设根系混合层时需注意不能混入砾石和泥土。铺设根系混合层时需分两层进行,10厘米厚为一层,并分层碾压,以防日后发球台面的不均匀下沉。铺设厚度要均匀,压实后的厚度保持在20厘米,其误差要小于1厘米。铺设根系混合层后的发球台坪床面应与原地基造型相一致。

5. 安装喷灌系统

根系混合层铺设完成后,在进行表面细造型前,应根据喷灌设计图,准确定位喷头和管线的位置,而后开挖管沟、铺设喷灌管道、安装喷灌系统等工作。安装时要注意避免破坏发球台周边造型和发球台的下层结构。

6. 表面细造型

发球台根系混合层铺设完毕后,可以使用履带式拖拉机(或手拖的注水滚筒、小型推土机)或浇水沉降的方法,对根系混合层进行碾压,保证日后表面不会产生沉降。经碾压后的根系混合层厚度为20~30厘米,表面坡度为1%~2%,而后即可对发球台进行表面细造型工作,即对发球台表面的标高进行局部微调,使之符合发球台详图的要求。细造型后的发球台表面应平整、光滑,变化流畅,无积水现象,并符合设计要求。此时发球台造型最终完成,可进入草坪建植阶段。

二、发球台草坪建植

作为球场内具有特殊利用目的的发球台,其草坪质量在一定程度上反映了球场草坪的整体质量。因此,尽管发球台的重要程度不及果岭,但对其草坪的建植工作仍需高度重视,为获得高质量、管理方便的草坪奠定基础。

(一)草坪草品种选择

发球台是球手开球的区域,践踏剧烈,草坪损伤严重,因此对其草坪草品种的要求也有其独特性。用于建植发球台的草坪草,除了能够良好适应当地气候、土壤和抵抗当地主要病虫害以外,还应生长旺盛、耐践踏、抗击打、再生能力强,受到损伤后能快速恢复,能适应发球台 1.0~2.0 厘米的修剪高度,在此高度下能形成致密平坦的草坪面。如果发球台周围有较多的树木,所选择的草坪草种还应具有较强的耐阴性。

能够满足发球台草坪草要求的草坪草品种较多,以冷季型草坪草中的匍匐翦股颖和草地早熟禾、暖季型草坪草中的狗牙根和结缕草应用最广泛。

草地早熟禾,是目前我国北方地区发球台草坪应用最普遍的草种,具有色泽深绿、根茎发达、再生性强、球杆铲击造成的草皮痕恢复较快的特性,在中等管理水平下即可形成较理想的发球台草坪。适应于发球台草坪要求的品种也很多,如 Midnight(午夜)、Eclipse(伊克利)、Nuglade(新哥来德)、Bluemoon(蓝月)、Unique(珍奇)、Freedom(自由神)、Opal(欧宝)、RugbyⅡ(橄榄球Ⅱ)等。

匍匐翦股颖,在我国北方地区高尔夫球场发球台上也较常见,但与草地早熟禾相比,需要较高的管理水平,对球杆铲击产生的草皮痕要及时进行修补,否则会造成草坪的大片秃斑。目前,适于发球台的匍匐翦股颖草坪草品种主要有PennA-1、PennA-4、Penneagle(宾州鹰)、Penncross(攀可斯)、Putter(帕特)、Cato(开拓)、Seaside(海滨)、Cobra(眼镜蛇)。

冷季型草坪草中出苗成坪快的多年生黑麦草和耐阴性强的紫羊茅常与草地早熟禾混播建植发球台草坪,以增强草坪适应复杂环境条件的能力以及提高草坪的整体抗逆性,常见的发球台草坪混播组合有:

100%草地早熟禾(3~5 个品种),播种量为 12~15g/m²。

90%草地早熟禾(3~4 个品种)+10%多年生黑麦草(1~2 个品种)。

70%草地早熟禾(3~4 个品种)+30%紫羊茅(2~3 个品种)。

100%匍匐翦股颖(1~2 个品种),播种量为 5~8g/m²。

暖季型草坪草在发球台应用最广泛的草种是杂交狗牙根,常见的发球台草坪品种如 Tifway(天堂路),Legend(传奇),Midway(中路),Midron(狗乐根的一种杂交种),Ormond(沃默德),Santa Ana(塞特)等。其中,Tifway(Tif419)在我国过渡带及其以南地区应用较广泛,具有茎叶密度大、耐低修剪、受到损伤后恢复快的特性。Legend 在我国华东地区及过渡带地区的一些球场中有应用,Midron 是狗牙根杂交品种中耐寒能力非常强的一个品种,适于过渡气候区建植发球台草坪。

海滨雀稗,也是我国过渡带及其以南地区发球台草坪中应用较广泛的草种,耐盐性强,生长旺盛,耐践踏性强。常见的品种如 Salam(萨拉姆),SeaDwarf(海滨雀稗),SeaGreen(海雀丝),Sea Isle I(海滨雀稗 I),Sea Isle 2000(海滨雀稗 2000)等。

日本结缕草,在我国北方地区的发球台草坪中也有应用,可形成极其致密、极耐践踏的草坪,管理亦相对粗放。但其生长速度慢,受到损伤后恢复能力较差,且绿色期短,应用不是很普遍。沟叶结缕草(又名马尼拉),也是我国气候过渡区发球台草坪常使用的草种,生长旺盛、侵占力强。

暖季型草坪草因侵占性强,草种之间共容性较差,因此一般采用单播的方式建植发球台草坪。另外,在我国南方和过渡带地区,秋季常对发球台草坪进行交播,以延长草坪绿色期及满足冬季打球的需要。交播所选择的草种一般是选择多年生黑麦草和粗茎早熟禾。

(二)草坪建植过程

发球台坪床建造完成后,经过一段时间的沉降和碾压,便可形成一个稳定的坪床面,此时即可以进行草坪的建植工作。

在植草前,有必要再次对发球台坪床进行精细整平,清除坪床内及表面的石块、树根等杂物,用人工结合机械将表面处理平整、光滑,并压实。需注意的是,在细平整过程中,不得破坏发球台在细造型阶段形成的造型,确保发球台表面排水良好和有利于球手站立开球。要保证细平整后的坪床表面具有 0.5% ~ 2% 的排水坡度,其倾斜方向应前高后低,排水线路为多个方向,但要避免使水流向球手进出发球台及球车通过的区域。可使用一些电子设备或水平尺等来检测坪床的平整光滑度和排水坡度,以期获得一个理想的符合设计要求的发球台表面。

如果时间充裕,为杀灭潜在的杂草种子、营养繁殖体及病原体、虫卵等,可对坪床进行消毒,常用的消毒药剂是福尔马林、溴甲烷、氯化苦等,将药剂均匀注入干燥的土壤中,待药液渗入后,用湿草帘或塑料薄膜进行覆盖,防止药液挥发,使之在土壤中充分发挥作用。经 5~7 日后除去覆盖物,并耕翻土壤,促使药液挥发,再经 7~10 天待无气味后,再进行坪床的细平整工作。

发球台草坪,可以采用种子直播或营养繁殖的方式来建植。一般冷季型草坪草和日本结缕草等多进行种子直播建坪,部分只能营养繁殖的暖季型草坪草,如海滨雀稗、杂交狗牙根等,则以播草茎、铺草皮等方法建坪。

采用种子直播建坪,冷季型草坪草以春季或秋季播种为宜,尤以秋季为佳,此时杂草干扰小。暖季型草坪草如结缕草等应在初夏气温稍高时播种。播种量参见表4-1。

表4-1 发球台草坪草种的播种量

草坪草种	单播播种量(g/m²)
草地早熟禾	10~15
匍匐翦股颖	5~10
紫羊茅	15~20
结缕草	20~25

如采用混播方法建植草坪时,不同草种或品种应根据其单播播种量以及在混播组合中所占的比例来确定播种量。

播种前,首先依据每个发球台的面积和设定的播种量,将种子分好。播种时,应选择无风天气,并在待播区域外围竖上挡板,或者台面最外侧1~1.5米处用下落式播种机播种,以防止种子飞出待播区域。播种时,尽量减少闲杂人员在发球台上的走动,以免留下过多的脚印。

播种后,人工用耙子将土壤轻轻地耙一遍,使种子与土壤混合在一起,或者用与坪床土壤相同的材料覆盖种子,厚度为0.5~1厘米。而后用重为100~200公斤的压碡滚压坪床,保证种子与坪床土壤紧密结合。如需要,可以用无纺布覆盖坪床,促进种子萌发更快更整齐,防止因水冲而造成出苗不均,影响成坪。而后,对坪床进行喷灌保湿,直至出苗。

杂交狗牙根、海滨雀稗以及等匍匐茎较发达的匍匐翦股颖等,可通过播种茎枝或直铺草皮的方法来建植草坪。播种茎枝时,茎枝要新鲜、有活力。首先将茎枝切割成2~5厘米长的短茎,每个短茎上至少含2个节,将切好的短茎均匀地撒在坪床上,人工将草茎切入坪床土壤中或用与坪床土壤相似的材料进行覆盖,厚度为2~5毫米,而后用重约100~200公斤的压碡进行滚压,使茎枝与坪床土壤充分接触,以利生根,同时使坪床表面光滑。喷水保持坪床土壤湿润,直至生根。在茎枝撒播过程中,可在操作区内铺几条木枝或纤维板,供人员来回行走,以减少脚印。

直铺草皮可迅速成坪,但费用较高,主要用于发球台重建且需尽快投入使用时。所选草皮应没有杂草,草种或品种符合发球台草坪的要求。此外,待铺草皮的根层土壤与发球台根系层土壤要一致或相类似,草皮下带土厚度不能超过2厘米。铺植前一天,最好将坪床浇透水,以利生根。搬运草皮动作要轻,不能撕裂或拉伸草皮。铺植时,草皮块交错放置或进行方格式铺植,草皮边缘完全衔接但不能重叠。发球台边坡铺草皮时,应用木条将草皮固定,防止脱落。草皮铺植完毕后,在某些草皮块之间有缝隙的地方要撒土找平,保证坪面光滑平整,所用的土应与坪床土壤一致。而后用压磙对草皮进行滚压,使草皮与坪床土壤紧密结合,尽快生根。及时喷灌,保持坪床湿润直至一周后新根长出,草坪即可投入使用。

三、发球台草坪幼坪管理

幼坪是指草坪播种、出苗直至草坪草发育成熟的阶段。此阶段,草坪草处于生长发育的关键时期,需进行精心管理。发球台草坪幼坪管理主要有喷灌、除去覆盖物、修剪、施肥、杂草防治、表层覆沙等。

(一)喷灌

无论是播种子、茎枝还是铺草皮,水分都是保证草坪成坪的必不可少的因子,必须重视幼坪的浇水。幼坪浇水应遵循少量多次的原则,每天浇水3~5次,保持坪床表面经常湿润,直至种子全部出苗。幼苗出齐后,逐渐加大灌水量,减少灌水次数,以利于幼苗根系向土壤深层生长。如坪床上有覆盖物,可相应减少喷灌次数。

(二)除去覆盖物

坪床在播种后进行了覆盖,应在幼苗出齐后,或大部分幼苗生长到1.5~2厘米时,选择在阴天或傍晚时揭开无纺布,不要在阳光强烈的中午揭开覆盖物,防止幼苗因难以适应强烈的光线照射而死亡。

(三)修剪

种子直播建坪的草坪,其修剪应在幼苗根系稳固后开始。首次修剪最好选择在幼苗干燥、叶子不发生膨胀的中午或下午进行,剪草机的刀片要锋利,且不能使用过重的修剪机械。修剪时要遵循"三分之一"的修剪原则,即每次修剪时,剪下的叶片部分不能超过叶片总量的1/3。从首次修剪至其后的四周内,其修剪高度可为 2~3 厘米,四周后至第八周逐渐降到 1.5~2 厘米,最后达到 1~1.5 厘米的标准修剪高度。初期剪下的草屑可以不必清理,随着幼坪的逐渐成熟,剪下的草屑也越来越多,应将其清理出发球台。

(四)施肥

如果坪床以沙为主,肥料流失量较大,应定期补充肥料,尤其是氮肥。为了防止肥料颗粒附于叶面上引起灼伤,肥料应在叶片完全干燥时少量多次的进行撒施,施肥后立即浇水。

(五)杂草防治

发球台有少量的杂草时,可在坪床和幼苗较干燥时采用人工拔除的方法进行防治。如果杂草发生量多,需使用除草剂防除阔叶杂草时,应在种子萌发 6 周后使用,而防除禾本科杂草的除草剂应尽量推迟施用时间,防止除草剂对草坪草幼苗产生毒害作用。

(六)表层覆沙

在种子出苗一个月后,可以进行覆沙作业,以使发球台表面平整光滑,促进其幼苗的生长。每次覆沙厚度以 2~4 毫米为宜,频率依据坪床的平整光滑程度来确定。所用的材料必须与坪床建造时的材料相同。覆沙时最好选用重量较轻的手扶式覆沙机,避免造成坪床土壤的过度紧实。

通过上述管理措施,发球台幼坪在种植后的 8~12 周即可成坪投入使用。

第二节　球道建造过程

球道是位于发球台与果岭之间的修剪整齐、较利于击球的草坪区域。除 3 杆洞外,在上果岭之前的正常击球都应落在球道内。球道是球场中面积最大的区域,一般呈狭长形,也有向左弯曲、向右弯曲或扭曲形,轮廓线通常是不规则的流畅的曲线,宽度从 20 米至 60 米不等,多为 40 米左右,长度依球洞的标准杆数和难度而变,有些三杆洞常常没有球道。标准 18 洞球场球道总长度为 6000~6500 米,总面积达 10~20 公顷。球道是最能体现球场风格的地方,也是设计师设计球洞战略性的一个重要组成部分。

一、球道坪床的建造

球道的功能与果岭和发球台不同,出于对建造时间和经费的考虑,一般不会如同建造果岭和发球台那样对坪床进行精细的处理,而只是结合坪床建造对坪床土壤进行必要的改良,为草坪草生长创造一定的生长条件,使草坪能具有较高的密度、适中厚度的枯草层和适应 1.5~2.5 厘米的修剪高度,以便为球手提供较好的落球和控制击球的位置。

从球场的整体建造来看,通用的工序是:①测量→②清场→③土方调运→④粗造型→⑤细造型、人工湖防渗处理→⑥排水工程、果岭、沙坑与发球台的建造、喷灌工程、球车道工程、园林景观工程等的施工→⑦坪床处理→⑧植草工程→⑨养护工程。虽然上述工序中没有刻意强调球道的建造,但对球道的各种处理却在上述工序中处处体现着。虽然不必对球道进行精细的坪床处理和整备,但因面积广大,球道是球场建造中较难以处理的部分,其建造时间和经费直接影响着球场建造进程和所耗经费。

一般来说,球道建造的主要步骤包括测量放线与标桩、场地清理、表土堆积、场地粗造型、安排排水系统与灌溉系统、改良坪床土壤和场地细平整等。这些具体步骤的实施要与球场整体建造相结合。

(一)测量放线与标桩

球场建造首先需进行测量放线与标桩,这也贯穿于整个球道建造阶段。由于球场的平面、立面造型复杂多变,应配备功能相适应的专用测量仪器,测设足够精度的场地平面和高程控制网,并采取妥善措施,使主要控制网点在整个施工期间能准确、牢固地保留至工程竣工,并在施工的各个阶段和各主要部位做好验线工作。建造球道时,首先对球道的主控点进行定位测量,沿着球道中心线每隔30 米打一个标桩,标桩应坚固耐用。另外,在落球区及球道转点处应用特殊的标桩作出明显的标记。定位测量的精度标准位置中误差≤5 厘米,高程中误差≤3厘米。

(二)场地清理

按照球场清场图所示和已经测量定位的球道中心线,将球道中心线每侧 12米内的树木和大块石头等清除,然后由设计师在现场根据需要,加宽清理区域,清场范围内可利用的苗木应移栽到保留区备用。在清理作业中,需注意维护初始的球场中心线和边界的标志设置,避免对计划保留的树木和其他植被产生破坏或损失,避免影响指定清理界线外的区域。

(三)表土堆积

场地清理后,如场地表层土壤质地适于坪床土壤的要求(如沙壤土),可以将地面表层 20~30 厘米深的良质土壤堆积到球场暂不施工的区域存放,用于以后的球道坪床建造时运回铺设,进行坪床改良。此步骤应在场地清理后、粗造型前完成。

(四)场地粗造型

粗造型是指在土方挖填基本到位并进行充分压实的基础上,利用造型机按地面控制桩和球场造型等高线图,对球道和高草区等区域进行小范围的土方挖、填、搬运和修整,使各球道区轮廓初步形成,起伏坡度达到设计要求。施工前,应根据球场造型等高线图确定等高线控制点,并根据设计要求进行各控制点的测量定桩。施工时最好由经验丰富的造型师操作,注意各种造型的起伏曲线,保证平滑流畅,美观大方,表面排水坡度不小于 2%,以确保良好的排水效果。在造型挖填过程中,注意清除碎石杂物。由于粗造型施工也是完善造型设计的过程,因此,设计师或指定工程师需经常亲临球场对造型工作予以完善调整,以增强造型的合理性和景观效果。

(五)安装地下排水管道

球道排水系统通常是一个或多个主排水管道以及按一定间隔布的支排水管道延伸至球道中。支管直径一般为 100 毫米,主管为 150~200 毫米,管材多为有孔 PVC 波纹管。排水管道铺设深度在 50~100 厘米,管间距离为 10~20 米。对于土壤渗水性较差的区域,排水管道埋设要比较浅,支管间距也应更小,以利于排水。但在建造过程中,要注意防止因重型机械的碾压而造成管道破损。

按照球道排水系统设计详图,测放出管道位置后进行管沟的开挖,宽度为 200 毫米,深度为 250 毫米,开挖时应保持 ≥0.5% 的坡度。沟底夯实后,先在管沟四周铺设防渗膜,再铺 50 毫米厚的干净的砾石,然后将排水管铺设于管沟中央并防止泥土阻塞管孔。注意排水管至少要有 0.5% 的坡降,以使水能够自然流动。在管道周围填充碎石,排水管顶部需铺设防砂网。而后填充粗沙及透水性较好的沙壤土,直至与周围土面相平。排水管的出口最好设在球道周围的次级高草区中。

如果球道起伏较大,可通过适宜的地表造型防止球道积水,而仅在低洼地安装地下排水管道,或者根据情况采用渗水井、渗水沟等进行排水。在球道中积水量大的地方,可以设集水井。集水井最好位于非打球区,其排水管道的管径应足够大,以便能迅速排除大量流入井中的水。

(六)安装灌溉系统

球场喷灌系统的优劣直接关系到球场草坪质量和品位,对一流球场来说,设计和建造科学合理、性能优良、运行安全可靠的喷灌系统是必不可少的。

施工时,首先按照球道灌溉系统设计详图,按管道中心线测量放线,在管线分支、喷头、闸阀等处分别用不同的桩号作出明显的标记。管沟开挖以挖沟机为主、人工为辅,主管挖深 120 厘米,支管挖深 80 厘米。管沟宽一般为 30~50 厘米。如果管沟在部分区域突然起伏很大,开挖时管沟底不能有太大起伏,要求在地面凸起处相应深挖,以使管底起伏减缓,保证管路顺畅,延长管道使用寿命。沟底需处理干净、平整、紧实,无杂物,并清除一些较大和较硬的土块或石块。如管沟内垃圾杂物多,则在沟底铺 10 厘米左右厚的细沙以保护管道。沿管沟中心线将管道置于细沙上,回填原土壤。管道安装完毕后,可先不安装喷头,待需要喷水时安装。在管沟回填应分层进行并碾压,并留有充分的时间使土壤沉降。如有必要,可安装喷头进行喷水,促进土壤沉降。

(七)场地细造型及坪床土壤的改良

细造型是在球道粗造型形成的大范围地表起伏的基础上,利用专用造型机对地表微起伏进行处理。细造型同样要遵循自然起伏、平滑流畅、与周围景观相互协调的原则,对造型后的地形表面要精细修整,严格按照设计标高,准确的展现设计师的构想。因此需要设计师进行现场指导实施,确定各球道及高草区局部区域的微地形起伏,并对所有的造型区域精雕细琢,使整个球场的造型变化流畅、自然、没有局部积水的区域。注意及时清除施工过程中翻出的树根、杂物、碎石等。

球道坪床土壤的改良一般结合细造型工程实施。如果球场中原有土壤质地和结构较好,可在细造型进行到一定程度后,将原来堆积的表土重新铺回到球道中,厚度至少 10 厘米,并根据情况加入适宜的改良材料,如中粗沙、有机土壤改良剂等,并与表层土壤混合均匀,最后再细致地修整造型。如果球场中原有土壤条件极差,无法利用,可在原土壤上重新铺设一层 15~20 厘米厚的沙壤土,根据需要施入一定量的基肥及土壤改良剂如泥炭等,并根据土壤测试结果调整土壤的 pH 值。而后将肥料和土壤改良剂等与土壤充分混拌均匀。

进行坪床土壤改良后的球道,其造型要符合设计图纸要求,并在设计师现场指导下进行局部的标高与造型调整,使之符合球道细造型原来的形状,最后将坪床处理光滑、压实,准备植草。

二、球道草坪建植

球道面积广大,其管理水平低于果岭和发球台,高于高草区。对草坪质量有一定的要求,在坪床建造良好的基础上,根据具体情况正确选择草坪草种及合理进行草坪建植,对于保证球道草坪的质量和后期草坪管理的方便具有重要意义。

(一)草坪草品种选择

球道草坪是高尔夫球场草坪的主体,所选择的草坪草品种应具有较好的坪观质量,能够形成致密的草坪,能够适应球道1.5~2.5厘米的修剪高度、再生能力强、损伤后恢复迅速,耐践踏,对土壤紧实抗性强。能够满足球道草坪要求的草坪草品种很多,目前应用较广泛的主要有以下几种:

1. 草地早熟禾

草地早熟禾是在我国北方及其他冷凉地区球道上使用最广泛的草种,在低到中高水平的管理下,可形成致密、浓绿、具有较好击球特性的球道草坪。一般采用种子播种的方式建植草坪,根据情况,即可以选用草地早熟禾的2~4个品种混合播种。也可以以草地早熟禾为建坪草品种,与多年生黑麦草或细叶进行混播,或与羊茅类草坪草如紫羊茅、硬羊茅、邱氏羊茅等进行混播。草地早熟禾品种较多,常用于球道上的品种有 Bluemoon(蓝月),Unique(珍奇),Conni(康尼),Opal(欧宝),Haga(哈格),Midnight(午夜),Freedom(自由神),Nuglade(新哥来德),RugbyⅡ(橄榄球Ⅱ),Impact(英派克),Blue Star(蓝星),Merit(优异)等。

2. 匍匐翦股颖

匍匐翦股颖对水肥要求较高,适用于管理水平较高、投入的管理资金较大的球场。与其他冷季型草坪草兼容性差,一般采用单播或混合播种的方式建植草坪。耐盐碱性较强,在一些滨海球场,多选用匍匐翦股颖建植球道草坪。常用于球道上的品种有 Penncross(攀可斯),PennA-1,PennA-4,Cato(开拓),Seaside(海滨),Penneagle(宾州鹰),Putter(帕特),Cobra(眼镜蛇),Prominent(波米南),Pennway(潘伟)等。

3. 杂交狗牙根

杂交狗牙根是我国过渡带及南方高尔夫球场的球道草坪上使用最广泛的草种之一,多采用营养繁殖,具有质地细致、色泽深绿、耐低修剪、耐磨损、恢复能力强等特点。但枯草层积累问题较为突出。杂交狗牙根适于球道草坪的品种有Tifway(Tif419,天堂路),Tiflawn(天堂草),Tifgreen(T-328,天堂草328),Blackjack(黑杰克),Riviera(里维埃拉),Midway(中路),Sunturf(桑特,太阳草),Cope(可普),Texturf(泰克泰弗),Sundevil(日盛)等。

4. 海滨雀稗

海滨雀稗根茎粗壮,抗旱能力强,耐水淹,耐盐碱。适应的土壤范围很广,特别适合于海滨地区和其他受盐碱胁迫的土壤。以营养繁殖方式建植草坪,建植速度快,在1~1.5厘米的低修剪下,可形成致密、优质的球道草坪。目前在球道中应用的品种主要有Salam(萨拉姆),SeaDwarf(海滨雀稗),SeaGreen(海雀丝),Sea Isle I(海滨雀稗 I),Sea Isle 2000(海滨雀稗2000)等。

5. 日本结缕草

日本结缕草由于极强的抗逆性、耐践踏、耐磨损、适于粗放管理等优点,在我国北方和过渡区的球道中有较广泛的应用,但其草坪叶片质地粗糙、绿色期短、损伤后恢复慢等缺点在一定程度上限制了它的使用。日本结缕草可用种子播种建坪,也可以营养繁殖方式建坪。某些改良的日本结缕草品种,如Meyer(梅尔)、Emerald(翡翠草)和Belair(雅歌丹)等,在草坪质地和颜色等方面有明显的改进,适于球道草坪的要求。

暖季型草坪草由于匍匐茎生长旺盛,种间的共容性较差,通常采用单一草种或品种建植球道,很少用种间或品种间混合种植。

(二)草坪建植过程

球道最终造型完成后,草坪种植前,为保证日后草坪表面的平整,还需对坪床进行精细的准备工作。如仔细清理坪床上的杂物,使用石块清理机械结合人工清理石块,保证表层土壤5~8厘米内无直径3厘米以上的石块。对于球道上杂草的处理要特别重视,如坪床上长有杂草,可使用非选择性除草剂如草甘膦进行杀灭。如春季播种冷季型草坪草,即使播种前坪床上尚未长出杂草,也最好施用播后苗前除草剂,对土壤中的杂草种子进行封闭,防止杂草在草坪幼苗期的竞争和危害。病虫害较多的地区应进行土壤消毒,杀灭土壤中的病原菌和虫卵等,防止苗期造成危害。而后采用拖、耙、耱等方法处理坪床,使坪床表面平整光滑、起伏自然、流畅,没有局部积水区。同时还要使坪床土壤颗粒均匀,应无直径大于5毫米的土壤颗粒。

在坪床准备工作完成后,要留出充分的时间或进行碾压和喷灌,使坪床土壤快速沉降,而后准备草坪的种植。

与发球台草坪一样,球道草坪的种植也有种子直播与营养繁殖两种方式。大多数草坪草可采用种子直播建坪,部分只能进行营养繁殖的暖季型草坪草,可采用播茎枝、直铺草皮等方法建坪。

1. 种子直播

对于冷季型草坪草如草地早熟禾、匍匐翦股颖等,球道种植的最佳季节是晚夏早秋,此时杂草危害小,杂草防除工作量小,草坪成坪迅速。其次是春季,但春季播种需特别注意杂草的危害,有必要在播种前对坪床进行处理。暖季型草坪草,如结缕草,其种植季节最好安排在晚春和早夏,以使草坪草在夏季进行充分的生长。

球道因面积广大,一般采用机械播种,如手推式播种机、液压喷播机、带有耕耘镇压器的大型种子撒播机等。液压喷播机和带有耕耘镇压器的大型种子撒播机可大大提高播种效率。无论采用何种机械播种,都应尽量做到播种均匀、深度适宜,种子与土壤紧密接触。如果高草区与球道草种不同,播种球道与高草区相接处时,应使用下落式播种机,以避免破坏球道轮廓线,防止种子飞进高草区而成为杂草。如果球道起伏度较大,播种后最好全部或局部使用无纺布覆盖。球道草坪播种量及播种深度如表4-2所示。

表4-2 球道草坪播种量与播种深度

草坪草种	播种量(g/m^2)	播种深度(mm)
草地早熟禾	12~18	5~10
匍匐翦股颖	5~7	2~5
狗牙根	15~20	5~10
结缕草	15~20	5~10

2. 营养繁殖

多数杂交狗牙根品种和海滨雀稗一般进行营养繁殖。球道因面积广大,考虑到成本问题,建植时一般不使用铺植草皮的方法,而是播种茎枝法和插植法。播种茎枝法与发球台相似,只是播茎量比果岭少10%~20%。球道进行插植时,一般使用枝条插植机进行。先用枝条插植机在坪床上开沟,然后将枝条插入到2.5~5厘米深的沟中,而后将沟周围的土壤抚平、压实。枝条间距一般为7~10厘米,行距为25~45厘米。株行距越小,成坪越快。对于球道起伏度大的地方,机械操作不方便时,可人工在坪床上开沟,人工栽植枝条。茎枝播种后或插植后要及时灌溉,防止茎枝脱水而导致建坪失败。

三、球道草坪幼坪管理

无论是种子播种法还是营养繁殖法,球道种植后幼坪的养护措施主要有以下几项:

1. 浇水

种子直播方法建坪时,播种后应遵循少量多次的原则,每天进行 1~3 次的喷灌,以保持坪床表面湿润。待幼苗出齐后,可逐渐减少喷灌次数,加大每次的灌水量。播种后进行覆盖的草坪可适当减少浇水量和浇水次数。

2. 修剪

第一次修剪一般安排在幼苗生长到 5 厘米左右时进行,修剪高度为 2.5~4.0 厘米,并保持这一修剪高度 7~10 周,以后再逐渐降低修剪高度,直至达到标准修剪高度 1.5~2.5 厘米。修剪频率依据 1/3 的修剪原则来确定。每次修剪时要与上次修剪的方向不同,以提高草坪的平整性和均匀性。

3. 施肥

第一次施肥一般安排在幼坪在生长到 4~5 厘米时,施氮量可为 2~3 克/平方米。以种子建坪的幼坪可以每 3 周或更长时间施入一次氮肥。以营养繁殖方法建成的幼坪,每隔 2~3 周施入一次氮肥,施氮量为 3~5 克/平方米,以促使其尽快成坪。

4. 杂草防除

由于草坪尚未成坪,对除草剂敏感,除非万不得已,尽量不要在幼坪期使用除草剂。如早期杂草严重,可通过人工拔除。防治阔叶杂草的除草剂至少要在种子萌发 4 周后才能使用,而防治一年生杂草的有机砷类除草剂至少要在种子萌发 6 周后才能使用。

在进行幼坪管理操作时,要尽量减少对幼苗及坪床的践踏。在草坪成坪前,应禁止管理机械外的其他机械进入。

第三节　高草区建造过程

高草区是果岭、发球台、球道外围的修剪高度较高、管理较粗放的草坪区域,用于惩罚球手过失击球、增加球手打球难度。一般一个标准 18 洞球场的高草区占地面积为 15~35 公顷。高草区内除了种植草坪草外,还会种有树木、花卉等园林植物,是设计师进行球场园林景观布置、体现球场风格和设计理念的重要区域,对于提升球场的整个景观起着重要作用。高草区的使用强度较球道要小得多,管理水平及强度也低得多,但为打球的需要,高草区草坪仍需要进行一定程度的粗放管理。

一、高草区坪床的建造

高草区坪床的建造与球道相似,主要的步骤包括测量放线、场地清理、表土堆积、场地粗造型、设置地下排水系统、安装灌溉系统、细造型等。其中测量放线、场地清理、表土堆积及场地粗造型等已在球道建造中进行了介绍。

(一)设置地下排水系统

高草区一般仅在局部安装地下排水管道、集水井、渗水井等,以迅速有效地排除过多的水分,尤其是在需要排水的沙坑和球道附近。高草区造型起伏较大,且与球道相接,有必要在高草区斜坡底部与球道相邻的部位安设地下排水管拦截斜坡渗流的水分,防止斜坡的地下水渗透至球道而导致地表积水。为排除过量的水分,排水口的数量要充足,排水管道的管径也应足够大。

(二)设置灌溉系统

高草区草坪一般对水肥要求不高,耐粗放管理,出于节省建造费用的考虑,在湿润和半干旱地区,高草区草坪一般不安装灌溉系统。但在气候干旱的地区,为保证高草区草坪维持一定的质量,即使不安装自动喷灌,球道的喷灌系统也应能覆盖高草区的部分草坪。此外,在极度干旱情况下,为保证高草区草坪的正常生长,需要人工对高草区草坪进行补浇,这就要求在球道安装喷灌系统时,留出足够多的快速接水口。

(三)细造型

高草区因面积大,起伏度大,细造型工作也很繁重。应按照设计师的意图或在设计师的现场指导下修建草坑、草丘、草沟等微地形,必要时通过人工进行挖填方工作,清除大块石头等杂物,将表面处理平整,而后将堆积的表土重新铺回,铺设厚度至少在 10 厘米,最好能达到 15 厘米。根据土质情况和土壤测试结果施入基肥及土壤改良剂,并与表层土壤混合均匀。高草区的最终造型要符合设计要求,坡度平缓,起伏顺畅、自然,具有良好的地表排水性能。

二、高草区草坪的建植

高草区草坪面积大,养护管理较为粗放,其功能是对球手的过失击球具有一定的处罚性,因此,其草坪草品种的选择及草坪建植方法与球道有所不同。

(一)草坪草品种的选择

高草区所选择的草坪草品种必须能适应当地的气候、土壤条件,能抵抗当地主要病虫害,此外,根据高草区的功能和特点,草坪草种还应较好地适应耐粗放管理,尤其具有较强的耐旱性,出苗成坪快,根系深且丰富,保持水土能力强。适宜在高草区种植的草坪草品种主要有:

1. 高羊茅

高羊茅,是冷季型草坪草中最耐热的草种之一,最适宜修剪高度在4厘米以上的草坪,具有根系深、耐旱性强、成坪速度快、对水肥要求不高、耐粗放管理的特点。适宜在高草区种植的品种有 Finelawn(沸浪),Arid(爱瑞),Houndog(猎狗),Houndog 5(猎狗5号),Cochise(可思奇),Bonsai(盆景,贝森),Eldorado(黄金岛),Safari(沙漠王子),Pixie(贝壳),Vegas(维加斯),Crossfire Ⅱ(交战二代),Mini-Mustang(小野马),Watersaver(节水草)等。

高草区的草坪对均一性要求不高,为提高草坪整体的抗逆性,北方地区多选用两个以上冷季型草坪草种混播建坪,高羊茅+草地早熟禾、高羊茅+多年生黑麦草、高羊茅+草地早熟禾+多年生黑麦草、高羊茅+细叶羊茅类等。有些当地野生草种如野生冰草、麦冬、苔草等,不仅对当地气候、土壤条件非常适应,且极耐粗放管理,经过适当的养护管理即可成为较适宜的高草区草坪,因此选用当地的野生草种建植高草区草坪也是一种很好的选择。

2. 普通狗牙根

以种子繁殖的普通狗牙根,是过渡带及其以南地区应用最普遍的高草区草坪草品种,它具有耐炎热、耐旱性强、生长速度快、管理粗放等优点,非常适于高草区草坪的要求。

3. 野牛草

野牛草,具有极耐旱、耐热、耐瘠薄土壤、管理极粗放、极少感染病虫害等特点,可用于北方地区高草区草坪。但因其绿色期短,颜色呈灰绿色,株丛不紧密等缺点,较适于建植球场非击球区,用以保持水土。

4. 日本结缕草

日本结缕草,也是以耐旱、耐践踏、耐粗放管理等特性而广泛用于北方地区高草区草坪。但因绿色期短、受到损伤后恢复慢等缺点,限制了其在球场中的应用。

此外,暖季型草坪草中的假俭草、地毯草、巴哈雀稗、钝叶草、沟叶结缕草等都较适于高草区草坪的要求。可根据具体情况加以选择。因暖季型草坪草种间兼容性差,一般不用于混播建植草坪。

(二)高草区草坪的建植

在对坪床进行细造型中,应根据高草区草坪的要求结合土壤测试结果,施入适当的基肥和土壤改良剂,保证草坪草生长基本的营养需要。细造型后,应将坪床表面的树根、树枝、石块、杂草等杂物通过人工或机械清理出场外。如杂草较多,可施用非选择性除草剂如草甘膦等进行杀灭。而后通过耙、耱、拖平、碾压等方法,将坪床表面较大的土块打碎,使土壤颗粒大小均匀、适中。将坪床处理光滑、紧实、平整、起伏流畅、自然、无积水。

一般高草区地形起伏较大,在陡坡地段,可考虑采用直铺草皮的方式或液压喷播法建植草坪。液压喷播建植草坪是将种子或切割好的茎枝段与水和着床材料等加入液压喷播机中,利用液压将种子或茎枝段的混合物喷到待播的坪床上。液压喷播法具有工作效率高,不破坏坪床表面细造型,草坪出苗快,成坪快,抗水冲和风蚀等特点,广泛应用于高速公路边坡、水库堤坝等边坡地带的草坪建植中。

即使是坡度较缓的地段,以种子播种或播种茎枝的方法建植时,也应避开雨季,并最好在播种后铺设无纺布等进行覆盖,防止种子或茎枝及幼苗受到降雨的冲刷造成出苗不均匀,影响成坪。一般冷季型草坪草在夏末秋初和春季种植较为适宜,暖季型草坪草则以晚春至夏初为宜。播种量如表4-3所示。如果播种后难以保证水分的及时供应,可适当加大播种量。种子直播法和播种茎枝法建植高草区草坪可参考球道草坪建植方法。

表4-3　高草区不同草坪草品种播种量

草坪草种类	播种量(克/平方米)
草地早熟禾	10~15
高羊茅	40~45
多年生黑麦草	30~35
紫羊茅	10~15
普通狗牙根	10~15

草坪草种类	播种量(克/平方米)
结缕草	20~25
野牛草	10~12
巴哈雀稗	40~45

(三)高草区草坪幼坪管理

相比球道而言,高草区草坪的幼坪管理措施较简单,主要有以下几项:

1. 灌溉

灌溉是高草区草坪成功建植的重要因素,在没有喷灌系统的高草区,可使用移动式喷灌,将移动式喷灌接口接入球道附近的快速取水器,对坪床进行均匀灌溉。注意调节喷灌速度,不要形成积水和地表径流。遵循少量多次灌溉的原则,在幼苗出齐前一般每天灌溉1~2次,保持坪床土壤表面湿润。幼苗出齐后,可逐渐减少灌溉次数,而加大每次灌溉的水量。如无移动式喷灌,可用人工进行灌溉,注意灌水量不要太大,不要对坪床造成冲刷。

2. 修剪

首次修剪可安排在幼苗生长到6~10厘米时进行,修剪时遵循1/3的修剪原则,使草坪保持4~8厘米的修剪高度。

3. 施肥

幼坪生长到4~5厘米时,可施入氮肥以促使草坪尽快成坪,施氮量为2~3克/平方米,施肥后立即浇水,以免叶片灼伤。

幼坪阶段,除了必要的管理机械,其他机械禁止在高草区通行。如杂草量较少,尽量人工拔除。如需喷施除草剂,要在出苗4周以后进行,防止除草剂对草坪草造成危害。

【本章小结】

本章主要对高尔夫球场中发球台、球道、高草区坪床结构、坪床建造及其草坪建植和幼坪养护管理做了详尽介绍。学习本章要理解不同区域因坪用目的不同,而在坪床,草种选择、草坪建植等方面的差异,掌握发球台、球道、高草区坪床建造、草坪建植的方法及过程。

【思考与练习】

1. 发球台草坪的建造及其草坪建植方法?
2. 球道草坪的建造及其草坪建植方法?
3. 高草区草坪的建造及其草坪建植方法?
4. 发球台、球道、高草区草坪草种选择的异同?

第五章
沙坑建造

本章导读

　　沙坑是高尔夫球场特有的障碍区之一,对球场击球战略、景观等方面具有独特的作用。本章主要讲述沙坑的类型、作用,沙子的选择等基础知识,同时还结合实例,详细介绍了沙坑建造的全过程。

教学目标

　　了解沙坑的作用与类型,了解沙坑的定义和沙坑用沙选择的原则,是学习本章的重点;同时,结合实际案例,了解和掌握沙坑建造的方法和过程,是学习本章的关键。

第一节　沙坑概述

　　沙坑,是高尔夫球场中最传统的一种障碍形式,也是现代高尔夫球场中应用最为广泛的一种障碍。早期高尔夫球场的沙坑,是自然形成的。因为早期高尔夫运动是在原始林克斯土地上进行和流行开来的,羊群避风挡雨的塌陷土坑成为了原始的沙坑。高尔夫运动经历几个世纪的演变和发展,沙坑便作为一种障碍成为高尔夫球场的一个组成部分。

一、沙坑定义及其作用

　　在高尔夫规则的定义中,沙坑定义为"属于障碍的一种,通常是去除草和泥土,放上沙或沙状物的多呈凹状的地域"。沙坑边缘或沙坑内被长出的草覆盖的部分不属于沙坑部分。沙坑的界线垂直向下延伸,但不向上延伸。当球位于沙坑内或其任一部分触及沙坑时,则该球为沙坑内的球。

著名的设计师汤姆·多克(Tom Doak)把沙坑的功用归纳为以下五种:第一,是作为对击球失误的惩罚;第二,是引导球员避免进入更糟糕的情况,如旁边是一个溪流或者峡谷等;第三,是视觉上的效果;第四,是如果遇到盲洞的时候,帮助球员确定第二杆的击球线路;第五,有些时候作为一种障碍,"吓唬"球员远离一些危险的区域,比如两个球道交接的区域。沙坑作为球场中的障碍,具有障碍所具有的所有功能,但是沙坑也有与其他障碍不同之处,其主要作用体现在球场战略性和美化景观两个方面。

沙坑之所以被称为障碍,是因为在沙子上打球要比在球道的草坪上打球困难,惩罚球手的过失击球,增加比赛的难度,提高其挑战性。与水障碍和树木相比,沙坑为球手提供了补救机会,对球手的惩罚性要小得多。沙坑对球手的惩罚程度大小取决于很多因素,如沙坑的深度、沙坑的坡度、沙坑周边的地形、沙子的质地以及沙坑距离果岭的远近等。

沙坑另一主要作用就是能够美化球场环境,是高尔夫球场中非常重要的景观元素。沙坑中沙子的色泽与绿色的草坪、蔚蓝的水面和色彩缤纷的树木可以形成强烈的反差,给人一种强烈的视觉震撼。沙粒的粗犷与草地的柔和可以创造出鲜明的对比,突出刚柔并济的美感。同时,在一些地形比较平坦、缺少植物的球场,由于缺少立体三维景观,设计师设计大型、轮廓清晰的丘陵状沙坑,可以减轻平原单调的感觉,增强球场的立体感,同时可以体现击球时的战略战术。由于沙坑在景观方面这些突出的特性,球场设计师通过对沙坑的巧妙设计,使球场产生出独特的景观效果。

二、沙坑的类型与组成

沙坑的大小、形状和数目没有固定的限制,有小型的"罐状"沙坑,小而深,欲将球从中击出比较困难;也有大型的沙坑,面积较大而平缓。在具体的场合下建造何种形式的沙坑,沙坑的大小、形状及数目的确定,主要随设计师的设计思想、击球速度、沙坑建造及维护的财政预算、土壤物理性质、使用面积、地形和天然植物的分布情况而定。

按沙坑在球道中所处的位置,沙坑可以分为球道沙坑和果岭沙坑。球道沙坑处于球道边或者球道中间,一般设置在球道落球区附近,有的球道沙坑横向插入球道中,被称为横切式沙坑。球道沙坑一般大而浅,起伏平缓。果岭沙坑则设置在果岭附近,用于护卫与防御果岭,因此,果岭沙坑又称为护卫沙坑。

沙坑一般由沙坑前缘、后缘,沙坑边唇、沙坑面和沙坑底等几部分组成(图5-1)。沙坑面,是指沙坑的斜坡或凸地,也就是打球时能使球员看到的部分。位于果岭正前方的沙坑,其沙坑面比较明显,在球道上容易观察到。设计沙坑面的主要目的是增加击球难度,使得球手从沙坑中将球救出比较困难。沙坑面的设计还在于给球手指示沙坑的位置,有利于球手制定打球战术。现今高尔夫球场的设计,重在沙坑正面,旨在提醒球手注意障碍的存在,相应地制定出击球策略。另外,现代高尔夫球场上设置有许多令球手意想不到的隐藏沙坑,增加比赛难度,提高比赛的挑战性和趣味性。

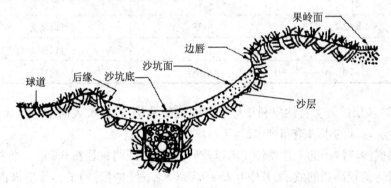

图5-1 沙坑的组成

(引自韩烈保,2004)

沙坑边唇,是沙坑边缘从草坪植草面到沙面的垂直边缘部分。边唇部分一般被草坪草所覆盖。沙坑边唇是沙坑沙面之上的草皮的垂直边缘。也就是沙坑边缘从草坪面到沙面的垂直边缘部分。边唇是沙坑与草坪衔接处的草皮的一部分,沙坑边唇一般被草坪草所覆盖,边唇的上沿就是沙坑的边缘。沙坑底,位于沙坑的最低部位,其下埋设有排水管。

第二节 沙子的选择

一、沙子粒径分布

沙坑中使用的沙子粒径会影响球手在沙坑中的击球质量和沙坑管理,因此,选择颗粒组成适宜的沙子是一项非常重要的工作。在进行选择时,应对沙坑中

使用的沙子进行实验室分析,确定适宜的粒径分布范围。沙坑中粒径分布应使沙坑中的沙,具备如下两个特性:

(1)使球在沙坑中具有较好的球位,对于果岭护卫沙坑,落入沙坑的球最好一半没入沙中,一半露在沙面以上。沙坑太硬,球会完全暴露在沙上,使沙坑的惩罚作用减小;反之则加大,且难以找球。沙子的埋球情况,根据其穿透阻力确定。

表5-1 沙子埋球情况表

穿透阻力（kg/cm^2）	埋球情况	等级
<1.8	高	不能接受
1.8~2.2	中等	可以接受
2.2~2.4	较轻	可以接受
>2.4	很小	很好

(2)沙层的硬实特性应利于球手在沙坑的站位,且沙坑表面不易形成硬壳,利于沙坑内部的水渗透和排水,利于沙坑管理。

根据沙坑沙子的上述特性要求以及研究实践,证明粒径在0.25~1毫米的沙子可以达到较满意的效果,其中0.25~0.5毫米粒径(中粒沙)的沙子应该占75%左右。

图5-2 沙坑沙粒径分布分析　图5-3 沙坑沙颜色、形状选择　图5-4 沙坑沙穿透阻力测量

该粒径的沙子之所以能达到较好的效果,主要是因为:

① 粒径超过1.0毫米的沙子会在沙层中向上移动而聚集到沙层表面;而小于0.25毫米的较细的沙粒则会向下移动到沙层底层,从而出现沙子分层现象;

② 粒径超过1.0毫米的沙粒被风吹或击球带到果岭上后,会对草坪管理机械造成损伤,同时会对人员产生意外损伤;而小于0.25毫米粒径的沙粒所占的比重太大时,会导致沙坑的排水不良、沙层板结和其他不良问题。

有些球场要求沙坑沙的粒径要与果岭坪床用沙的粒径一致。主要考虑到果岭周边的沙坑沙,会经常受到大风和打球的影响飞到果岭上面去,如果沙子太细,会在果岭局部形成土壤分层,影响通透性;如果沙子太粗了,会影响到果岭品质和剪草作业。在那些多风地区的高尔夫球场上,可以考虑使用大颗粒的沙子作为沙坑用沙(如大于1毫米),以防止沙坑中的沙子被吹走。在这种情况下,需要反复进行试验,确定适宜的沙子粒径,以利于沙坑中沙子的稳定性。同时,在沙坑设计建造过程中要适当增加沙坑的深度和沙坑周边土丘数量,防止沙子被吹走。

二、沙子颜色

沙子的颜色要与草坪形成明显的差异。目前,使用比较多的是白沙(多数为石英沙)、黄沙(主要是河沙,也有的是淡黄色的石英沙)。选择沙粒时,沙粒大小及形状的考虑应优先于颜色的考虑。如果一种沙子仅仅是白色,而在形状及大小上都不理想,而另有一种黑色的沙子,其大小和形状都很合适,那么应选黑色沙子。再者,选沙子颜色时应避免沙子太白,纯白色的沙粒对人的眼睛有刺激作用,在某些情况下还不易发觉落入沙坑中的球;在管理上,白色沙子容易被污染变色。当地的沙源也是影响沙子颜色选择的因素之一,应尽量选择当地可以提供的沙子。

三、沙子形状

沙坑选用的沙子以多角或半多角形的棱沙为最好,形成沙床时,棱形沙子比规则圆滑的沙粒要好。表面光滑或者比较圆滑的沙粒之间很难结合,不容易形成沙层表面的阻力,所以,球落进来的时候,容易砸坑,甚至被埋。相反,表面不是很光滑或者有棱角的沙粒之间会产生较强的结合力量,这样,当球落进沙坑后,会受到一定的阻力,被埋的可能性减小。多角形状的棱沙有很多平面,颗粒内能交叉连锁,快速稳定下来,并能保持长时间的良好状态,比较适合沙坑用沙的要求。但过于尖锐的沙粒也不太适宜,不仅会损伤球杆,还会交接得过于紧密,加大在沙坑中的击球难度,也不利于排水。圆形沙粒也不太适宜,因为其具有不稳定性,在施加外力的情况下极易发生滑动,球手站在沙坑中打球时,会产生下沉的感觉,脚面会因沙子的流动没入沙层之中,不利于挥杆击球。

四、沙子稳定性

沙粒应该具有一定的密度和硬度,具有不易被风化、分解的特性。沙子颗粒结构的稳定性很重要,由石灰岩和碳酸盐等演化而来的沙子稳定性差,容易发生化学变化,不适宜用于沙坑。石英砂,是比较好的沙坑用沙。在沙坑中最好不要使用质地较软的沙子,这种沙子容易被风化分解,而分解的粉末会黏合在一起,产生排水不利的问题。沙子质地可以变化,硬的硒酸盐沙子比软的钙质沙如珊瑚沙要好。质地越稳定越好。软沙子在破碎后易粘在一起,为防止沙坑沙子变得过硬,不得不每日进行耙沙工作。在选择沙子的时候,可以委托相关部门对其成分进行鉴定,并测定二氧化硅含量。

五、沙子纯净度

沙子中不应掺杂其他物质,包括黏土和淤泥,否则易使沙子固化而导致过硬,同时有可能使有生活力的种子生长发育,进而引入杂草。在卡车装运来沙子时应检验其纯度,在确保纯度合格后方可卸下。沙子在放入沙坑前要充分冲洗,并拣除杂物,尽量避免沙子中含有黏粒和粉粒及其他杂物。沙子中杂草种子含量较多时,要使用土壤消毒法对沙子进行消毒处理。

第三节 沙坑建造

无论通过地表排水还是地下排水,是否具有良好的排水条件是判断一个沙坑好坏的基本标准。通过沙坑四周造型进行地表排水的目的是防止水直接冲入沙坑造成沙坑侵蚀,尤其是沙坑面的沙子。更换沙坑中被侵蚀的沙子是一项最费力的工作,不仅是因为其费时,更重要的是雨水冲入的泥土、黏土和有机残留物就会污染沙子,给沙坑养护带来困难或者难以达到设计要求。沙坑上沙前,要求完成沙坑排水系统工程、边唇建造等工作,也是防止污染沙粒。沙坑建造流程图见图5-5。

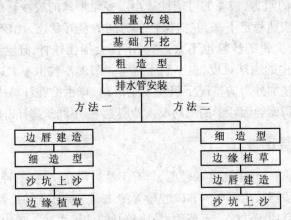

图5-5 沙坑建造施工流程

在实际建造施工中,建造者可以根据具体情况选择任意一种方法建造沙坑。但是第二种方法具有沙坑建造可全部使用机械来完成,沙坑的细造型与草坪建植工作不受沙坑边唇的限制,施工操作方便;边唇建造在草坪建植后进行,可以减少施工过程中由于雨水冲刷将泥沙带入沙坑中而导致反复的清理;另外,后期建造沙坑边唇,避免了施工中对边唇的反复修复;草坪的存在,有利于沙坑边唇的定界和调整沙坑边界等优点而常被采用。下面按照第二种沙坑建造方法,结合实例叙述沙坑的建造过程。

一、测量定界

沙坑建造的第一步是,根据设计师的设计测量、确定每个沙坑的位置,并且划定出沙坑的界限。果岭沙坑是整个果岭不可分割的一部分,因此这部分应作为一个整体在果岭测量时整体划界。果岭沙坑,要按照果岭详图和果岭中心桩基础点进行放线;而球道沙坑,要以球道中心线桩为基础点按沙坑详图进行放线。两种沙坑均可采用极坐标法和网络法进行放线。设计师的设计图纸中有充足的关于沙坑深度和形状的信息,以确保沙坑周围放出的沙坑边线、标出的基底标高及沿等高线确定的沙坑造型轮廓线等,准确无误,这样才能达到设计师设计沙坑的意图和目的。

二、基础开挖

首先,按照测量放出的沙坑界限进行切边整形。切入深度10~15厘米。为保持沙坑边线的柔滑,可以用PVC饮水管弯曲度边。

图 5-6　沙坑切边整形

图5-7 夯实沙坑底部

切好沙坑边后,进行沙坑基础的挖掘工作。若沙坑挖方工程在前期未进行,则在沙坑放线后首先要进行沙坑的基础开挖工作,开挖深度、沙坑周边造型高度均可通过标桩控制。在沙坑的现场施工中,一般采用小型推土机进行沙坑基础开挖,但是在坡度较陡或者其他机械施工受到限制的地方,有时候采用人工的办法来挖掘沙坑基础。挖掘出的土方用于沙坑周边的造型,多余的土方要直接运送到球场其他需土区域,较深的沙坑可以使用小型挖掘机开挖,较大而浅的沙坑可使用小型推土机进行基础开挖。果岭护卫沙坑基础开挖与果岭基础开挖同步进行。

基础挖好后,应将沙坑底夯实。可将沙坑底部表层细土刮松,然后使用水泥、石灰与细土均匀混合,反复夯实。如果沙坑底部土质不佳,可以外调细土进行三合土夯实。

三、粗造型

沙坑粗造型,是对沙坑基础和沙坑周边进行的整形工作。果岭护卫沙坑的粗造型,要根据果岭详图实施,一般与果岭周边造型同步进行。球道沙坑的粗造型要依据球道沙坑详图进行。

与果岭基础造型一样,沙坑粗造型一般也使用小型造型机实施,由富有经验的造型师根据图纸或设计师现场指导下进行造型。应使基础造型和周边造型既符合设计图纸要求,又起伏流畅,并且与果岭和球道的造型紧密衔接。操作过程中,要充分考虑沙坑的地表排水问题,尽量使沙坑外部的水不要流向沙坑。同时,为使地表雨水在建造过程中不大量流入沙坑中,根据实际情况,可在沙坑周边修建排水沟、分水沟等,将水引向别处。

四、沙坑排水

完成沙坑基础造型与周边造型后,将基础清理干净,并彻底压实,然后进行排水管线测量放线。除了沙坑内需设排水沟外,一般沿着沙坑的边界,需要挖设环沟。有些沙坑前沿不需要挖沟,但是沙坑仰面一定要挖沟,这部分环沟是关键,环沟必须紧贴沙坑边。

沙坑排水管布置方式一般采用鱼脊式,使主管线处于较低的位置,支管线向主管线倾斜,主管线的出水口的位置处于整个沙坑排水管系统的最低点。沙坑地基应有2%~3%的坡度,朝向排水管以保证充足的内部排水。管沟每隔2~4米一条,宽度、深度为25~30厘米。

图5-8　挖环沟

管沟挖好后,按照沙坑剖面图安装排水管。沙坑主、支排水管的材料和管径与果岭相同。排水管安装前用透水性较好的土工布缠裹,以防沙坑中的沙子进入排水管中,也可采用土工布包裹整个管沟的方法防止沙子渗入排水管中。先在管沟中放入2~5厘米厚的碎石,然后铺设排水管,并调整排水管线的坡度,使排水流畅,符合沙坑详图所要求的管线标高,一般主排水管的排水坡度不小于1%,支排水管的排水坡度不小于0.5%。安装时要注意排水管接头的连接,以防渗漏。最后,用碎石填平管沟,即完成排水管的安装工作。

五、细造型

沙坑细造型,是对沙坑周边和沙坑底部造型进行局部修理工作,使其起伏自然、流畅。沙坑细造型,需要大量的人力和铁锹、耙、手推车等小工具。如果设计师设计书中有明确的标高、边缘坐标以及坡度值,那么在细造型时要严格按照设计师的设计要求完成,并且完成后要仔细核对。有的设计师认为沙坑的实际形

图 5-9　挖鱼脊式排水沟

图 5-10　垫纱网后铺 5 厘米厚碎石然后放管

图 5-11　铺管完成

状和视觉效果比沙坑的设计高度和尺寸更重要,那么,细造型时设计师就应该来到现场,确认每一个沙坑的具体形状和效果。

　　沙坑细造型一般与沙坑周边的坪床处理工作同时完成。细造型完成后,复核沙坑造型的设计标高,并彻底清理杂物,拔除放线时钉下的木桩。在完成细造型过程中,注意不要破坏排水系统和先前安装的其他管道。

六、边缘植草

　　沙坑边缘植草,可以用播种繁殖和营养繁殖两种方式进行,具体采用哪种方式可根据实际情况选择。采用种子直播建植沙坑边缘草坪,需要根据气候、土壤和管理预算选择合适的草坪草种,在选择好草种后根据不同草坪草的特性选择合适的播种时间和播种量进行建植。

　　沙坑边缘植草,还有一种方法是采用铺植草皮法。在需要建造沙坑边唇的部位,用土垫起边唇,然后自边唇向外铺植草皮,从而形成沙坑的边唇。边唇垫土时,垫土厚度要从沙坑边缘处向内渐浅。这种方法常用于球场改造过程中沙坑的重新建造,新建的球场若计划在沙坑边缘铺植草皮建坪,也可采用这一方法建造沙坑边唇。

图5-12 沙坑边缘植草(播种法) 　　图5-13 沙坑边缘植草(铺植草皮)

七、边唇建造

沙坑设计有边唇的目的,是让球手不能将球从沙坑中推到果岭上去。果岭护卫沙坑,一般都具有边唇,并较沙坑的沙面高出7~10厘米;而球道沙坑可以没有边唇。在沙坑粗造型和排水管安装完毕后,需要给沙坑边界准确定位,并由设计师在现场进行复查与调整。

开业前一个月,设计师在现场对每个沙坑画出边界线并作相应的调整。可以使用在草坪上喷涂染料或使用除草剂等方式划定沙坑的边界。如果担心喷涂染料会在草坪修剪后消失,在上沙时找不到沙坑边界,可以使用非选择性的除草剂喷洒沙坑边界线,杀死边界线的草坪草,使边界线永久定位。对于沙坑边缘一些水土流失严重和草坪建植不良的部位,可以通过沙坑边界线的调整,使之纳入沙坑内部,以减少这些部位的草坪修补工作。

沙坑边界线确定下来后,沿沙坑边界线人工建造沙坑边唇,自边界线向沙坑内下挖,边唇处下挖深度为15~20厘米,而自边唇向沙坑内挖深渐浅,一般向内延伸0.6~1.5米处挖深变为零。边唇挖好后,人工将之处理硬实、稳定,即完成边唇的建造。然后,清理沙坑内部的草皮。有时沙坑内部可能也生长了草坪草,或沙坑周边的草坪草生长蔓延到了沙坑内部,使用铲草皮的机械将这些草皮铲起,用于其他被损坏区域的草坪修补。生长在沙坑内部的草坪草一般不使用除草剂杀除,因为除草剂同时会对沙坑周围草坪产生伤害,并且留在沙坑中枯死的草根层会对沙坑排水产生不良影响。

沙坑内部草坪清理完成后,清除沙坑中的其他杂物,然后人工用耙子将整个沙坑内部耙平,使之平滑、压实。最后检查沙坑的地下排水管,并进行清理,为沙坑上沙做好准备。

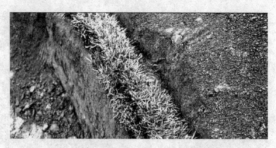

图5-14　沙坑边唇建造

图5-15　沙坑边唇建造效果

八、沙坑上沙

沙坑上沙前,要进行沙坑清理。采用方法一,建造沙坑时,沙坑边界在植草前已存在,沙坑上沙前不必进行确定沙坑边界线工作,只需对沙坑内部进行清理。在上沙前,仔细检查沙坑边缘和边唇,若有被破坏的部位,进行人工修补。同时,还要将沙坑边唇建造过程中使用的木桩、金属网等建造材料清理出去,将沙坑内部的土块、石块等杂物彻底清理干净,并耙平、压实,为沙坑上沙做好准备。采用方法二,进行沙坑建造时,沙坑上沙距沙坑边唇修建的时间很短,沙坑的清理工作与边唇修建同时完成。

为防止沙坑中的杂草问题,有时在沙坑上沙前于沙坑底部铺设一层透水的土工布。这种方法对于采用人工耙沙方法进行管理的沙坑很适用,通过用力耙沙,耙到一定深度可有效地控制沙坑中的杂草生长,但如果沙坑沙子铺设厚度太薄,耙子会耙入衬垫层中,将土工布拖到沙面上,造成不良的沙坑外观。因此,若需要铺设沙坑衬垫层时,最好使用抗撕裂强度较大的材料,并保持一定的覆沙厚度。

另外一种铺设沙坑铺垫层的方法是:先在沙坑底部铺设塑料或橡胶沙网,然后在网上面铺设一层较细的土壤。这种方法不仅不会影响沙层的排水,还有利于防止沙坑基础的石粒向上移动到沙层中。采用这种衬垫层方法时,沙坑中也需要铺设相当厚度的沙子,防止进行耙沙时耙到土层中或打球时球杆触及土层,引起沙坑的杂草问题。

沙坑的覆沙平均厚度一般在8~15厘米,果岭沙坑的覆沙厚度相对较厚,一般在沙坑底的部位厚度为10~15厘米,而在沙坑面部分可以减少到5厘米;球道沙坑的覆沙厚度相对较浅,一般为8~10厘米,因为球道沙坑覆沙较浅可以给球手提供一个较稳定的站位,利于球道的长距离击球。

在不影响球手击球的情况下,沙坑面的覆沙厚度应尽量浅,这既有利于沙坑管理,又有利于加快打球速度和减少沙子的用量。沙坑面的沙层比较浅时,打到沙面的球不会埋入沙层中,会从沙坑面的沙层中滚动到沙坑底,球手可以不必爬到沙坑面上去击球,从而减小了沙坑面的沙层被践踏而重新进行耙沙操作,同时,又加快了打球速度。

对于已经建好草坪和边唇的沙坑,其上沙操作只能采用二次搬运的形式上沙,这样可以最大限度地减少对沙坑边唇和沙坑边缘的造型以及沙坑周边草坪的破坏。一般是将沙子用卡车运到一个或几个存放点,然后用小型运输工具再转运到沙坑中。

现在也有用直升机或者在高草区中安装喷沙机,将沙子从高草区直接输入到沙坑中等形式铺沙。采用喷沙机上沙是在一种值得提倡的方法,喷沙机可以将散沙吸进并通过加压将沙通过管道吹到数十米远的沙坑中。由于有足够的机械动力把沙子传输到沙坑中,沙子能够均匀地撒开,这样对沙坑边唇及沙坑造型造成的破坏较小。

图5-16　用直升机给沙坑上沙　　图5-17　用喷沙机给沙坑上沙

无论采用上述的哪种方法给沙坑上沙,在上沙前要仔细复核所用的沙子质量,运输沙子的工具要清理干净,以防将杂物带入沙坑中去。

运入沙坑中的沙子,可以用人工与机械方法相结合进行铺设,所用的机器为前面装有耙子的小型耙沙机。沙坑底部散沙可以使用耙沙机进行,沙坑边缘和坡度较大的沙坑面部位可以通过人工使用铁锹与耙子铺散,要保证沙子的铺散均匀,使沙坑底部沙层保持大约 10 厘米,沙坑面沙层保持在 5 厘米左右。沙子全部铺散完后,使用耙沙机或人工将整个沙坑沙层耙平滑。进行上述操作要谨慎,避免破坏沙坑的边唇和边缘造型。

【本章小结】

沙坑是体现球场击球战略和景观不可分割的一部分,因此理解沙坑的定义,了解沙坑的类型及其作用是学习本章的重点。作为将来从事高尔夫相关工作的学生,掌握沙坑用沙的颜色、纯度以及对沙子特性的要求,沙坑建造及其周边草坪建植的全过程是十分必要的。

【思考与练习】

1. 什么叫沙坑? 简述沙坑的类型及其作用?

2. 沙坑用沙有什么要求?

3. 如何建造沙坑和建植沙坑周边草坪?

第六章
高尔夫球场草坪水分与灌排水

本章导读

本章主要讲述高尔夫球场草坪对于水分的需求、利用方式及其水分平衡;高尔夫球场灌溉的类型,及其水质要求;高尔夫球场草坪地表和地下排水等内容。

教学目标

了解高尔夫球场草坪对于水分的需求、利用方式及其水分平衡,掌握高尔夫球场灌溉的类型,地表和地下排水系统及其排水方式等内容。

高尔夫球场草坪是所有球类运动场草坪中规模最大、管理最精细、艺术品位最高的草坪。由于高尔夫球场自身的特殊性,如球场内的草坪种类、面积大小、使用要求、地形条件、气候条件、场地因素等,决定了高尔夫球场草坪灌溉不同于一般的景观园林灌溉。鉴于这种特殊性,对高尔夫草坪管理来说,灌溉是极其重要的,而排水也对球场的运营和草坪质量起着至关重要的作用。因此高尔夫球场在设计时就需要对整个球场的灌溉与排水系统作出良好的规划。

第一节　高尔夫球场草坪的水分需求

一、高尔夫草坪水分理论

水分是高尔夫草坪植物体中最多的成分,也是维持正常生命活动的重要生活养料,对草坪植物的生长发育起着很重要的作用。植物细胞原生质80%以上的成分是由水组成的。高尔夫球场草坪草的正常生命活动只有在一定的水分条件下才能正常地进行。否则,这种活动过程就会受到限制,甚至停顿。草坪草生长需要从环境中吸收水分,但不可避免地又要散失大量的水分到空气中去,水分的动态平衡则是维持草坪草生长的基本动力。高尔夫草坪灌溉是各种养护措施最主要的作业之一,合理用水,提高水分利用效率是确保高尔夫球场草坪草达到坪用目的关键环节。

图 6-1　高尔夫草坪喷灌

(一)水的理化性质

水分子由两个 H 原子与一个 O 原子以共价键组成。水分子与水分子之间以氢键相结合使水分子间紧密结合在一起,阻止水分自由扩散,并在其表面形成一定张力,这种结构导致水有较高的沸点和汽化热。

水,是最常见的溶剂,有很强的溶解物质能力。一般而言活性小的金属和非极性分子物质在水中的溶解度较小。但分子量小、极性大且能与水分子产生氢键的分子物质皆易溶于水。水对草坪草生命活动十分重要,是草坪草进行物质代谢的介质,它直接影响着草坪草的生长发育。草坪草一般不能直接吸收固态的无机和有机物质,它们必须溶解在水中才能被吸收,这些物质由水运载到草坪植物的各个部分。另外,草坪体内的一系列生物化学变化,都必须在有充足水的条件下进行,离开了水这些过程将无法进行。

水分维持了草坪草细胞的膨压。膨压不仅使细胞间的水分不断运动,加速水分在草坪草体内的运输;而且,当水分充足的时候,膨压使得草坪草叶直立,从而便于进行正常的光合作用。当缺乏水分时,草坪草失去膨压,就会发生萎蔫,草坪草体内的一切正常活动发生紊乱,甚至停顿。

水分,可以调节草坪温度。草坪草在散失水分的过程中,由于其较高的汽化热对降低草坪在强烈的太阳辐射下上升的体温非常有效。这样才可避免草坪被烫伤的危险。

(二)草坪水分平衡原理

草坪地上部分暴露于大气中,由于太阳辐射等因素的影响不断地丧失水分;同时,亦不断地通过从土壤中吸收水分以补充减少的水分。只有吸收的水分能够补偿丧失的水分,才能达到水分动态平衡。

草坪水分平衡实际上包括3个方面的过程,即吸收、运输及蒸腾。只有当水分的吸收、运输、蒸腾三者调节适当时,方能维持良好的水分关系。草坪蒸腾,是指水分以气体的状态离开草坪,是一个物理过程,它遵循控制水分从湿润表面蒸发的规律。

1. 水分吸收

草坪草吸水是通过细胞来完成的,而且主要靠渗透吸水来满足体内水分平衡的需要。草坪草组织中,当细胞处于不同浓度的溶液中时,便会发生渗透现象,水分从溶液浓度低的一方向浓度高的一方渗透。草坪草要维持长期生长,必须不断地吸水,而连续不断吸水的直接原因是植株蒸腾造成的。蒸腾作用是草坪草吸水的主要动力。蒸腾拉力可在草坪草体内产生一种水势梯度,由叶子传至根系,水势渐渐升高,形成根叶水势差,最后促使根系不断吸水。如果土壤中无水补充时,部分根系就会死亡,甚至全株枯死。

2. 水分运输

草坪草吸水后,水分流动沿导管或管胞上升。水分在草坪草体内是通过两个主要的途径传导:一个是死细胞组成的管道;另一个是活细胞间渗透性的水分运输。草坪草体内的水分除了向上传导途径外,还有侧向传导,有时还有向下运输途径。蒸腾流在植株体内运输要克服一系列的阻力。这些阻力具有双重效应,即阻止水流向体内运输的同时,也阻止水分向干土中反渗。

蒸腾拉力所形成的水势差,是保证水分向上运输的原动力。但要保证水分运输过程中水柱不间断,还得靠水分子间的内聚力以及水分子与导管间的附着力,才能呈一条连续不断的水柱,上端挂在生长的顶端和散失水分的叶细胞,下端连在根细胞上。当上端叶片组织失水产生势差时,便从导管抽取水分。抽水的力量经过连续水柱的全部,把水柱拉紧,使水柱处于紧张状态,张力可达到根系的活细胞使其吸水。

3. 水分散失

水分从草坪草回到环境中去,有两种方式:一种是以液体状态离开草坪草,如吐水与伤流;另一种是蒸腾。

4. 水分平衡

草坪草水分平衡,包括吸收、运输、蒸腾三个方面的内容,只有这三方面匹配时才能维持一个良好的水平衡。

草坪草水分平衡公式:水分平衡=水分吸收-蒸腾作用

一般在草坪草实际生长过程中,草坪草很少能维持较久的水分平衡状态,总是处在正负偏离,左右摆动,暂时偏离是经常的、暂时的,永久偏离则是罕见的,历时越久,失水副作用越大,越不易恢复。因此,在高尔夫草坪管理中要防止出现永久偏离的现象发生,因为这种过程危害很大。

(三)土壤水分

土壤水分的多少、类型、状态,对草坪的正常生长和发育有着极其重要的影响。土壤水分在土壤中并不是混为一团,而是存在着一定的类型,主要可分为四种:吸附水、膜状水、毛管水和重力水。这四个类型的水在数量上、性状等方面均有显著差异。分析高尔夫沙质土壤的水分类型,是解决灌溉理论问题,寻找合理灌溉方法的重要基础。

1. 毛管水

高尔夫土壤主要为沙质土壤,沙质土壤具有很多孔隙,其中较大的空间称为大孔隙,较小的空间称为小孔隙或毛管孔隙,毛管水即贮存于这些土壤空隙之中,它通过毛管引力的作用使水贮存于其中。尽管这种水在土壤中可以上下左右自由移动很容易被植物利用,但小空隙有限,难以存留,所以高尔夫草坪草吸收利用的主要有效水并非毛管水。

2. 重力水

了解灌溉和降雨期间高尔夫沙质土壤水分的变化,对掌握土壤水分类型的特征非常重要。大雨或灌溉之后,土壤表层所有的空隙都达到了饱和。这种饱和是暂时的。由于重力的作用使大孔隙内水分很快向下移动,这种不能被土壤保持的水分称为重力水。这种水渗水太快难以被草坪利用。

3. 吸附水和膜状水

在高尔夫沙质土壤水分类型中,还存在着吸附水和膜状水。吸附水,是指沙粒和少量黏粒表面吸附的水汽分子,它紧附于土粒表面而不能移动。膜状水指在土粒吸附水的外面仍可再吸附液态的水分子而形成水膜。显然这两种水都不能被草坪草利用。

二、草坪灌溉管理

（一）灌溉必要性

高尔夫球场草坪密度大、覆盖度高、生长旺盛,因此要消耗大量的水分。高尔夫球场草坪水分的来源有大气降水、土壤水和灌溉。干旱区或干旱时期的蒸发量往往大于降水量,降水不足是草坪生长发育受限的最大障碍因素之一。解决高尔夫球场草坪水分不足最有效的办法就是灌溉,草坪灌溉是保证草坪正常生长发育的重要手段之一。

某些耐旱的草坪草种仅仅依靠大气降水也能生存,而大多数草坪草仅仅依靠天然降水和土壤水分是无法生存的,草坪草水分不足生长缓慢,茎叶不发达,分枝减少,覆盖度和密度降低,甚至枯死。

我国降水主要受季风影响,总的来说是由东南向西北逐渐减少。雨季的起止与季风的进退相一致,主要出现在夏季,而其他季节则降水相对较少。降水的地区和季节分配不均。因此,我国大部分地区的草坪都需要补充灌溉。比较干旱的地区降雨量少,在整个生长季节都需要灌溉;而在雨量较多的地方,只需在旱季或高温季节进行灌溉。缺乏水分的草坪瘦弱枯黄,生长不良,如能及时灌溉草坪会很快恢复生长。因此,草坪灌溉是保证草坪植物鲜绿、延长绿期的根本条件之一。

土壤水分短缺,导致草坪草根系加深,造成地上部生长削弱,杂草乘虚而入,迅速侵占地面,引起草坪质量全面下降。适时灌溉,可增强草坪竞争力,抑制杂草,从而延长坪用年限。因此,草坪灌溉是增强草坪竞争力,延长坪用年限的必备条件之一。

草坪适时灌溉是预防病害和鼠害,确保正常生长发育的重要手段之一。气候干旱、土壤水分亏缺是引起虫害和病害的主要环境因素之一。蚜虫、蟊虫、跳甲、蝠象等,越是干旱,发生率越高,危害也越严重。虫害严重时,降雨和适时灌溉能明显减少危害。灌溉对鼠害也同样具有重要的抑制作用。

草坪适时灌溉是改变小气候,调节温度的重要措施之一。夏季干旱时,会严重影响草坪生长发育,降低竞技(使用)价值。适时灌溉可降低温度,增加湿度,使草坪获得最大功用效果。高尔夫球场果岭区,在炎热夏季如在中午喷洒水,将会大大降低周围空气温度,有利于草坪旺盛生长。

冬季适量适时浇水可防止草坪冻害的发生。我国南方高尔夫球场如在冬季期间注意水分调节,不仅可保证冬季正常绿度,还能防止冬季低温对草坪的伤害作用。北方高尔夫球场,在冬季来临前 30 天加强水分管理,草坪会顺利越冬,翌年可提早萌发返青。

(二)高尔夫草坪灌溉特点

第一,球场草坪灌溉面积大,需水量多。而整个球场大部分为草坪覆盖,这就要求高尔夫球场草坪灌溉系统不仅能满足灌溉用水量,而且要具备综合管理灌溉设备的能力。

第二,球场内不同区域的草坪需水量不同。高尔夫球场内的果岭、发球台、球道、高草区内种植的草坪草种、坪床土壤类型相同,而且草坪的使用要求也不同。因此,不同区域的草坪草在灌溉量、灌溉时间上均不相同,尤其对于果岭,灌溉管理要求更为精细。这决定了要实施精确灌溉,灌溉系统必须结合不同草种和使用情况区域化灌溉。

第三,灌水周期性。高尔夫球场草坪面积大,灌溉并不是一次完成的,需要经过严格的计算,制定合理的灌溉制度进行随机循环、轮流灌溉。

第四,灌溉的景观效果。不同于一般的园林灌溉,高尔夫球场景色优美,草坪灌溉不仅要满足草坪草的需水、保持喷洒效果,最重要的是灌溉设备在使用和维护时不能破坏草皮,影响景观效果。

高尔夫球场的灌溉不同于园林和农业灌溉,灌溉设备要求高,灌溉更均匀,管理也更高,没有灌溉就不可能有高质量的高尔夫球场草坪。对球场的不同区域应当划分不同的灌溉区域,以便适应不同草坪的用水需求。例如,果岭、发球台、球道和长草区的草坪不同,每个类别草坪都有不同的灌溉需求,应当分为不同的灌溉区域。

(三)高尔夫草坪灌溉原理

科学用水的原则是,用最少或最经济的水量获得最满意的效果。这样就必须了解高尔夫草坪生长期土壤水分的变化规律。

1. 北方高尔夫球场草坪土壤水分变化规律

春季:3~5 月。此时气温逐渐升高,草坪生长日趋旺盛,是冷季型草坪草一年生长最旺盛的时期,耗水量很大。此时气温正处于春旱少雨时期,土壤急需补充水分,此时是补水最频和最大月份之一。

夏季:6~8 月。气温达到一年中最高水平,超过了冷季型草坪适宜生长温度范围,草坪生长反而受到抑制,生长处于休克状态,耗水量仍然很大,失水以株间蒸发为主。为保证顺利越夏,应结合土壤情况适时灌溉。

秋季:8月下旬~10月底。土壤温度逐渐下降,气候转凉,冷季型草坪在此阶段前期生长加快,后期生长变缓,耗水量减少。

冬季:11月~翌年2月底,冷季型草已近冬眠,一般的高尔夫球场都陆续封场放假。此时地面温度下降快,水分蒸发量迅速减少,应控制浇水,逐渐减少浇水频率;待当地封冻后,可以停止浇水。

2. 南方高尔夫球场草坪土壤水分变化规律

10月~翌年5月中旬为旱季,5~10月为雨季,雨旱季分明。旱季期间草坪生长除了12月~翌年2月中旬温度过低,草坪生长变缓外,其余时期生长仍很旺盛。土壤耗水量很大,需要大量补水。雨季雨量过高易形成涝害。雨季期间暖季型草坪生长最旺盛,蒸腾剧烈,雨季期间个别月份温度过高、持久,易出现暂时、反复旱象,应根据土壤情况及时补水。

(四)灌溉用水量

1. 灌水时间

灌溉季节,在一天内的大部分时间均可灌水。但应避免在炎热的夏季中午灌水,以防烫伤,而且此时蒸发量最大,水的利用率低。夜间灌水,可避免上述情况,但人们往往担心叶面湿润时间太长容易引发病害。夜间灌水的这一弊端,可通过施用杀菌剂来解决。清晨灌水,阳光和晨风可使叶面迅速变干,是较为理想的灌水时间。但对于非自动控制的喷灌系统,夜间和清晨灌水对操作人员会带来一些不便,因此,傍晚灌水也是较好的选择。灌水时间还会受到人为活动的限制。高尔夫球场基本上都在夜间灌水,这样不会对白天球员打球产生影响。

灌水延续时间的长短,主要取决于系统的组合喷灌强度和土壤的持水能力,即田间持水量。当喷灌强度大于土壤的渗透强度时,将产生积水或径流,水不能充分渗入土壤;灌水时间过长,灌水量将超过土壤的田间持水量,造成水分及养分的深层渗漏和流失。

因此,一般的规律是,沙性较大的土壤,土壤的渗透强度大,而田间持水量小,故一次灌水的延续时间短,但灌水次数多,间隔短,即需少灌勤灌;反之,对黏性较大的土壤则一次灌水的延续时间长,但灌水次数少。

2. 灌水周期

灌水周期,即灌水间隔或灌水频率,灌水过于频繁,会使发病率高,根系层浅,抗践踏性差,生长不健壮;而灌水间隔时间太长,草坪会因缺水使正常生产受到抑制,影响草坪质量。

灌水计划不是一成不变的,应根据不同季节按旬或月为单位制定,但在实际执行时需参照实际灌水效果和天然降雨情况随时加以调整。

一般草的根系深度为 10~20 厘米,这个深度也是我们灌溉时水应当保持的深度(太深草根部吸收不到、浪费,太浅没有充分利用有效的水容积);土壤持水量是 20% 左右,说明我们最多能够一次灌水 20~40 毫米,如果一次使用完所有的储水深度,以后让草坪通过每天消耗水分,约 5~6 毫米土壤内的储水,它可以大约用 4~7 天,这就是一般草坪的灌溉周期数。

高尔夫球场要求是每天都补充当天草坪所消耗掉的水分,所以它的灌溉设计和管理上计算的用水量方法不一样。它是用一天内 6~8 个小时灌完所有的草坪来计算用水量的。这是最大可能的灌水要求,实际上按照分组灌溉、按照一定周期灌水比较节省费用,如对于需水量不太敏感的长草区,可以把灌水周期定为 3 天左右一次。

高尔夫草坪用水量根据草种不同,球道、发球台和果岭的草坪不同,每次灌溉的用水量也不同。其他临时用水按合计用水量的 10% 计。

3. 灌溉时机

灌溉开始时间,取决于草坪植物何时开始失水萎蔫;最佳的灌溉时间,应在草坪植物临近萎蔫的时候。当草坪植物的蒸腾失水超过根部吸水而产生内部水分胁迫时,萎蔫便出现了。为了避免对草坪造成严重损害,灌溉必须在草坪出现永久萎蔫前进行。践踏后留下的脚印,是草坪植物即将萎蔫的迹象。脚印观测法,是指践踏一片草坪区域后观测草坪草恢复原有直立状态的速率。一般来说,水分亏缺的草坪叶片经践踏后恢复的速度要比正常叶片慢,从而留下了明显的印痕。

4. 灌水效率

灌水效率,是指灌水被植物利用的百分数,按照灌水形式分,一般行业界普遍公认的灌溉水的利用效率为:滴灌系统 80%~90%;旋转喷头 70%~80%(大田、高尔夫球场喷头);散射喷头 60%~70%(园林景观用的喷头)。

(五)高尔夫草坪节水综合技术

1. 草坪修剪

正确修剪草坪可节省大量的水分,如提高修剪高度或减少修剪次数。提高修剪高度,可使草坪草向土壤深层扎根,继而吸收土壤深层的水分。降低修剪次数,可以减少修剪伤口,剪草次数越多,伤口外露机会越多,暴露时间越长,水分损失越严重。剪草应使用锋利刀片,粗钝刀片会导致伤口愈合时间延长,进而增加失水。

2. 控制草坪营养

干旱年份,应少施肥、多使用富含磷、钾的肥料。高比率的氮会引起草坪快速生长,叶片处于幼嫩状态,因而需水更多,更容易萎蔫。磷、钾肥料均能增加草坪草的耐旱性。

3. 综合养护节水

综合养护作业利用得当,可以节约大量水分。如较厚的枯草层易产生浅根化并导致渗水缓慢,此时用垂直剪切机进行剪切就可增加透水和透气,即使补水也不会造成径流浪费,也可促使根系向土壤深层发展,草坪草可利用深层蓄积的水分。使用打孔机进行打孔,水更易渗进土壤,进而减少径流。

4. 湿润剂

湿润剂亦称渗透剂。其作用是能增加水分效率,令肥料和农药均匀分布在土壤根系层。渗透剂作用原理能使水形成较永久的水滴,减少水与固体或其他液体之间的张力。干旱地区高尔夫球场施用湿润剂,能增加沙质土壤的湿度。沙质土壤中添加湿润剂,水能很快渗入土壤并被草坪根系吸收。湿润剂使用后应立即浇水,否则易伤害草坪。此外,也可在高尔夫球场高草区选择耐旱种和品种。

5. 选择耐旱品种

新植草坪时,可栽植耐旱的草种和品种。种植前,施加有机质和其他改良土壤的物质,以提高土壤的持水能力。

第二节　高尔夫球场草坪灌溉系统

草坪生长需要充足的水分,仅依靠天然降水不能满足草坪生长的要求,进行人工补水就显得十分必要。高尔夫草坪灌溉,是人为补充因土壤自然缺水的一种衡水方式,它对草坪草正常生长和发育具有多方面的作用和意义。

一、喷灌系统的组成

一个完整的喷灌系统一般由喷头、管网、泵站和水源组成,如图6-2所示。

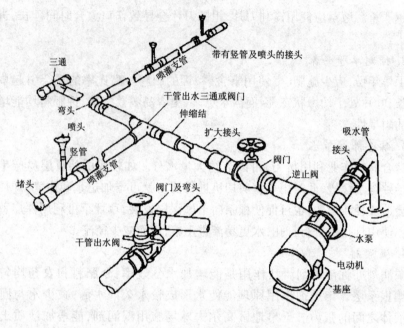

图 6-2　喷灌系统组成示意图

（一）喷头的选型与布置

1. 喷头的选型

喷头用于将水分散成水滴,如同降雨一般比较均匀地喷洒在草坪种植区域。选择喷头时,除需考虑其本身的性能,如喷头的工作压力、流量、射程、组合喷灌强度、喷洒扇形角度可否调节之外,还必须同时考虑诸如土壤允许喷灌强度、地块大小形状、草坪草品种、水源条件、用户要求等因素。另外,同一工程或一个工程的同一轮灌组中,最好选用一种型号或性能相似的喷头,以便于灌溉均匀度的控制和整个系统的运行管理。

用于喷灌的喷头类型很多,可以根据喷头的安装位置、喷洒方式、工作压力等,将喷灌喷头分为几大类。

（1）根据安装位置分类

根据喷头的安装位置与地面的相对关系,可分为地埋式喷头和地上式喷头两大类。

①地埋式喷头

地埋式喷头也叫弹出式喷头。这类喷头只有喷头顶盖在地面上,其余部分全部埋入地下。在非工作状态下,喷头顶部与地面同高,在地面上运动、行走时不产生障碍,是高尔夫球场使用较多的喷头。

②地上式喷头

地上式喷头就是喷头体安装在地面以上一定高度的喷头。实际上,包括地埋式喷头在内,任何喷头都可以安装在地面以上,但与地埋式喷头不同的是,专用于地上喷洒的喷头没有保护外壳,也不具备喷嘴弹出机构,不能安装于地下。常见地上式喷头的类型主要是摇臂式喷头。

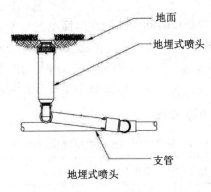

图 6-3　地埋式喷头

（2）根据喷洒方式分类

根据喷头的喷洒方式,可分为散射式喷头和旋转式喷头两类。

①散射式喷头

这种喷头的水流在以喷头为中心的圆形或扇形区域内,同时向区域各方向喷洒,水滴覆盖全部喷洒面积。这种喷头结构简单,工作可靠,性能稳定,使用方便。但由于喷射半径比较小,因此这类喷头特别适合小面积、庭院等处的草坪、园林花卉喷灌。

②旋转式喷头

这种喷头在喷洒的同时,压力水流驱动喷头转动机构旋转,水流在同一时间只在一个方向或两个方向喷洒,转动机构旋转一周,比散射式喷头复杂得多。旋转式喷头由于水流经喷嘴形成流束,并以一定的喷射仰角射流,使喷洒距离比较远,需要的工作压力也较大。目前,高尔夫球场喷灌基本上都采用旋转式地埋喷头。

（3）根据工作压力分类

按喷头的工作压力大小,喷头可分为低压喷头、中压喷头和高压喷头。

表 6-1　喷头工作压力分类

喷头类型	工作压力（MPa）	射程（m）	特点
低压喷头	<0.2	<15.5	射程短
中压喷头	0.3~0.5	15.5~22	喷灌强度适中
高压喷头	>0.5	>22	喷灌范围大

　　土壤的喷灌强度是指单位时间内喷洒在地面上的水量。我们一般考虑的是组合喷灌强度,因为灌溉系统基本上都是由多个喷头组合起来同时工作。对于喷灌强度的要求是,水落到地面后能立即渗入土壤而不出现积水和地面径流,即要求喷头的组合喷灌强度($\rho_{组合}$)应小于或等于土壤的水入渗率。各类土壤的允许喷灌强度($\rho_{允许}$)的参考值见表 6-2。

表 6-2　各类土壤的允许喷灌强度（mm/h）

土壤类别	沙土	壤沙土	沙壤土	壤土	黏土
允许喷灌强度	20	15	12	10	8

　　喷头组合喷灌强度的计算公式为:$\rho_{组合}（mm/h）= 1000q/A$

　　公式中:q 为单喷头的流量（m^3/h）;A 为单喷头的有效控制面积（m^2）。另外,土壤的允许喷灌强度随着地形坡度的增加而显著减小。如坡度大于 12% 时,土壤的允许喷灌强度将降低 50% 以上。因此,对于地形起伏的工程,在喷头选型时需格外注意。

　　2. 喷头的布置

　　喷灌系统中喷头的布置,包括喷头的组合形式、喷头沿支管上的间距及支管间距等。喷头布置的合理与否,直接关系到整个系统的灌水质量。

　　喷头的组合形式,主要取决于地块形状以及风的影响,一般为矩形和三角形,或为其特例正方形和正三角形。矩形或正方形布置,适用于地块规则,边缘成直角的条件。这种形式设计简便,容易做到使各条支管的流量比较均衡;三角形或正三角形布置,适用于不规则地块,或地块边界为开放式,即使喷洒范围超出部分边界也影响不大的情况。这种布置抗风能力较强,喷洒均匀度要高于矩形或正方形,同时所用喷头的数量相对较少,但不易做到使各条支管的流量均衡。有时地块形状十分复杂,或地块当中有障碍物,使喷头的组合形式为不规则形。但在多数草坪喷灌系统中，可尽量采用正方形或正三角形布置。

（二）管网

管网的作用，是将压力水输送并分配到所需灌溉的草坪草种植区域。管网由不同管径的管道组成，分干管、支管、毛管等，通过各种相应的管件、阀门等设备将各级管道连接成完整的管网系统。现代灌溉系统的管网，多采用施工方便、水力学性能良好且不会锈蚀的塑料管道，如 PVC 管、PE 管等。同时，应根据需要在管网中安装必要的安全装置，如进排气阀、限压阀、泄水阀等。

1. 主管

主管，有时也称为干管，主要的作用是给支管输送水。主管设计工作，主要是布置管道的位置、方向。布管的时候，管道总长度应尽量短。有地形高差的坡地，一般应使干管沿主坡方向布置。管道通过道路时要使用外套护管，埋深不得少于 70 厘米，道路是主行车道时，要使用砼套管保护管道。管道布置，要防止损坏区域内的其他管线。

2. 支管

支管，就是与喷头或灌水器连接的管道。支管一般应平行等高线布置，应尽量使喷灌支管垂直主风向。根据地形，力求使支管的长度与规格一致。支管布置间距，最好是喷头间距（或者其间距）是管道材料长度的整数倍数。

支管水力分析计算时，要求同一条支管上或一个电磁阀控制的范围内的喷头，任意两个喷头之间的工作压力差应在设计喷头工作压力的 20%之内，不然设计的喷头流量就不能假定是一个常量，而应当是一个根据喷头工作压力变化的变量。

主管、支管的排水阀位置和方向可根据现场条件设置，一般设置在最低处。为了便于系统维护，在支管入口处配备 2 寸铜阀。主管、支管的走向和喷头的位置等，会因球场的造型变化而有所调整。

3. 管网布置

管网形式一般由树状管网、环状管网、树状与环状管网混合布置。无论何种形式都要遵守管路最短、流量均匀分配的原则。

（三）水泵

水泵的作用是从水源取水，并对水进行加压并输送至各级管道，最终从喷头喷洒出来。在高尔夫球场中有离心泵、潜水泵和深井长轴泵等水泵类型，不同类型各有其优缺点，以深井长轴泵应用得最广。一个标准的 18 洞球场的喷灌系统一般配置两个主泵和一个辅泵。

（四）水源

井泉、湖泊、水库、河流及城市供水系统,均可作为喷灌水源。在草坪草的整个生长季节,水源应有可靠的供水保证,其蓄水量必须满足喷灌用水,如每次淋水量相当于 4.5~6mm 降雨量、一个 18 洞球场每次用水总量需要 1800~2500m³。同时,水源水质应满足灌溉水质标准的要求。

二、喷灌系统的类型

喷灌系统按自动化程度,可分为自动系统、半自动系统和人工系统;按主要组成和移动特点,可分为固定式、移动式和半移动式 3 种。喷灌系统的选择,要因地制宜,从实际经济技术条件出发。

（一）固定式喷灌系统

固定式喷灌系统,所有管道系统及喷头在整个灌溉季节甚至常年都固定不动,水泵及动力构成固定的泵站,干管和支管多埋在地下,喷头靠竖管与支管连接。草坪固定喷灌系统专用喷头,多数为埋藏式喷头,一般除检修外很少移动。少数非埋地喷头,在非灌溉季节卸下。

虽然固定式喷灌系统需要大量管材,单位面积投资高,但运行管理方便,极为省工,运行成本低,工程占地少地形适应性强,便于自动化控制,灌溉效率高,在经济发达地区劳动力紧张的情况下应首先采用。

（二）移动式喷灌系统

移动式喷灌系统,除水源外,动力、泵、管道及喷头部是移动的,最大优点是设备利用率高,从而可大大降低单位面积设备投资。另外、操作也比较灵活;缺点是管理强度大,工作时占地较多。草坪应用最多的移动式喷灌系统,是绞盘卷管式(图 6-4),其工作原理是利用压力水驱动水涡轮旋转,通过变速机构带动绞盘旋转;随绞盘旋转,输水软管慢慢缠绕到绞盘上,喷头车随之移动进行喷洒作业。如常用的 NAM"迷你猫"系列 120/43 型自走式喷灌系统,性能可调,只需一人操作。整个行程可控制范围可达 120m×40m,最高时速可达 100m/h,速度及喷灌性能可调,并可自行停机。这类喷洒车适用于运动场、赛马场及大规模草坪场地的喷水,尤其适合已建成的大面积草坪。

图 6-4　绞盘卷管式

（三）半固定式喷灌系统

半固定式喷灌系统,动力、水泵及干管是固定的,支管与喷头是可移动的,这与农用半固定式喷灌系统基本相同。干管上留有许多给水阀,喷水时把带有快速接头的支管接在于管上。喷头一般安装在支架上,通过竖管与支管连接。这种系统很少用于草坪。

（四）智能灌溉系统

由于高尔夫球场草坪灌溉的特殊性,增大了草坪灌溉的难度。如何结合高尔夫球场草坪灌溉特点,实现高尔夫球场草坪灌溉的精准化,提高现有节水设备的利用效率等,使草坪管理达到综合化、科学化,是目前高尔夫草坪灌溉研究的热点,而真正实现灌溉完全自动化管理也将是今后高尔夫草坪灌溉发展的主要方向。现在高尔夫球场大都安装了控制系统,通过输入灌溉程序,控制器可输出指令对灌区内草坪进行自动灌溉,这大大提高了灌水效率和草坪管理水平。

智能灌溉系统大致可分为两类,一类是基于的蒸散量草坪精细化灌溉,通过在球场设置传感器,监测球场内气象、土壤的动态变化,结合控制系统实施灌溉。另一类是基于计算机技术的高效灌溉管理,这种系统主要由中央计算机、分控箱、气象观测站等设备组成。通过对中央计算机输出指令,对多个灌溉子系统进行自动控制并实施灌溉。通过灌溉控制器的自动灌溉系统,灌区可按照预先设定好的程序进行灌溉。然而,要改变控制器的程序设置,管理人员就必须到各控制器的安装地点进行设置。每个高尔夫球道至少有一个控制器,通常球道总长多在 5300~6800 米,如此一来,管理人员的工作量就非常大。而使用中控系统,管理人员只需通过计算机对整个球场灌区进行调控,编制灌水日期、灌水延续时间、灌水开始时间等程序,均可由中央计算机完成,从而可以充分发挥球场现有节水设备的作用,对各个控制器进行集中管理,优化调度,提高效益。

中央计算机控制系统,还可对有关的变化参数进行实时监测,使各种设备处于最佳状态,若这些参数超出了设定范围,将会自动做出反应,如中断系统的运行,实现系统的无人化管理。灌溉用水量数据、灌溉运行时间和灌溉系统状态,均可以直接反映在电脑屏幕上。真正的双向通信,能随时了解各控区内喷头的技术参数及运行情况。中央计算机,还能现场记录并储存当天的各种灌水参数并能核查近期的灌水情况;还可以利用数据查询系统和打印系统,随时记录、查询、打印整个灌溉小区的气象资料、土壤湿度、灌溉设置、灌溉进程、灌水历史记录等数据。

中控系统能最大限度地节省人力,对各个控制器进行集中管理,优化调度;从而,可以充分发挥球场现有节水设备的作用,降低运行和管理成本,使灌溉更加科学,有效提高管理水平。

(五)滴灌

滴灌与地面灌溉和喷灌相比,具有省水省工、增产增收的特点。因为灌溉时,水不在空中运动,不打湿叶面,也没有有效湿润面积以外的土壤表面蒸发,故直接损耗于蒸发的水量最少;容易控制水量,不致产生地面径流和土壤深层渗漏,故可以比喷灌节省水 35%~75%。对水源少和缺水的山区实现水利化,开辟了新途径。由于株间未供应充足的水分,杂草不易生长,因而作物与杂草争夺养分的干扰大为减轻,减少了除草用工。由于作物根区能够保持着最佳供水状态和供肥状态,故能增产。但是滴灌系统造价较高。由于杂质、矿物质的沉淀的影响,会使毛管滴头堵塞;滴灌的均匀度,也不易保证。这些都是目前大面积推广滴灌技术的障碍。

滴灌技术是通过干管、支管和毛管上的滴头,在低压下向土壤经常缓慢地滴水,是直接向土壤供应已过滤的水分、肥料或其他化学剂等的一种灌溉系统。它没有喷水或沟渠流水,只让水慢慢滴出,并在重力和毛细管的作用下进入土壤。滴入作物根部附近的水,使作物主要根区的土壤经常保持最优含水状况。

滴灌系统,主要由首部枢纽、管路和滴头三部分组成。

1. 首部枢纽

首部枢纽,包括水泵(及动力机)、化肥罐过滤器、控制与测量仪表等。其作用是抽水、施肥、过滤，以一定的压力将一定数量的水送入干管。

2. 管路

管路，包括干管、支管、毛管以及必要的调节设备（如压力表、闸阀、流量调节器等）。其作用是将加压水均匀地输送到滴头。

3. 滴头

滴头的作用，是使水流经过微小的孔道，形成能量损失，减小其压力，使它以点滴的方式滴入土壤中。滴头，通常放在土壤表面，亦可以浅埋保护。

三、灌溉水源与水质

（一）水源

在草坪草的整个生长季节，应该有充足的水源供应。有三种水源可以作为草坪的灌溉水：井内地下水；湖泊、水库、坑塘中的地面水；河流、小溪内流动的地面水。还有一种水源越来越受到人们的重视，即经处理后的城市生活废水。

1. 井内地下水

在有足够地下水存在时，井水可作为独立的灌溉水源。井水中没有杂草种子，没有病原菌及其他多种多样的有机成分，适于草坪灌溉。井水质量一般变化不大，盐的浓度和其他成分在生长季节不会发生很大的变化，一年中可以测定一两次水质，以确定是否可以用于灌溉。在许多地区，地下水用量大，水位下降，过度干旱，会造成水井干枯；因此，应用井水作水源时，应充分考虑到这个问题。

2. 河流、湖泊

大的河流也是可靠的水源，但水污染有时限制了这种水资源的利用。小河和小溪用来截流拦蓄，同时也是一种灌溉水源，但应注意年储水量能否保证常年灌溉的需要。河水经常含有粒状物质，为了防止阻塞灌溉系统有必要进行过滤。高尔夫球场和其他大面积的草坪常伴有小的湖或池塘，也是很好的水源。如位置得当，这些小湖或池塘也可以通过泉水、地面径流、降雨甚至必要时用城市用水来补充水源。但要注意管理，防止污染，以保持干净的水体，也要防止藻类及其他水生植物的大量侵染。

3. 再生水

再生水，是城市污水、废水经净化处理后达到国家标准，能在一定范围内使用的非饮用水，它的水质介于污水和自来水之间，可用于城市景观和百姓生活的诸多方面。再生水合理回用既能减少水环境污染，又可以缓解水资源紧缺的矛盾，是贯彻可持续发展的重要措施。对于高尔夫产业来讲，使用再生水的好处甚多,如对地下水无害、对球场土壤无污染、对人体健康无威胁、提高草坪景观质量、减少高尔夫球场的维护成本包括水费和施肥成本、减少病虫害防治费用等。当然再生水灌溉高尔夫球场也存在一些潜在的威胁:再生水水质卫生指标不合格,导致人体接触后感病;再生水盐分含量长期过高,影响植物生长;再生水悬浮固体太多太大,堵塞喷头。如果对再生水执行严格的监控,在条件允许的情况下,再生水无疑是高尔夫草坪灌溉最好的选择。

在国外,再生水在高尔夫产业上的应用已有多年的历史,积累了大量的经验。据美国环保部(DEP)调查,至2001年,美国佛罗里达州有419家高尔夫球场使用再生水进行灌溉,占该州高尔夫球场总数的29%(该州约有1450家高尔夫球场,为世界上高尔夫球场最密集的地区之一)。这些球场的再生水用水量占到全州总再生水使用量的19%,为环境保护做出巨大贡献。亚利桑那州、加利福尼亚州、夏威夷、内华达州、南卡罗莱纳州和得克萨斯州也有大量的高尔夫球场使用再生水进行灌溉,其他水资源比较丰富的州最少也有一家高尔夫球场在使用再生水灌溉。在我国,已经有部分地区在政府的干预下逐步实现再生水灌溉。例如2006年2月底,北京市水务局发布了《北京市高尔夫球场用水管理要求》,除了明确规定要对高尔夫球场的用水实行定额管理以外,还规定高尔夫球场的景观用水必须使用再生水。浙江省对高尔夫球场用水提出了原则性要求,《适度建设浙江省高尔夫球场项目的指导意见》提出:"高尔夫球场耗水量大,为节约用水,项目建设的可行性研究报告应有多方案的给水方案进行比选,新建高尔会球场原则上不使用地下水和城市自来水,应积极引导高尔夫球场使用处理后的再生水,实现水循环使用"。相信在不久的将来,再生水会成为高尔夫用水的必然选择。

(二)水质

水是否适用于草坪灌溉,取决于其内部所含物质(包括溶解的和悬浮物质)种类和浓度。许多水中含有大量的盐类、颗粒物、微生物及其他物质,这些物质可以直接伤害草坪或通过影响土壤性质间接影响草坪的生长。水质常见指标及参考值见表6-3。

表6-3　高尔夫球场灌溉用水的水质要求

标准灌溉水的检测内容	参数理想范围
硬度	<150mg/L
电导率 EC	0~1.5mmhos/cm

续表

标准灌溉水的检测内容	参数理想范围
钠 Na	0~50mg/L
盐浓度 TDS	<200ppm
钠的吸收率 SAR	0~4
调整钠吸收率 SAR Adj	0~7
残留碳酸钠 RSC	0~1.25meq/L
pH 值	8.4
硫(以 SO_4 计)SO_4	0~414mg/L
硝酸根 NO_3	0~5mg/L
总碱度(以 $CaCO_3$ 计)$CaCO_3$	1~100mg/L
碳酸氢根 HCO_3	0~120mg/L
氯 Cl	0~140mg/L
硼 B	<0.33mg/L
锰 Mn	<0.2mg/L
铜 Cu	0~0.2mg/L
铝 Al	0~5mg/L
磷 P	0.005~5mg/L
锌 Zn	1~5mg/L
钙 Ca	40~120mg/L
镁 Mg	6~24mg/L
钾 K	0.5~10mg/L
铁 Fe	1~2mg/L

高尔夫球场水源水常碰到的问题如下:

1. 盐分问题

盐分是评价灌溉水源的主要指标,表示水中可溶解性盐的总量。受盐分影响的土地越来越普遍,其原因可以是:灌溉水中含盐;浅层地下水;化肥、有机肥和其他加入土壤中的盐类物质;海水侵蚀或洪水侵袭;使用了易于盐化的沙子;水分保持压限制了盐分的浸出等。由于以上原因存在,高尔夫球场盐分累积会随着时间的推移越来越严重,尤其是使用再生水灌溉的球场,更要从建设球场起就引起重视。

用含盐分和碱度(可交换性钠)高的水喷灌时,可能对叶片造成直接伤害。灌溉水中钠离子增多,相对于钙和镁,会影响植物生长、土壤结构,导致土壤渗透性差,减少水的渗透、渗漏和排水,导致土壤紧实,对土壤结构的破坏也取决于土壤石灰含量和矿物特性、pH 值、钙/镁比率、有机质以及铁和铝的氧化物。

一般来说,可溶盐总量超过 1000mg/L 便会严重影响草坪可吸收的水分。但是这也取决于草(品)种、土壤类型、枯草层厚度和灌溉和土壤管理。高尔夫球场大部分地区排水良好,因此,周期性增加灌溉量、深耕、增加通风、减少土壤紧实,提高渗透作用以使盐分向下移动出根际区,或安装排水管排出过量的水和可溶性盐。

如果土壤中钠含量积累太高,可以加入石膏或者是六合石灰的混合物。石膏可以直接施用在草坪上,也可以与灌溉水一起定比投加。如果灌溉水中钠含量很高,需要施用大量的石膏。与灌溉水定比小量投加相比,大量不定期直接施用更方便有效。草坪草种类与栽培品种之间,以及同种之间的不同品种的耐盐能力是不同的。

2. 钙镁的需要量

当无法决定需要加多少钙和镁时,应该进行水质检测。植物根部和茎部的良好发育需要一定量的钙、镁元素。大多数草坪草生长所需的钙元素含量为 40~120mg/L,而需要的镁元素的含量为 6~24mg/L。通常人们会向草坪基质中施加适量的石灰以提高钙、镁元素的含量和改良土壤。

3. 碳酸盐和碳酸氢盐

当灌溉水的碳酸根离子或是碳酸氢根离子过量时,便会影响土壤结构、植物叶片或灌溉设备。

高尔夫球场土壤渗透性问题也与碳酸根离子和碳酸氢根离子有关,这些离子会与任何钙镁离子发生反应,生成碳酸钙和碳酸镁,这两种物质都难溶于水。这样使得水中钠离子增多。灌溉水中的钙、镁含量很低时,土壤中碳酸根离子或是碳酸氢根离子的含量会升高,这样土壤中的钙、镁离子形成沉淀,以碳酸盐的形式存在。同样,因为产生了难溶的碳酸盐,也会减弱石膏肥料处理以及硫元素添加剂的效果。高浓度碳酸根离子和碳酸氢根离子可能导致营养不平衡,比如减少有效态的钙、镁和铁的吸收。

水的硬度过高,也是破坏许多植物外观美的罪魁祸首之一。硬度高的水中通常含有较多的碳酸钙和碳酸镁。如果水中的碳酸盐含量超过 72.3mg/L,就会在植物叶表面形成白色沉淀物。

4. 水中污染物质

灌溉水的水源,应该注意水中包含的下列物质:悬浮固体(沙子、淤泥和黏土等)、非持久性污染有机物(碳水化合物、脂肪、蛋白质等)持久性污染有机物(苯酚、杀虫剂及氯代烃类等)、病菌类微生物(藻类、真菌及其孢子、细菌、病毒以及寄生虫等)。

5. 离子毒性

离子毒性,是灌溉水中常遇见的问题之一,最常引起中毒的离子就是钠、氯、硼、碳酸氢根等。中毒问题,一方面是随着离子在土壤中的累积产生的;另一方面是对一些比较敏感的植物进行灌溉时对植物造成的瞬间的直接伤害。

钠和氯是最有害的离子,尤其是氯。植物聚集氯,而排斥钙、镁和钾,导致营养不平衡。除了被植物吸收,灌溉水中氯太高的话,灌溉后,由于水分的蒸发而留在叶片上的氯会对叶子产生直接伤害。

硼为草坪草生长所必需的微量元素,但是需要的量很小,缺乏的临界浓度是 0.5m g/L,但灌溉用水含硼量超过 2.0mg/L 时可能会产生离子毒性。

6. 铁

铁为植物生长所必需的微量元素,也是草坪草着色常用的制剂,灌溉水中的铁离子含量只要达到 0.4~0.5mg/L 就会导致植物变色。水中的铁离子在离开喷水装置以后会与空气中的氧气结合,从而形成三价铁离子。这种三价铁离子会附着在草坪草的叶子上,随着灌溉次数的增加不断累积,最终会形成红褐色的沉淀物。三价铁离子也会使其他与之接触的物体表面着色,比如盆器、水管、喷头、聚乙烯材料和沙砾层等。这些都是能看到的,而看不见的、更严重的是高含量的铁会在土壤里形成"铁锅"层,致使孔隙减少和排水不畅,影响高尔夫球场灌溉系统。长期阻塞喷头和阀门,地下管道里形成铁沉淀层会缩小管径,维修代价昂贵,甚至不得不更换新的灌溉系统。然而,需要明白的是,从池塘中抽上来的灌溉水通常是水面以下 0.4~0.7 米的水,越是靠近池塘底部的水,其铁离子含量就会越多。

第三节 高尔夫球场草坪排水系统

排水系统,在高尔夫球场建造施工中是一项极其重要的基础工程。球场草坪草的生长、草坪击球面的质量、球场的管理水平和经营状况等,均与排水系统的设计优劣有密切关系。由于高尔夫球场自身的特殊性,球场排水系统与城市其他区域排水系统有着很大的不同。

第一,高尔夫球场内的草坪不仅要维持一定的景观功能,更重要的是要满足比赛要求。球场就需要用高标准的排水设计来保持一个优良的环境,保证球场硬件设备的完好。因此,高尔夫球场排水系统在设置地表排水系统排除天然降雨的同时,还要设置地下排水系统以维持草坪正常使用功能,以保证草坪的质量、耐久性,减少草坪的养护成本以及保证比赛的正常进行。

第二,高尔夫球场占地面积较大,高尔夫球场草坪排水系统设计与地表起伏的景观设计相吻合,通过地形起伏,将较大的汇水区变成小的汇水区,这使得排水的汇水区域分散化、面积小型化。由于高尔夫球场内各果岭、沙坑大小,球道长度均不同,因此排水差异较大。

第三,高尔夫球场草坪的地表排水系统与城市街道雨水排水系统相似。但不同的是,城市街道为水泥硬表面,降雨后全部产生地表径流,几乎没有下渗雨水。而整个高尔夫球场地面均被草坪所覆盖,并且由于造景和安全性需要,高尔夫球场草坪排出的水分一部分为降雨或灌溉水入渗形成的饱和土壤水,一部分为降雨量形成的地面径流。为了及时排除这两部分水,相应的高尔夫球场草坪排水系统划分为地表排水系统和地下排水系统。

一、地表排水

高尔夫球场地表排水,主要通过地面造型排水和管道排水两种方式。

1. 地面造型排水

地面造型排水,就是通过地面造型设计,使降雨时来不及下渗的水分沿地表自然流出草坪绿地,汇集到球场内的湖、排水沟或雨水井中。地面造型排水的目的,就是为了分散地面径流,从而减少降雨径流对地表的冲刷,因此在设计地面造型时应注意汇水面积不宜太大,否则造成地面径流过多,容易对草坪产生冲刷。

2. 管道排水

管道排水,就是地表汇流与雨水井、地下水排水管道相结合的排水系统。它可以缩短汇水流程,将较大的汇水区域分隔成较小的汇水区。

规划管道排水时应考虑以下原则:

(1)就近排水原则,将多余水向就近容泄区排走,以免造成草坪积水,同时减少排水管内的水流量;

(2)排水管走向根据地形由高到低,排水管段坡度在地形满足的情况下应尽量大一些,保证排水管内水流顺畅;

(3)排水管段不应通过雨水井完全串联在一起,否则会在增大下游管段的流

量,而且连接两个雨水井的管段不宜太长,否则在管段中需要布置检查井;

（4）布设排水管道时,尽量分片布置,减少出水口数量,以免对球场景观造成不良影响;

（5）管线尽可能直,但不允许穿过果岭或沙坑底部。

二、地下排水

高尔夫球场地下排水系统由两部分组成:径流部分称为雨水排水系统;排除渗透水的部分称为渗排水系统。高尔夫球场地下排水系统的主要功能,一是将因降雨、喷灌而汇集起来的径流水分流;二是将土壤中过多的渗透水排除。径流水,可以通过进水口直接进入地下排水管排走;而渗透水则要经过土壤缓慢渗透到透水管中排走,或通过建造渗水沟将渗水排到土壤下层,通过土壤水分移动排走。

1. 雨水排水系统

雨水排水系统,主要由集水井、排水检查井、排水管道、出水口等组成。集水井位于球道、高草区的低洼地汇水区,天然降水或喷灌降水形成的地表径流汇集到低洼地后直接进入集水井,通过排水管排走。集水井构造如图6-5所示。

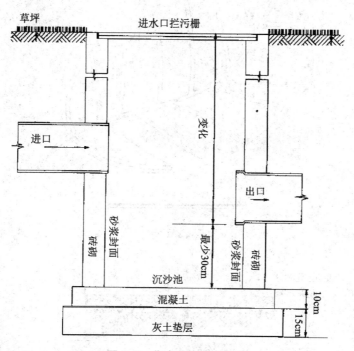

图6-5　集水井构造示意图

排水检查井,位于排水管的交叉汇合处,在球场排水管线上每隔一定距离设置一座。主要用于定期检查线路维护,便于清淤。检查井与集水井的不同之处在于排水系统的进水口位于集水井。

排水管道,按材质可分为塑料类管材、水泥类管材、金属材料管和其他材料四类。现代高尔夫球场排水系统所用的管材大多数采用 UPVC 塑料管、钢筋混凝土管和素混凝土管。塑料管具,有重量轻、易搬运、内壁光滑、耐腐蚀和施工安装方便等优点,在地埋条件下,使用寿命在 20 年以上,并能适应一定的不均匀沉陷。混凝土管的优点,是耐腐蚀、价格低廉、使用寿命长,但性脆易断裂、管壁厚、重量大、运输安装不方便。

出水口一般设置在湖岸的侧壁,其结构比较简单,管口处常安装活动挡板,以防止啮齿动物进入排水管中。

2. 渗排水系统

根据排水方式不同,渗排水系统可以分为渗水沟槽和透水管两类。

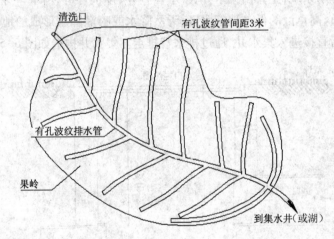

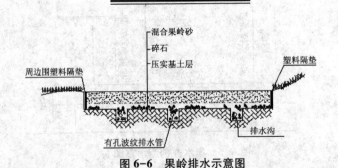

图 6-6　果岭排水示意图

　　现代高尔夫球场多采用透水管,铺设于球场中沙坑、果岭和发球台底部以及球道与高草区的局部地区,土壤和沙层中多余的水分通过管壁或管孔进入透水管排走。透水管在果岭中的铺设方式如图 6-6 所示,透水管在沙坑中的铺设方式如图 6-7 所示。渗水沟槽,主要用于球道和高草区零散的低洼地排水。简易的渗水沟槽有渗水井、渗水沟等,其构造如图 6-8所示。

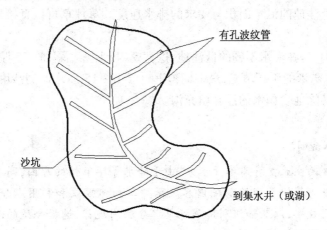

有孔波纹管

沙坑

到集水井（或湖）

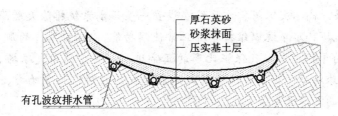

厚石英砂
砂浆抹面
压实基土层

有孔波纹排水管

图 6-7　沙坑排水示意图

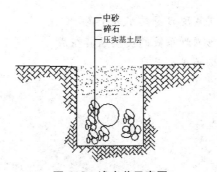

中砂
碎石
压实基土层

图 6-8　渗水井示意图

渗水井又称为旱井。其建造方法是在草坪内面积较小且地表排水不畅的低洼地挖掘深坑,最好挖到沙层,然后在坑底铺设20~50厘米的砾石(粒径为5~20毫米),上层填充中、粗沙,表层覆盖一层10~15厘米厚的沙壤土。汇集在低洼地的水可以通过上层的沙壤土和下层的碎石,快速渗入渗水井底部,然后通过底层土壤中的水分移动而排走。渗水井的挖深,根据现场的土壤剖面结构确定,其大小取决于低洼地的汇水面积与要求的排水速度。草坪草可以直接建植在上层的沙壤土上。

渗水沟,是在渗水不畅的低洼地,挖宽5~15厘米、深15~75厘米的盲沟,用粒径6~20毫米的砾石填充,最上面覆上一层10~15厘米厚的沙壤土,最终形成一条可以排除地表积水的沙砾填充沟。

【本章小结】

草坪草的生长发育离不开水分,由于降水等季节性的原因,高尔夫球场草坪人工灌溉成为草坪养护的基础内容。草坪草如何吸收和利用水分,掌握其需水量及其利用效率,以及如何利用草坪草水分利用规律,选择合适的灌溉方式进行灌溉是草坪灌溉的核心内容。

此外,高尔夫球场还需排除多余的水分,防止积水影响草坪草生长或者影响运动的开展。高尔夫球场排水系统在设置地表排水系统排除天然降雨的同时,还要设置地下排水系统以维持草坪正常使用功能,以保证草坪的质量、耐久性、减少草坪的养护成本以及保证比赛的正常进行。由于高尔夫球场占地面积较大,高尔夫球场草坪排水系统设计与地表起伏的景观设计相吻合,通过地形起伏,将较大的汇水区变成小的汇水区。

【思考与练习】

1. 简述草坪草如何实现自身的水分平衡。
2. 简述高尔夫球场灌溉系统的类型及其组成。
3. 简述高尔夫球场的排水系统。

第七章
高尔夫球场草坪营养与施肥

本章导读

高尔夫球场草坪营养与施肥是草坪养护技术中关键的环节,不同功能区草坪整体质量、色泽与病害情况都和营养与施肥有重大相关性。本章主要介绍高尔夫球场草坪施肥定律、草坪与肥料的关系、草坪的主要营养元素、常见的高尔夫球场草坪肥料以及施肥计划的制订等,综合阐述高尔夫球场草坪营养与施肥的科学方法、技术与注意事项。

教学目标

1. 了解草坪施肥的基本定律、草坪与肥料之间的关系以及草坪草必需元素
2. 了解高尔夫球场草坪主要肥料的种类与特性
3. 能自我制订高尔夫球场草坪施肥方案与计划

第一节　高尔夫球场草坪营养与施肥概述

草坪草生长需要一定的营养,施肥是高尔夫球场养护的一项重要手段。高尔夫草坪营养与施肥,实际上是指高尔夫球场草坪的施肥科学与技术。它同灌溉、修剪、打药作业一样,是维持和保证草坪草生长发育的重要手段,对获得高质草坪起着极为重要的作用。同其他护养措施一样,对维护高质量草坪草的生长起着极为重要的作用。然而,在给予植物所需的营养元素时,要遵循营养学的基本定律。

一、草坪施肥的基本定律

草坪和农田、草地、林地一样,要维持良好的生长状态,必须有充足的养分供应。管理草坪,仅有种类齐全、数量充足的肥料是远远不够的,还要懂得施肥的技术和科学的方法。科学的施肥技术和方法,来源于施肥的基本原理。这些基本原理包括:

1. 养分补偿定律

19世纪初,德国化学家 Lieberthet 提出:随着植物的每次刈割,必然要从土壤中带走大量的养分;如果不正确地归还养分于土地,地力必然会逐渐下降;要想恢复地力,就必须归还从土壤中带走的全部营养;为了增加产量就应该向土壤施加营养元素。

2. 最小养分定律

1843年,德国化学家 Lieberthet 提出,决定植物产量的是土壤中某种对植物需要来说相对含量最少而非绝对含量最小的养分;最小养分不是固定不变的,而是随着条件的变化而变化;继续增加最小养分以外的其他养分,不但难以增产,而且还会降低施肥的效率。最小养分定律主要指矿物养分。

3. 报酬递减定律

18世纪后期,欧洲经济学家杜尔哥(Anne Robert Jacques Turgot, 1721—1781)提出:一定土地的所得报酬随着向该土地投入的劳动和资本量的增加而增加,但当投入的单位劳动和资本的持续增加到一定程度后,报酬的增加却会逐渐减少。许多草坪施肥试验说明:草坪生长会随施肥量的增加而增加,但在达到一定阶段后,草坪生长速度反而会降低,植物生长规律呈倒"U"形曲线。

4. 米采利希定律

在19世纪初,米采利希等人提出:只增加某种养分单位时,引起生长量增加的数量,是以该养分供应充足时达到的最高生长量与当时的生长量之差成正比。也就是说,增施某种养分的效果,以土壤中该种养分越不足时效果越大。继续增加该养分的施用量,增长效果将逐渐减少。

5. 限制因子定律

1905年,英国植物生理学家布莱克曼(F.F.Blackman, 1866—1947)提出:增加一个因子的供应,可以使植物生长增加,但是遇到另一个因子不足时,即使增加前一个生长因子也不能使植物生长增加,直到缺少的因子得到补充,植物才能继续生长。

6. 最适因子定律

德国化学家 Lieberthet 提出：植物生活条件变化的范围很大,生长受许多因素的影响,植物适应的能力有限,只有当影响生长的因子处于中间地位,才最适于植物生长,生长量才能达到最高。当生长因子处于最高或最低时,不适于植物生长,生长量可能为零。

7. 因子综合作用定律

植物增长是影响植物生长发育的各种因子(如水分、养分、光照、温度、空气、植物种类以及养护条件等)综合作用的结果。其中必然有一个起主导作用的限制因子,这一限制因子在一定程度上制约着植物的生长和发育。

8. 四因子匹配定律

1996 年,马宗仁提出：草坪、肥料、病害、气候四因子需要互相匹配,只有在相互匹配的情况下,所施肥料才能促进草坪健康生长;反之,无视它们之间的交互作用,很可能受到惩罚。

二、高尔夫球场草坪与肥料的关系

1. 水与肥料效应

肥料与水分在一定条件下成正相关,即水分越多,肥料效应越大。在无水或较干的情况下,少施氮肥可减少生长,降低蒸发,节约水资源。相反,多施磷肥可抗旱。

2. 草坪草种类与肥料效应

由于地域性差别等原因,球场草种差异较大。冷季型草坪草进入夏季后,当遭受长期的干旱和高温胁迫,温度达到28℃以上时,冷季型草坪草的光合作用降低,碳水化合物合成减少,草坪草进入休眠,表现为生命活动明显降低,生长停止。暖季型草坪草冬季的几个月一般都处于休眠状态,失去叶绿素变成枯黄色,光合作用停止,不能合成碳水化合物。伴随着春季气温升高,暖季型草坪草从休眠中缓慢恢复,盛夏生长速度达到最快,秋季气温下降后,暖季型草坪草又转入休眠。另外,不同的草种对肥料的敏感性不同,北方生长的草坪草需肥量少于南方。一般可分为耐肥和耐贫瘠两种。

3. 营养元素相互作用效应

肥料正效应：草坪草同时施用两种养分的增长效应大于每种养分单独使用的增长效应之和,称为肥料的正效应。

肥料负效应：草坪草同时施用两种养分的增长效应小于每种养分单独使用

的增长效应之和,称为肥料的负效应。

肥料零效应:草坪草同时施用两种养分的增长效应等于每种养分单独使用的增长效应之和,称为肥料的零效应。

一般情况下,氮肥的最高肥效是在足够数量的磷和钾的基础上取得的;反之,钾肥的最高肥效只有在施足氮肥的基础上才能表现出来。

4. 病害与施肥

由于肥料的营养元素的组成和施肥量对诱发草坪草病害产生相关性,因此,在制订年度施肥计划前,要对前一年草坪草病害发生的原因及其严重的程度进行分析。生理性病害的发生往往是营养失调所引起,出现黄化或白化现象。大多数的草坪草病害与偏施氮肥有相关,如褐斑病、镰刀枯萎病、锈病、霜霉病等。果岭草坪草生长状况不良,如较稀、根系新根少、草黄等,都是缺氮和磷的表现。

5. 土壤与施肥

不同地区的土壤,所含的营养成分及含量有所差别,与降雨量、矿物质含量密切相关。每年度制订施肥计划前要对球场土壤进行全面的营养测试。取得较详细的数据,并与历年的历史资料进行对比。了解土壤中各化学元素的变化、土壤酸碱性的变化和土壤有机质的变化等。根据分析取得的数据决定肥料成分和施肥量。

6. 气候与施肥

高尔夫球场草坪对气候变化非常敏感。由于气候条件的差异,各地区球场草坪的绿色期不同,球场的使用期也因此不同。施肥量和施肥次数也应根据球场草坪的绿期而定。因此,根据气候变化施肥是解决草坪不同时段施肥的依据之一。

7. 草坪质量与施肥

高尔夫球场不同功能区对草坪质量的要求不一样,通常果岭草坪质量高度体现了球场管理的最高水平。果岭草坪质量要保证创造一个平滑、翠绿、适密、匀整的击球面,这就需要对草坪有较高的诊断水平,并且施肥时要把握好用量、比例等。

第二节 高尔夫球场草坪必需营养元素

高尔夫球场草坪草体内含有大量水分及各种化合物,如将草坪草烘干即得干物质,其中包括无机物和有机物,二者共同构成植物体。其中,有机物来自光合作用,无机物来自土壤。植物生长发育和完成其生命周期需要 16 种基本元素,其中碳、氢、氧来自空气和水,并很快为草坪植物所利用,余下的 13 种元素则需要由植物根系从土壤中吸收。根据草坪植物生长需用量的不同,通常可将 13 种无机营养元素分为主要营养元素、次要营养元素和微量元素 3 类。

一、主要营养元素

氮、磷、钾构成草坪主要营养元素,亦称草坪营养三要素,是草坪生长吸收量最高,起关键作用的元素。

1. 氮

植物体内含有大量的含氮化合物,氮的形态包括(NO_3^-、NH_4^+)、低分子量有机氮化合物(氨基酸、酰胺)和高分子量有机氮化合物(蛋白质、核酸)。草坪草对氮的需求量比其他任何无机元素都多。据测定,正常草坪草的干物质中,氮素约占总重的 3%~5%。氮在草坪草生长中有很多重要的功能。氮是构成酶、蛋白质和氨基酸的重要成分,是生长素、细胞分裂素、维生素 B_1、维生素 B_2、维生素 B_6 和辅酶 A 的重要构成部分,在草坪草细胞伸长、分裂及代谢中起重要的作用。此外,氮素含量的高低还跟草坪草抗高温性、耐旱性、耐寒性、耐磨性、枯草成积累、再生潜能等密切相关,适量的氮素可以增加草坪草的这些抗性。

一般而言,随着氮素的增加,草坪草的叶色逐渐变绿。在适宜的氮素水平下,氮素的增加可以促进草坪草地下部分的生长和地上部分的分蘖,可以促进草坪草根、根茎和匍匐茎的生长和碳水化合物的积累。如氮素过少,草坪草生长受到抑制,分枝和分蘖受阻,叶少而小,草坪呈现稀疏、枯黄。但氮素过量,同样会造成一定的问题。氮素过量,会引起草坪草地上部分疯长,叶片柔弱,形成大量枯草层,从而造成草坪排水不畅、通气差,增加草坪发病率。氮素也是叶绿素构成成分之一,随着氮素水平降低,叶片逐渐失去绿色,因此缺氮症状常从老叶开始逐渐向幼叶扩展。叶片发黄现象是用来鉴定草坪氮素丰缺乏的指标之一。

2. 磷

磷也是草坪草生长所需的大量营养元素之一。土壤中大多数含磷在 0.2~1.0g/kg,而土壤溶液中能被植物直接吸收利用的有效磷的含量则更低,为 0.003~0.5mg/L。当磷肥施入土壤后,草坪草大多数情况下仅吸收施入磷肥的 10%~40%,其余则被固定为草坪草不能直接吸收的有机或无机磷形态。

在草坪草植物体内,磷含量范围一般为 0.10%~1.00%(干重),其适宜范围为 0.20%~0.55%。磷存在于磷脂和核酸中,不但是细胞质遗传物质的组成元素,在植物的新陈代谢中,磷也是草坪体内糖分转化和淀粉、脂肪、蛋白质形成不可缺少的物质。大量的磷集中在草坪草幼芽、新叶、根顶端生长点等代谢活动旺盛的部位。因此,磷充足时有利于幼芽生长及根系发育,增加草坪草的持续分蘖。此外,磷能促进可溶性糖的储存,因此其能提高草坪草的抗寒、抗旱及耐践踏的能力。

草坪草缺磷时代谢过程会受抑制,茎叶转为紫褐色,分蘖、新根减少。缺磷症状一般先在老叶出现,最先表现为茎叶生长受阻并显现出暗绿色,随着磷素继续缺乏,老叶片由暗绿色逐渐变为紫红色;从外形来看,草坪草植株矮小,叶片窄细,分蘖少。

3. 钾

草坪草体内的钾与氮、磷不同,它不是细胞的组成成分,呈离子状态和可溶性钾盐存在或吸收在原生质表面。与钾、磷相比,钾在草坪体内较易移动,因此钾很容易再度利用。

钾是很多酶的活化剂,在蛋白质、碳水化合物代谢和吸收作用中发挥作用,钾还能提高细胞的浓度,降低冰点,强化草坪机械组织,增强草坪草抗逆效能。缺钾时,植物体内代谢紊乱,失调,外观上叶片颜色严重时呈现枯焦,变成黄褐色。由于植物体内钾能被再度利用,所以一般病症在生长后期才逐渐表现出来。症状从老叶逐渐向上扩展,要是新叶也表现缺钾症状,表明草坪植物已严重缺钾。

禾本科草坪草缺钾初期,全部叶片呈蓝绿色,叶质柔软,并卷曲,以后老叶的尖端及边缘变黄,变成棕色以致枯死,叶片像烧焦状。其他草坪植物缺钾一般始于叶尖和叶缘处,首先出现黄绿色晕斑,严重时变成红铜色或棕褐色枯死斑点,且叶发软,叶尖下勾,叶片边缘向下卷曲,叶面凹凸不平,严重时,叶肉部分将会呈现黄色,叶缘会干枯、残破。

二、次要营养元素

草坪草生长发育所必需的钙、镁、硫,其含量低于主要营养元素(氮、磷、钾),但高于微量营养元素,通常将它们列为次要营养元素。

1. 钙

在草坪草中,钙含量与磷相似,一般为干重的 $0.5\% \sim 1.25\%$,钙主要分布在草坪草的茎叶中(特别是老叶含钙量高于嫩叶),根部较少。草坪草通常以游离 Ca^{2+} 形式吸收土壤中的钙营养,在体内钙以游离 Ca^{2+},也可以草酸钙、碳酸钙等化合态物质集于液泡、细胞壁、叶绿体及内质网膜系统中。钙是细胞壁、叶绿体的主要成分之一,钙参与细胞分裂,是细胞分裂所必需的成分。

缺钙条件下,草坪草细胞有丝分裂纺锤体不能形成,出现多核细胞现象。这样的细胞不能正常分裂,草坪草根系生长点死亡,影响根系伸展。钙能维持草坪草体内养分的渗透平衡,保持原生质膜的完整性和渗透性。钙在草坪草体内移动性很小,缺钙时症状首先出现在幼嫩叶片和茎生长点上。缺钙时草坪叶尖变黄,枯焦坏死,根茎生长点和幼叶片呈现症状。此外,Ca^{2+} 与 H^+、NH_4^+、Mo^{2+} 和 Na^+ 离子有拮抗作用,施肥时应加以注意。

2. 镁

在草坪草组织中,镁含量一般为 0.7%~0.11%,主要分布于茎叶中,根系中较少。镁在土壤中以 Mg^{2+} 的形式被草坪草吸收。草坪草组织中,70% 以上的镁与无机阴离子和有机酸阴离子如苹果酸、柠檬酸等结合以扩散状态存在,部分镁则与草酸、果胶酸和植酸等结合以不扩散状态存在。镁是草坪草叶绿素的主要成分之一,为光合作用和叶绿素形成所必需。镁离子参与呼吸作用、氮代谢与蛋白质合成过程。镁还存在于细胞液泡中,有助于调节细胞膨胀,维持细胞中阴阳离子平衡。

草坪草缺镁最明显的症状是缺绿。叶片脉间先失绿,严重时出现坏死斑点,叶易枯萎脱落,较老叶片出现症状,这也是坚定镁丰缺的形态指标之一。镁与某些离子(如 K^+、Ca^{2+})产生拮抗作用,施肥时应多注意,镁含量过高,会导致草坪草对钾、钙的吸收收到抑制,尤其在土壤阳离子交换低的沙性土壤中,施含镁物质过多易发生草坪草缺钾、缺钙现象。

3. 硫

在草坪草组织中,一般含硫量为干重的 0.1%~0.5%,一般茎叶中含硫较根部高。硫是蛋白质和酶的主要组成部分。参与草坪草机体的氧化还原反应过程,缺硫时植株矮小,细胞分裂受阻,叶片小,呈黄色且易脱落。硫在草坪草体内不易移动,缺乏时幼叶出现发黄症状。

三、微量营养元素

在草坪草生长发育过程中,需用量很少,但无可替代或缺的营养元素有铁、硼、锰、铜、锌、钼、氯等,被称为微量元素,对促进草坪生长发育也具有显著的效果。

1. 铁

草坪草对铁的需要量较其他微量元素多一些。草坪草能吸收二价或三价形态的铁(Fe^{2+} 或 Fe^{3+}),通常状况下土壤容易中铁离子浓度很低,但土壤中微生物与植物活动分泌出的某些有机化合物(如草酸和柠檬酸等)可与铁(还有锰、锌、钙和镁)键合形成可溶性的螯合物,从而被草坪草直接吸收利用。在草坪草体内,铁参与光合作用过程,主要是促进叶绿素的形成。铁在植物内不易移动,缺乏时从幼叶开始出现症状。在碱性土壤上草坪常有缺铁症状,缺铁时幼叶呈淡黄色。

2. 硼

硼参与草坪草体内糖分的运输,并与蛋白质的合成、细胞壁的构成、质膜的稳定有一定的关系。缺硼时草坪草组织易撕裂,生长受到抑制,前期根系产生大量侧根、侧芽,后期生长点死亡。草坪草呈现簇状,叶片失绿,枯死、变形或脱落。但草坪草很少会出现缺硼,却很容易发生硼中毒,特别是在干旱地区含硼和钙高的土壤中或者灌溉水中硼含量高时。草坪草硼中毒水平是 $100 \sim 1000 mg/kg$(干物质)。硼中毒症状是老叶叶尖和叶缘失绿,而后叶组织死亡(坏疽)。

3. 锰

草坪草根系吸收的锰主要是 Mn^{2+} 形态的锰,但也可吸收有机络合态的锰。Mn 参与光合作用,为叶绿体正常结构所必需。缺乏时叶绿素形成受阻,其典型症状是叶片脉间失绿,有坏死斑点,新叶最新发生病症。

4. 铜

植物吸收的铜有 Cu^{2+}、$Cu(OH)^+$ 形态的铜和水溶性螯合态铜。铜在植物体内具有中等程度的移动性,并且大部分铜是以化合物的形态存在。铜元素参与草坪草光合作用,是许多氧化酶的组成成分。草坪草缺铜症状表现为从幼叶到中龄叶片变黄、叶缘失绿,叶尖出现蓝白条带并凋萎,进而变黄、死亡,植株矮小并且叶片呈卷曲或扭曲状。不过沙质土壤含铜较高,草坪需求极少。

5. 锌

草坪草中很少发生缺锌(还有铜、钼)。锌与光合作用和呼吸作用释放二氧化碳有关,也影响生长素的合成。草坪草缺锌首先表现在幼叶上,具体症状为叶片黄化,同时伴有杂色的小叶,叶缘卷曲或呈皱纹状。叶片越嫩,症状越明显。

6. 钼

禾本科需钼量很少,而具有生物固氮作用的豆科作物和其他植物则需钼量较大。植物吸收的钼是 MoO_4^{2-} 和 $HMoO_4^-$ 形态的钼。钼在植物中的移动性很强。钼是硝酸还原酶的组成成分,参与氮的代谢,因此缺钼症状与缺氮症状相似。即老叶失绿和生长不良,叶片出现某些褐斑,叶脉间发黄。老叶呈灰绿色,是用以鉴定缺钼的主要形态指标。

7. 氯

氯广泛存在于自然界中。植物吸收的氯是 Cl^- 形态的氯。它在植物体内具有很强的移动性。氯主要参与光合作用形成过程。一般草坪草对氯元素的需要量极微小,一般小于十个 ppm,草坪草一般不会发生缺氯。

第三节　高尔夫球场草坪肥料简介

凡施入土壤或喷洒于草坪草叶片、能直接或间接地供给草坪草养分、或能改善土壤理化性状、逐步提高土壤肥力而不对环境产生有害影响的物质称为草坪肥料。目前,国内草坪肥料的种类繁多,分类及命名也没有统一的原则和方法。高尔夫球场草坪的专用肥料也是最近几年兴起的,随着施肥技术、肥料生产技术及工艺的发展,未来的高尔夫球场草坪肥料必然走向进一步交叉和融合,新兴的高尔夫球场草坪专用肥将不断涌现。但是不管如何命名,根据肥料的成分、来源、性质,主要把高尔夫球场草坪肥料分为有机肥料、无机肥料、复合肥料、微生物肥、微量元素肥和高尔夫草坪专用肥料。

一、有机肥料

有机肥料含有大量的有机物质和营养元素,其优点是养分全、肥效长、有保肥和缓冲作用,同时可减缓因施用无机肥料(化肥)引起的土壤板结或土壤盐碱化等现象。而且有机肥料又是一种良好的改良剂,能有效改善高尔夫球场草坪品质并能有效改良土壤、提高土温以及改善土壤物理性状等。

有机肥料的缺点是,营养元素含量低,肥劲不足。所以一次施用量比无机肥料大,通常体积较大,施肥时比其他肥料困难,而且有些有机肥料还具有难闻的气味。在高尔夫球场草坪中通常把有机肥料作为缓释肥料使用,在球场草坪坪床建植前施入土壤。

与传统农业中的农家肥,包括厩肥(人粪肥、猪粪肥、牛粪肥、马粪肥、家禽粪尿等)和堆肥(堆肥是杂草、皮壳、垃圾、灰土以及部分粪尿等混合堆积起来,通过微生物的分解作用制成的有机肥料)等有机肥相比,高尔夫球场草坪有机肥在原料的选择上有很大不同。在原料的选择上更注重环保,目前主要的原料会选择芝麻饼、花生粕、豆粕、啤酒渣、葡萄糖发酵渣、氨基酸粉、骨粉、皮粉、羽毛粉、腐殖酸铵、干血、海藻、海鸟粪等。这类原料内含丰富的纤维素、半纤维素、脂肪、蛋白质、氨基酸、激素及腐殖酸等,还含有氮、磷、钾、硫、钙、镁及微量元素等各种矿质养分,是一种完全肥料,对高尔夫球场草坪土壤基质层比较有益。在肥料的有效成分上,通常会选择具有环保和改良作用的原料,如钾源通常选用硫酸钾。

二、无机肥料

无机肥料也称为化学肥料,它是一种肥效快、使用普遍的草坪肥料。根据所含营养元素种类以及化合物的形态或溶解性,可分为:氮肥、磷肥、钾肥、钙肥、硫肥、镁肥、铁肥等。其中使用最多的为氮肥、磷肥和钾肥。

(一)氮肥

土壤中有机氮和无机氮数量有明显差异,仅依靠自然供给难以维持高质量草坪的生长,人工补充氮肥就显得极为重要。高尔夫球场草坪最常使用的氮肥有两大类,即速效氮肥和缓释氮肥。

1. 速效氮肥

速效氮肥主要包括铵态氮肥、硝态氮肥、酰胺态氮肥,总的特点是易溶于水、易被草坪吸收、肥效反应快。

(1)铵态氮肥——硫酸铵[$(NH_4)_2SO_4$]

理化性质:工业用硫酸铵为白色结晶,农业用硫酸铵晶体略带黄色或棕色。硫酸铵带有咸味,易吸收空气中的水分而黏结成块,易溶于水,稀释性小,有良好的物理性质,便于储存和施用,是生理酸性肥料。

施用与肥效:硫酸铵是草坪上应用比较广泛的氮肥种类之一。它含氮 20.5%~21%,作基肥时用量为 $50 \sim 100g/m^2$。对于缺硫土壤而言,它也是一种很好的硫源,长期使用硫酸铵,会导致土壤酸化,应配合石灰石或有机肥。硫酸铵施入后,铵离子或者很快被草坪植物吸收或者被土壤胶体吸附,而硫酸根则多半留在土壤溶液中。因此在酸性的土壤中大量施用会增加土壤酸性。

注意事项:

①对于草坪建植,施用后要及时灌水或趁雨追施,可以更好地发挥肥效。

②在存放时不宜与碱性肥料(草木灰、石灰氮等)或碱性物质(石灰等)接触或混用。

③在酸性土壤上施用硫酸铵与石灰时,要间隔 3~5 天。

(2)硝态氮肥——硝酸铵(NH_4NO_3)

理化性质:相对分子质量 80.04,外观为白色结晶,无臭,相对密度 1.725,熔点 169℃。此类氮肥吸湿性强,具有强氧化性,常温下稳定,加热则部分分解并释放氨气,因残余硝酸而呈酸性。它 160℃ 左右开始熔融,随着温度升高分解加剧,在 260℃ 时发生爆炸分解,遇硫黄或某些有机物时会发生爆炸。

施用与肥效:硝酸铵是草坪施肥中广泛应用的氮肥种类之一,既属于铵态氮肥又属于硝态氮肥。它含氮34%,中性或弱酸性反应,吸湿性强,易结块。在干旱地区黏质土壤上,它既可以做基肥,又可以做追肥,但在多雨地区沙质土壤上,不宜做基肥,做追肥一般提倡分期施用,用量一般在$20g/m^2$较好。

注意事项:

① 硝酸铵有助燃性,存放时一定要注意避免发生火灾。

② 硝酸铵易潮解,运输、存放时要注意防潮,如已板结,要在施用前碾碎。

③ 硝酸铵不能与新鲜有机物混合施用,以免发生反硝化作用造成氮素损失。

硝酸钙:$Ca(NO_3)_2$

理化性质:为钙质肥料,有改善土壤结构的作用;吸湿性强,生理碱性肥料。它不能被土壤吸附,易淋失,能增加土壤pH值。

(3)酰胺态氮肥——尿素$[CO(NH_2)_2]$

理化性质:普通尿素为白色晶体,呈针状或棱柱状晶体,吸湿性强,中性。长期施用对土壤无不良影响。尿素在土壤中的转化与土壤酸度、湿度、温度等条件有关,温度高时转化快。

施用与肥效:含氮44%~46%,是固体氮肥中浓度最高的氮肥,最好做追肥施用。施用时应深施覆土,避免养分流失。施用后不宜立即灌水,用量一般为15~$20g/m^2$。

注意事项:

①尿素转化成碳酸铵后,在石灰性土壤上同样有氮素挥发损失问题。

②当尿素中缩二脲含量超过2%时,作根外追肥对草坪植物易发生毒害,所以,不宜用于叶面喷施,但施于土壤中并无害处。

2. 缓释氮肥

由于高尔夫球场草坪养护作业和草坪生境的特殊性,速效氮肥的损失和浪费特别严重,这自然降低了氮肥的施用效率。我们把能够在整个生长季节,甚至几个生长季节慢慢地释放植物养分的肥料,称为控制释放肥料,简称控释肥,也称为长效肥或缓效肥。这类肥料的养分释放速率能与植物需肥规律相一致或基本一致,能最大限度地提高肥料利用率、防止养分对环境的污染以及提高草坪品质。因此,新型控释肥被认为是21世纪化肥发展的方向。

目前,主要的缓释氮肥有甲醛尿素(UF)、异丁叉二脲(IBDU)、包硫尿素(SCU)以及高分子包膜肥料等。其中,高尔夫球场应用较广的是甲醛尿素。它含氮38%,其分解以微生物分解为主,也有一部分化学分解。包膜肥料包裹的肥料可以是尿素,也可以是复合肥,肥料通过硫或高分子物质包裹,当水分扩散进膜内将肥料溶解时,养分才会释放。通过膜的厚度和膜上细孔的数量可以控制养分释放的快慢,因此常将包膜厚度不一的颗粒混合起来达到氮的均匀释放。缓释氮肥释放矿质氮取决于肥料组成和环境条件,其供氮速率可能满足不了草坪草生长需要,所以,在高尔夫草坪施肥实践中,缓释氮肥一般用作基肥,同时,为防止氮肥脱节,可将速效氮和缓释氮肥混合使用,以保证既迅速又长久的肥效供应。

(二)磷肥

高尔夫球场草坪上磷肥的应用不如氮肥广,磷肥可以分为天然磷肥、有机磷肥、工业副产品和化学合成磷肥。它们的有效成分为 P_2O_5,通过 $H_2PO_4^-$ 和 HPO_4^{2-} 电荷形态草坪吸收利用。磷肥有一个问题需要注意:与土壤易发生化学反应,易被土壤固定,所以不宜于建坪前过早施用或施到离根系层较远的地方。有条件的地方可于施用磷肥前先打孔,以利于肥料进入根层。

1. 无机磷肥

(1)过磷酸钙

过磷酸钙不是单纯的一种化合物,主要成分为磷酸二氢钙 $Ca(H_2PO_4)_2$ 和石膏 $CaSO_4 \cdot 2H_2O$ 等。

理化性质:过磷酸钙是疏松多孔的粉状或粒状物,主要成分为磷酸一钙,副成分是硫酸钙,还有少量游离磷、游离硫酸、磷酸二钙以及磷酸铁、铝和镁等。加热时性能不稳定,加热至 120℃ 以上并继续加热时,五氧化二磷水溶率下降。

施用与肥效:过磷酸钙为速效肥,是草坪磷肥中最常用的肥料,其中磷酸钙是草坪草中能够直接利用的,它的 P_2O_5 约占 20%,并且还含有 $CaSO_4$,$CaSO_4$ 在其中起脱水剂的作用,以提高过磷酸钙的物理性质。适用于各种土壤和各种作物,可作基肥、追肥和种肥。它做追肥时一定要早施,而且要注意施肥深度和位置,应以施到根系密集土层为原则,用量为 $80 \sim 100 g/m^2$。作根外施肥时,喷施浓度一般为 $1\% \sim 3\%$,喷施时间一般宜在早晨无露水时或傍晚前后进行,便于吸收。

注意事项:

①磷肥一般含游离酸,作建植肥料时,应该注意对种子发芽率的影响。

②不宜与碱性肥料混用,以免降低有效性。

③不合理的大量施用磷肥,不仅会降低肥效,而且还会引起禾本科草坪缺锌的问题。

(2)重过磷酸钙($Ca(H_2PO_4)_2H_2O$)

理化性质:无色三斜晶系结晶或白色结晶性粉末,相对密度 2.22,稍有吸湿性,易溶于盐酸、硝酸,微溶于冷水,它含 P_2O_5 约占 45%,不含 $CaSO_4$,所以磷的含量比过磷酸钙高,一般不单独施用,而以高效复合肥形式施用。

施用与肥效:重过磷酸钙用法与普通过磷酸钙相同,用量应减少一半,由于重过磷酸钙不含石膏,对喜硫的草坪植物效果还不及普通过磷酸钙。

2. 有机磷肥

骨粉,是最常见的天然有机磷肥,其中磷素的释放取决于含磷有机物的降解。骨粉在酸性土壤上肥效显著,它可以降低土壤的酸度,但相对过磷酸盐来说比较贵。

3. 化学磷肥

目前市面上主要的化学磷肥有过磷酸铵、磷酸钾和偏磷酸钾等。其中,过磷酸铵是高尔夫草坪上应用比较广泛的速效磷肥,但它有酸化土壤的作用。

(三)钾肥

高尔夫球场草坪上应用钾肥比磷肥多,但是比氮肥要少。由于钾较易流失,且植株会过量吸收钾,因此也要少量多施,不可一次用量过高。同时钾肥能降低因施氮量过多所引起的对冷、热、干旱和病害的消极作用。钾肥种类较多,主要有氯化钾、硫酸钾、硝酸钾和偏磷酸钾,所有的钾肥都是水溶性的。

1. 氯化钾(KCl)

理化性质:氯化钾是高浓度的速效钾肥,含 K_2O 约 60%,肥料中还含有氯化钠约 1.8%,氯化镁 0.8%和少量的氯离子,水分含量少于 2%。氯化钾一般呈白色或浅黄色结晶,有时含有少量铁盐而呈红色。氯化钾物理性状良好,吸湿性小,溶于水,呈化学中性反应,也属于生理酸性肥料。由于价格低廉,该肥在高尔夫球场广泛施用,它的盐指数较高,含氯47%。

施肥与肥效:氯化钾与硫酸钾一样适宜做基肥或早期追肥,肥效也相近,但一般不宜做种肥。在酸性土壤中,氯化钾和硫酸钾均是生理酸性肥料。钾离子被作物吸收或土壤胶体吸附,氯离子与土壤胶体中氢离子生成盐酸,土壤酸性加强。这就增加了土壤中活性铝、铁的溶解度,加重对作物的毒害作用。所以长期施用较多的氯化钾,也要注意增施有机肥或石灰,以降低土壤的酸性;在石灰性土壤中,残留的氯离子与土壤中钙离子结合,形成溶解度较大的氯化钙,在排水良好的土壤中,能被雨水或灌溉水排走。在干旱或排水不良的地区,会增加土壤氯离子的浓度,对作物生长不利,因此这种地区应控制氯化钾或氯化铵的用量。

注意事项:

①对忌氯草坪草一般不宜施用氯化钾,以免降低草坪质量。

②透水性差的盐碱地不宜施用氯化钾,会增加盐害。

③沙性强的土壤施用氯化钾时,应配合施用有机肥料。

2. 硫酸钾(K_2SO_4)

理化性质:纯净的硫酸钾为白色晶体,吸湿性弱,不宜结块,易溶于水,是速效肥料。硫酸钾属于生理酸性肥料,施入后会增加土壤酸性。在石灰性土壤中,会造成土壤板结。

施用与肥效:硫酸钾适用于一般高尔夫草坪植物,其可以做基肥和追肥,一般做基肥或早起追肥效果较好。对于保持水肥能力差的沙性土,应基肥和追肥结合,分别施用,施用量 $10 \sim 20 g/m^2$。

注意事项:

①硫酸钾必须与氮、磷化学肥料配合使用,才能发挥其肥效。

②酸性土壤中施用硫酸钾,要适当施入石灰或磷矿粉,既可以提高磷的利用率,又不至于增加土壤酸性。因为其中含有较多的硫,是较好的草坪钾肥,其价格比氯化钾高很多,但它的盐指数低,含氯不超过 2.5%。

3. 硝酸钾(KNO_3)

高度水溶性,吸湿性小,长期施用会引起土壤抗凝絮作用,起土壤悬浮剂的作用。硝酸钾中钾的含量不如氯化钾和硫酸钾高,但是含氮超过 13%。此外,硝酸钾存放不当容易产生火灾,因此使用不广泛。

(四)钙肥

石灰是最主要的钙肥,主要包括生石灰、熟石灰、碳酸石灰三种。此外,一些含钙的化合物和工业废渣也可以做钙肥用。

1. 生石灰

主要成分是氧化钙(CaO),物理性质是表面白色粉末,不纯者为灰白色,含有杂质时呈灰色或淡黄色,具有吸湿性,含 CaO 为 90%~96%。它中和土壤酸性的能力很强,此外,还有杀虫、除草和土壤消毒的功能。

2. 熟石灰

主要成分是氢氧化钙($Ca(OH)_2$),溶解度较小,中和土壤酸度的能力也较强。

(五)硫肥

含硫化合物大多数是水溶性的,因此极易流失。由于硫素是植物细胞重要的组成部分,所以补充硫肥是相对重要的。其中石膏是高尔夫球场最重要的硫肥,也可以作为碱土的改良剂。硫酸铵、硫酸钾、过磷酸钙等都含有硫。大气中的硫也是草坪草重要的硫源之一,其中 SO_2 可被高尔夫球场草坪草直接吸收,或随着降雨带到土壤中从而被吸收。

(六)镁肥与铁肥

硫镁钒、磷镁矿、硫酸钾镁、泻盐以及镁质石灰岩都是制作镁肥的原料,通常这类镁肥适宜于酸性土壤,易溶于水;硫酸亚铁和螯合铁是常用来补铁的肥料,这类肥料也易溶于水。

三、复合肥

复合肥,是结合有机肥料和无机肥料的优点而开发的一类肥料。此类肥料兼具有有机肥料和无机肥料的优点,同时又有效地克服了有机肥料和无机肥料的缺点。

复合肥,通常通过化学反应过程以工业规模生产的化学肥料,每一个颗粒的养分成分、含量及比例完全一样。复合(混)肥按生产工艺又可分为粉状混合肥料、颗粒混合肥料、粉肥或浆料混合粒以及液体或悬液混合肥料四大类。粉状复合肥由于不适于机械化施肥,现已经很少施用,颗粒复合肥具有工艺简单、设备和加工成本低的特点是目前常用的肥料,液体或悬液混合肥是草坪专业肥发展的方向。通常状况下,复合肥的施用量和施用频率需根据球场草坪养护强度的不同而有所差异。

四、微量元素肥料

微量元素肥料,主要是一些含硼、锌、钼、锰、铁、铜、氯等营养元素的无机盐类、氧化物或螯合物。如 $FeSO_4 \cdot 7H_2O$、FeEDTA、$MnSO_4$、MnEDTA、$ZnSO_4$、ZnEDTA、$CuSO_4 \cdot 5H_2O$、CuEDTA、钼酸钠、钼酸铵、硼酸钠等。

多数情况下,微量元素肥料施用是不必要的,土壤中的微量元素常常能够满足草坪草生长的需要,施用其他肥料时也常常有微量元素。

微量元素肥料经常用做叶面追肥,以确保某一缺素症状得以解决,但不能过量,以免出现微量元素中毒现象。

五、微生物肥

微生物肥是一种辅助性肥料,本身不含植物需要的营养元素,而是通过其中微生物的生命活动,改善草坪营养条件。如固定空气中的氮素,参与养分转化,促进草坪植物对养分的吸收,分泌各种激素刺激植物根系发育,抑制有害微生物活动等。

微生物肥一般与有机肥混合施用,而不单施。常见的草坪微生物肥为适合草坪草吸收的固氮菌肥,固氮菌肥独立存在于土壤中。微生物肥的肥效一般受土壤等环境条件的严格限制,在不适宜的条件下,微生物肥中的微生物被抑制甚至死亡。

六、高尔夫球场草坪专用肥

高尔夫球场草坪专用肥,是根据高尔夫球场不同功能区草坪草的种类、生长状况、气候条件和草坪用途等不同情况,专门设计的全价肥料。理想的高尔夫草坪专用肥,不但能合理地调整氮、磷、钾等肥料的比例,还含有适量的水溶性氮和非水溶性氮,快慢结合,定向控制氮素、钾素等的释放。

目前,我国高尔夫球场施用的草坪专用肥有国产的,也有进口的,价格、性能等差异较大,使用时需根据自己球场的实际情况酌情施用。但总体的流行趋势呈现多元化发展,从而实现真正意义上的"专用"。国内部分厂家甚至可以满足客户定制的需求,客户通过对自身球场的土壤检测、草坪状况调查,确定肥料的比例及相关要求,然后厂家就可以针对客户的定制需求生产该球场专用的肥料。高尔夫球场草坪专用肥主要分为四大类。

1. 高尔夫球场固体颗粒专用肥

这类肥料是针对高尔夫球场各功能区不同草坪的生长需求、不同地区土壤环境而生产的固态颗粒肥料,它符合高尔夫不同功能区草坪草种以及不同地域高尔夫球场草坪的生长需要,土壤的特点,可以做到适时、适地、适种、适肥的需求。

此类肥料又可按高尔夫球场各功能区可分为高尔夫果岭专用肥、球道专用肥、发球台专用肥等类型,是高尔夫球场高尔夫专用肥的首选。同时又可以进一步对产品细分,如根据不同季节施用不同的专用肥料,按不同肥料配比生产的专用肥料(高氮型、高钾型、高磷型、氮钾型、通用型等),以及各种抗逆型专用肥等。此类专用肥料为细小的、物理性状均一化颗粒,可以保证施肥更加均匀。颗粒要求通常高于普通化肥,其生产工艺比普通化肥要严格和复杂,一般高尔夫球场草坪专用肥料的颗粒直径都保持在0.5～2.5毫米,其中果岭肥要求最高,颗粒直径控制在0.5～1.5毫米之间,生产的颗粒匀细。其化学性状均一,每一颗肥料都含有相同含量配比的氮磷钾素和微量元素养分,从而确保施用后草坪植物获得相同数量的养分,提高其质感、弹性与密度,获得均一生长、色泽一致草坪。

固体颗粒肥养分释放稳定,普遍属缓释肥,肥力更强劲。能较好地控制肥料的缓慢释放,能让草坪得到充分的吸收。这样,不仅能最大提高肥料的利用率,也能降低流失率,通常市面上的专用肥料其肥效保证持续在2~3个月至8~9个月,使肥料的成本降低,而且流失率也会减少。固体颗粒匀细,施肥时易于操作同时可避免剪草机低修剪时肥料的流失,规范的肥效释放模式可以保证没有灼伤的危险,也几乎没有渗漏流失,不仅对环境有益,而且其经济性也得到了提高。

2. 高尔夫液态专用肥

高尔夫球场液态专用肥料,通常只能由喷雾器或喷灌装置通过一定比例兑水的方式施入草坪中,能加快草坪叶片及根系对养分的吸收。由于其肥效快、高安全性、环保性以及大多数能与草坪杀菌剂、除草剂、杀虫剂兼容,节省混合施用的时间,在高尔夫球场养护管理中的应用越来越普遍。液体专用肥通常只提供短期的效果,如要追求长期持久的肥效建议还是选用固体颗粒缓释肥。

液态专用肥,通常有依据不同生长季节开发的液体专用肥,依据不同肥料配比生产的专用肥料(高氮型、高钾型、高磷型、氮钾平衡型、钙辅助剂、螯合铁肥及其他螯合态微量元素等类型)。

3. 高尔夫球场专用微量元素肥

高尔夫球场通常建立在沙质土壤层上,容易缺乏各类微量元素。针对不同地域、不同气候特征的球场可能出现的部分微量元素严重缺失从而影响草坪生长的状况,出现了种类较多的高尔夫球场专用微量元素肥。

这类肥料主要是一些含钙、硼、锌、钼、锰、铁、铜、氯等营养元素的无机盐类、氧化物或螯合物。如 $FeSO_4 \cdot 7H_2O$、$FeEDTA$、$MnSO_4$、$MnEDTA$、$ZnSO_4$、$ZnEDTA$、$CuSO_4 \cdot 5H_2O$、$CuEDTA$、钼酸钠、钼酸铵、硼酸钠等。当然多数情况下,微量元素肥的施用是不必要的,土壤中的微量元素常常能够满足草坪草生长的需要,施用其他肥料时也常常有微量元素。微量元素肥料经常用做叶面追肥,以确保某一缺素症状得以解决,但一定不能过量,以免出现微量元素中毒现象。

4. 高尔夫球场专用微生物肥

随着高尔夫球场开业年限的增加,高尔夫球场草坪枯草层将逐渐增厚,同时后期频繁的运动强度以及过度的化肥施入造成球场土壤日益板结、酸化,并造成水体和环境污染现象时有发生。同时,人们环保意识的不断提高,开始考虑减少化肥用量,增加高尔夫微生物肥料的施入量。

高尔夫球场专用微生物肥料,是指含有活性微生物的特定肥料,将它用到高尔夫球场草坪的营养施肥中,从而能够获得特定的肥料供应。它和微量元素肥有本质的区别,微生物肥料是活的生命,而微量元素肥是矿质元素。微生物肥料其实就是一种高效无毒、无污染和无公害的新型菌肥。可满足人们保持生态平衡,合理开发、改造自然的要求。微生物肥料,具备长期使用可以建立起土壤的良性循环功能体系,化肥施用量也可逐渐减少,从而获得更好的经济效益和生态效益。

高尔夫球场专用微生物肥料可以概括为三大类。第一类是,通过微生物的生命活动,增加高尔夫球场草坪营养元素的供应量,改善草坪生长的营养状况。微生物肥料在土壤中和有害微生物相互拮抗,还能产生抗病、防病乃至治虫的作用,代表性的产品有根瘤菌、固氮菌、解磷菌等。第二类是,微生物的代谢物质,如氨基酸等,将它和矿质微量元素加以配合,制成液态或固态的产品,达到刺激作物生长和抗御病虫的作用。第三类是,借助微生物腐解有机质的功能,加速对草坪枯草层的分解作用,从而缓解高尔夫球场土壤基质层的板结、紧实现状。微生物肥料,可用于拌种、浸种、蘸根、做底肥、追肥,沟施或穴施,但以拌种最为简便、经济、有效。

高尔夫球场专用微生物肥料的施用时,要在开袋后应该尽快施入草坪,否则其他细菌就可能浸入,使微生物菌群发生改变,影响其使用效果,也要避免在高温干旱条件下使用。高温和干旱会影响微生物菌群的生存和繁殖,不能使肥料发挥其良好的作用。这种肥料还应避免与未腐熟的农家肥、过酸或过碱的肥料混合使用。这两类肥料会因为温度或酸碱度而影响微生物肥料的正常发挥。此外,微生物肥料还应避免与农药同时使用,化学农药都会不同程度地抑制微生物的生长和繁殖,甚至杀死微生物。

第四节　高尔夫球场草坪施肥计划

高尔夫球场草坪植物通常生长在沙土上,肥力贫瘠且缺养分,不能满足草坪草生长的需要,施肥成为高尔夫球场草坪管理中的重要措施之一。然而,草种不同、季节不同、草坪区域不同,其肥料种类选择,施肥时间以及施肥量的确定等,都是草坪管理者经常遇到的问题。事先制订高尔夫球场草坪施肥计划,实际施用时根据计划执行或者视实际情况适当调整施肥方案,是草坪管理者能否正确给草坪施肥的关键。

一、高尔夫球场草坪肥料年施用量概况

尽管高尔夫球场不同的功能区,对肥料的需求不同,但是肥料施用的频率、种类和用量,与人们对草坪的质量要求、天气状况、生长季的长短、土壤状况、灌

溉水平、修剪物的去留、草坪草种等多种因素相关。高尔夫球场草坪肥料施用计划,应综合以上诸多因素,科学制定,无一规范模式可循。

通常情况下,我国高尔夫球场草坪每年应施肥两次以上,特别是在草坪草的生长季节内施用(北方冷季型草3月或4月的前期施肥可以使草坪提前2~3周萌发返青,10月或11月末,可以延长草坪绿期,促进次年返青和分蘖枝密度;南方暖季型草每年的春末和仲夏是两个最主要的施肥时期),肥料以全肥(氮、磷、钾)为佳,它们间肥料的配比为 N:P:K=10:6:4(其中氮总量的1/2应为缓效氮肥),一般单次施氮量约为 $7~10g/m^2$。通常草坪草一年的生长季内对氮肥的需要量见表7-1。根据表7-1的数据以及结合氮磷钾肥料间的配比关系,各高尔夫球场草坪管理人员就可以根据自己球场的实际情况基本估算年施肥量以及施肥次数。

表7-1 各类高尔夫球场草坪草年需氮肥量

冷季型草坪草		暖季型草坪草	
草坪草名称	生长季内需纯氮肥量(g/m^2)	草坪草名称	生长季内需纯氮肥量(g/m^2)
匍匐翦股颖	20~30	狗牙根	20~40
草地早熟禾	20~30	钝叶草	15~25
细弱翦股颖	15~25	结缕草	15~25
普通早熟禾	15~20	巴哈雀稗	10~25
高羊茅	15~20	地毯草	10~15
黑麦草	15~20	假俭草	5~15
粗茎早熟禾	10~20	野牛草	5~10
紫羊茅	10~15		

二、高尔夫球场草坪年度施肥计划设计

冷季型高尔夫球场草坪草和暖季型高尔夫球场草坪草,各有不同的年度施肥计划。对任何一个球场而言都没有固定的施肥计划可供选择,只有一些施肥的基本原则与建议供草坪管理人员参考,需要管理者根据实际情况,在实践中得到最适合的施肥计划。我们以氮肥为例,分别介绍南北不同球场的年度施肥计划。

1. 冷季型高尔夫球场草坪草年度施氮肥计划

冷季型草坪草,春季从休眠状态中返青后开始快速生长,在炎热的夏季生长开始变慢,秋季伴随气温的下降,草坪草重新开始快速生长。草坪草春季返青,消耗了大量储存的碳水化合物用于快速生长,但快速生长所形成的绿色组织可通过光合作用合成碳水化合物来进行补偿;夏季,由于高温的压力,草坪草生长缓慢;秋季,草坪草生长速度又趋于加快,但其生长速度慢于春季,原因是,草坪草需储藏一部分碳水化合物以备第二年返青使用。

针对冷季型草坪草全年的生长特性,提出合理的氮肥施用计划,即春季轻施氮肥,秋季重施氮肥,而夏季只在草坪草出现缺绿症状时才施用少量氮肥(特别适合用缓释氮肥)。其中,重施秋肥的依据是,在秋季,冷季型草坪草根系的最适生长温度低于地上部分,秋季伴随气温的下降草坪草地上部分生长变慢,深秋时地上部分停止生长。由于土壤温度还适于根系生长,并且土壤降低速度慢于气温,所以根系仍可正常生长一段时间,此时施用的肥料可促进根系生长并为第二年储备营养起作用。

表7-2是依据施肥原则为冷季型草坪草拟订的一个参考施肥计划,具体的实施还需管理者依据当地实际情况综合考虑来决定。每一次施肥的具体开始时间要依据当地的气候条件而定,其中春季两次施肥和8月、9月两次施肥的间隔时间都应是30~40天。深秋施肥的时间决定于当地的气温和土温变化,一般开始于日均温度在10℃~15℃时较好,如北京市一般年份是10月下旬至11月初。总的施肥原则是,既不能使草坪草因"饥饿"而缺绿,也不能因过量施肥而任其徒长[①]。

表7-2　冷季型草坪草氮肥施用计划

施肥时间	每100m² 施氮量(kg)
3~4 月	0.244~0.367
5~6 月	0.244~0.367
6~7 月	足够防止缺绿即可
8 月	0.489
9 月	0.489
深秋	0.489~0.733

① 徒长:指作物在生长期间,因生长条件不协调而茎叶生长过旺。徒长会影响作物的产量与品质。

2. 暖季型高尔夫球场草坪草年度施肥计划

暖季型草坪草,冬季的几个月一般都处于休眠状态,失去叶绿素变成枯黄色,光合作用停止,不能合成碳水化合物。伴随着春季气温升高,暖季型草坪草从休眠中缓慢恢复,盛夏生长速度达到最快,秋季气温下降后,暖季型草坪草又转入休眠。

由于生长规律的不同,暖季型高尔夫球场草坪草的施肥计划,不能照搬冷季型草坪草的施用计划,而要依据环境和土壤条件做出具体决定。暖季型草坪草,一般建议施氮量是每 100 平方米每生长月施用 0.5 千克。有些地区暖季型草冬季不休眠(如热带地区),前面讲的均衡施肥同样适用于暖季型草坪草,既不能让草坪草因缺肥而失绿,也不能因过量而徒长。除热带以外的许多地区,暖季型草坪草有相当一段时间虽然未完全休眠,但生长速度缓慢,这时施氮量应相对减少。

总之,在对高尔夫球场草坪草制订施肥方案时,需要注意氮、磷、钾的比例控制在 10∶6∶4 为宜。但这并不是绝对的,也需要根据实际情况因地制宜。北方春季施肥,南方秋季施肥。施肥应该和浇水密切配合,以防止施用不当对草坪草造成的损伤。

三、高尔夫球场草坪各功能区肥料施用计划

为了全面掌握不同功能区草坪的营养状况,在实践中,高尔夫球场草坪管理人员往往根据草坪颜色、密度和修剪次数等经验估算出高尔夫草坪施肥量。比较科学的方法是,应每年在春季和夏末至早秋时节,对不同功能区草坪根系层土壤进行两次全价营养分析(氮、磷、钾以及其他微量元素)。若一年只进行一次全价营养分析,最好在夏末至早秋时节进行。通过详细的草坪营养测试,再结合土壤、气候等因素,再制订出符合球场要求的具体详细的施肥计划,从而使施肥有的放矢,避免浪费。

(一)果岭草坪施肥计划

果岭草坪,是高尔夫球场草坪管理最精细的功能区,所需要的养分因灌溉量、土壤保持养分的能力、气候和草坪草种或品种的不同而不同。草坪管理人员必须根据球场果岭草坪实际情况,甚至单个果岭草坪的情况进行细致的分析,制订具体的施肥计划。

1. 果岭草坪施肥原则

为了保持果岭草坪光滑、稠密、均一、翠绿的外观,一般对果岭草坪施重肥。近年来,为了减少病虫害和降低养护费用等,施肥量已有所下降,果岭草坪的施

肥量以不引起病害、不影响球速为准。总的施肥原则是,重氮肥、轻磷钾肥,氮肥的施用量比磷钾肥的两倍还多。一般情况下,春秋两季结合打孔可施全价肥,平时追肥多为氮肥,微肥应参照土壤测试结果慎重施用。

2. 果岭草坪施肥时间与施肥次数

果岭草坪施肥时间受季节的影响较大,在草坪草生长旺季、气温和水分条件适合草坪草生长时期,最需要营养,此时应加强果岭施肥。而在环境条件不适合或发生病害时,应避免给果岭草坪施肥,尤其是氮肥,以免草坪因徒长而降低草坪抗逆性。

冷季型草种建成的果岭草坪,应在夏季炎热季节和冬季休眠前减少施肥次数;暖季型草坪建成的果岭草坪,在草坪冬季休眠前也要适当减少施肥次数。北方匍匐翦股颖果岭草坪最重要的施肥时间是夏末,其次是秋末。南方狗牙根果岭草坪最重要的施肥时间是春末,其次是夏季。具体施肥时间应根据每个生长月相应的因素来确定。在生长季节,通常每隔2~4周施肥一次,如施用缓效性肥料可以间隔较长的时间。

果岭草坪施肥一般安排在星期一、星期二、星期三进行或在赛事前3天进行(避免球场客流高峰期)。不同的肥料其施肥时间也不同,如不良的气候来临之前不应施入氮肥,但钾肥则一般在不良气候来临之前施入,以提高果岭草坪的耐磨性和对炎热、干旱或寒冷的抵抗能力。此外,果岭草坪根系层由全沙组成,一般都会产生缺铁。匍匐翦股颖果岭草坪在夏季需要补充一定量的铁,狗牙根果岭草坪需要在春季返青和草坪草根系衰弱时间补铁。

3. 果岭草坪肥料种类与施肥量

果岭草坪需要经常补充氮、磷、钾和铁等肥料,果岭草坪施肥常见的氮、磷、钾比率以5∶3∶2为好。传统的球场草坪施肥以无机肥为主,近年来逐渐转向使用有机肥和无机肥兼施的趋势。果岭草坪施用有机肥以腐熟的畜禽粪肥为佳,而且要经磨碎过筛处理。另外,草坪修剪物在不加或少量添加土壤的情况下经高温堆熟制成有机肥,结合打孔和铺沙作业将肥料施入果岭上。

(1)施氮量

氮是叶绿素的主要成分。缺氮时草坪呈枯黄色、稀疏、密度不高、生长率迟缓等现象。球场草坪推荐的施肥量是,每生长月需施纯氮 $3.7 \sim 7.3 g/m^2$,其中匍匐翦股颖果岭草坪每年一般需要施氮量 $15 \sim 30 g/m^2$,狗牙根果岭草坪则一般需要 $30 \sim 90 g/m^2$。

(2)施磷量

磷肥在果岭草坪中的需要量较少,正常生长的草坪含磷量为氮的1/5。考虑到磷施入土壤后易被铝、铁和钙固定的问题,草坪施磷量应予以提高,一般为施氮量的 1/3 较为恰当。实践中磷肥多与氮、钾等组成的复合肥料一起施入,如果磷肥不以复合肥的形式施入,则常使用过磷酸钙作为单一的磷肥施入。磷肥最好在果岭草坪进行打孔作业措施后施入,这样有助于磷肥渗入土壤中。

(3)施钾量

钾肥对保持果岭草坪中的耐热性、抗寒性、抗旱性及耐磨性和促进草坪根系的发育非常重要。果岭草坪钾肥的施入计划应该根据土壤测试结果制定,一般原则是施钾量为施氮量的 50%~75%。冷季型高尔夫果岭草坪的钾含量高于暖季型高尔夫果岭草坪,所以冷季型果岭草坪的施钾量比暖季型稍低。果岭草坪常见的钾肥是氯化钾和硫酸钾,后者更佳,因硫酸钾可以减少对叶片的灼伤,还能给草坪带入硫素。

(4)施铁量

铁是果岭草坪微量元素中最缺乏的一种,缺乏时严重影响果岭草坪的色泽。尤其是当果岭草坪草根系层的 pH、有机质含量和磷含量较高时,更易缺乏。果岭草坪草缺铁时,可施用硫酸亚铁等进行叶面追肥。含铁肥料施量一般为 $0.6\sim0.9g/m^2$。在缺铁不严重时,可每隔 2~4 周施入一次,在果岭草坪严重缺铁时,铁肥施入量可加大到 $1g/m^2$。铁肥的施入可与农药喷施结合进行,最好在果岭草坪较干燥的时候施入。

(5)其他

果岭草坪草土壤的 pH 值通常用石灰和硫来调整。但有时施入硫以后,由于土壤过度紧实或遇到积水会使土壤内形成嫌气条件,过量施入硫就会与土壤内的某些元素起反应,形成黑色难溶物质。由此造成的果岭“黑土层”有时可达十几厘米深,影响土壤的通透性。当这种情况发生时,可采用打孔通气的方法解决,情况特别严重时,要对“黑土层”进行更换。

4. 果岭草坪草施肥方式

果岭草坪草施肥方式主要以表施追肥为主,并以化肥为主,有时普通的农肥也作为肥料用于坪前基肥。作为追肥施用的化学肥料种类很多,大多数肥料表现为单肥和复合(混)肥,成分以氮、磷、钾为主,甚至也包括一些微量元素在内。在实践中,高尔夫球场果岭草坪施肥更偏重于施用复合(混)肥,单一肥料一般在特殊情况下施用。

(1)有机肥料的施入方式

对于有机肥料,施用前需要用 2 毫米网眼的筛子细筛,具体方法有三种:

① 将加工好的有机肥料与沙子按 4 : 1 的比例直接用铺沙机铺到果岭上；

② 用撒肥机先将肥料均匀撒播到果岭上，然后铺 1~2 毫米厚的细沙,细沙的直径在 0.5~2 毫米；

③ 先打孔,施肥后铺沙,如进行空心打孔,施肥效果更佳。

(2)化肥的施入方式

化肥,是目前果岭追肥中的主要肥料,其施用方法主要包括:表施灌溉、灌溉施肥和深施覆沙三种。

表施灌溉,是将肥料直接撒入果岭草坪地表,然后进行灌溉、溶化,使其渗入草坪生长层。由于果岭结构的独特性,这种方法容易造成肥料极大的浪费,一般肥料的利用率只有 20% 左右。

灌溉施肥,通常是使用喷雾器直接将液体肥料喷洒到草坪叶面进行追肥的方式,也可以直接将肥料直接注入果岭喷灌系统经管道输送最后从喷头喷洒到果岭叶片上。此种方式能将呈液体状的肥料较快的渗入根区,可以很快地被草坪吸收利用,可通过多次少量的施肥防止一次大量施肥给果岭草坪带来危害和肥料的大量损失。另外,注意有些微量元素如铁,可以和杀虫剂、杀菌剂等农药混合施用,在喷洒农药的同时施入果岭草坪,但使用这种方法施肥时,要注意微量元素与农药的共存性。

化肥的施入方式中,利用率较高的是打孔深施覆沙,其原理是表施易大量损失肥料,通过深施将肥料直接送到草坪根系层,然后覆沙以减少肥料损失。具体过程是通过打孔(最好是空心打孔)进行果岭表面打孔,然后将固体颗粒肥料施入果岭,再用较软扫把将肥料扫进小孔,接着覆沙浇水。这种施肥方法肥效十分显著,不过应该注意施肥时草坪叶面应该尽量干燥,肥料最好选用复合肥,切忌使用尿素等易溶性的肥料。

5. 果岭草坪施肥操作与注意事项

果岭草坪施肥所用的机械包括小型果岭草坪自动撒播机和人工撒播机。人工撒播机操作简便,某些大型球场草坪为了提高效率也使用自动撒播机。使用人工撒播机对果岭草坪施肥,一般采用转圈和直线施肥路径,将肥料分成两个以相互垂直的方向撒播。撒播时,员工应注意步伐一致与果岭草坪施肥的整体性,要求长势弱的地方多施、长势强的地方要少施。这要靠步伐来完成,坚持数次就会形成整体一致的果岭外观。

进行果岭草坪施肥操作时,最重要的是使肥料能撒布均匀和防止肥料对果岭草坪的灼伤;在施入颗粒肥料时,要注意撒肥机匀速行走,使颗粒肥料下料均匀,撒肥机如中间停顿时,要谨慎操作,严禁在果岭区形成肥料堆、肥料带等现象。施入液体肥料时,必须在肥料混合均匀后施入。为防止肥料对草坪的灼伤,施肥前要确认喷灌系统运作正常,颗粒肥料施入后,立即进行充足的灌溉。施肥当天最好禁止任何人在果岭草坪上活动,否则践踏后容易,留下烧伤印痕,最好的办法是球场封场一天。如果不慎遗留大量肥料在果岭上,可先用适当工具轻轻拾去,然后用大水冲散即可。

(二)球道草坪施肥计划

球道草坪的养护水平虽然低于果岭和发球台,但因面积较大,其养护费用占整个球场的70%以上。施肥在球道草坪养护费用中大约占35%,如果使用有效的施肥技术,施肥费用可望降低到20%左右。通过施用硫和石灰将球道土壤pH值调到6~6.5是保证大多数元素吸收的关键。

球道草坪所需营养通常也随着土壤类型、土壤保肥能力、灌溉强度、气候条件、草坪草种及品种,以及利用强度的变化而有所不同。因此,应针对具体的球场或每个球道的具体情况而制订适宜的施肥计划。球道草坪施肥计划,应包括施肥时间、肥料种类、施肥量、施肥方法等内容。

1. 球道草坪施肥时间

球道草坪通常在春季和夏末早秋施用包含氮、磷、钾的全价肥料,如果全年只施一次复合肥,最好在秋季进行。在整个生长季节里,要定期给球道草坪补充氮肥,钾肥和铁在需要时施入。

球道草坪施肥时间主要决定于气温,施肥应该在有利于草坪草生长的季节进行。其中,施用氮肥的时间间隔取决于氮素的载体、施肥量、肥料利用率以及需要的草坪色泽和生长速率等。暖季型草坪草如狗牙根,除冬季休眠前的低温阶段和春季返青后2~3周内草坪根际衰退期外,在整个生长季都需要定期施用氮肥;而冷季型草坪草,在炎热夏天和秋末低温期则应减少氮肥施用。冷季型草坪草球道,通常每年施用2~4次氮肥,但细叶羊茅类草坪草球道每年只需施用1~2次氮肥即可。草地早熟禾和匍匐翦股颖球道,在夏季需补施钾肥或铁,但二者不能同时施用。

草坪缺铁时,通常将含铁化合物与杀虫剂或杀菌剂混合在一起,进行叶片追肥。施用后可提高球道草坪的光合作用力,维持草坪色泽。而钾肥在逆境胁迫前施用可提高球道草坪耐践踏性和对炎热、寒冷及干旱的抗性。因此,冷季型草坪草施入钾肥的最佳时间为春末夏初和秋末,暖季型草坪草则为晚夏早秋草坪休眠前。

2.球道草坪肥料种类与施肥量

球道草坪多施用速效性化肥,腐熟的农家肥、畜禽粪肥也可用于追肥,但必须通过磨碎和过筛,无臭无味才能施用。在实践中,高尔夫球场球道草坪更偏重于使用速效复合肥或复混肥,很少单纯施用单一肥料。为避免施肥后草坪过度的营养生长,并保证养分持续不断地供给球道草坪草,至少有一半肥料为缓效肥。

(1)施氮量

为保证球道草坪草适宜的密度、良好的再生能力和适宜的颜色,在生长季节必须施入足够的氮肥。氮肥的施入量也因草种而异,详见表7-3。冷季型球道草坪与暖季型球道草坪的氮肥施用频率差异较大,冷季型草坪每4~10周施入一次氮肥,而暖季型草坪需3~6周施入一次。质量非常高的冷季型球道草坪可每2~3周施入一次氮肥,施氮量约为0.13kg/100m²,在仲夏炎热时期,冷季型草坪在高温胁迫下应少施或不施氮肥。具体的施肥频率受氮肥种类、肥料水溶性、土壤淋溶程度、载体释放氮肥的快慢等因素影响。

一般而言,球道施用氮肥的总体原则是少量多次,既保持球道草坪具有适宜的生长速度和较强的自我恢复能力,又要尽量减少修剪次数。球道中的落球区域,由于使用强度较大,会出现草皮缺失痕迹严重的现象,要适当加大施氮肥量和频率。对于那些球车经常行走或践踏严重的区域也应加大氮肥的施用量和频率。春季降雨频率高、降雨量较大时,要减少氮肥施入量,以控制草坪生长速度,减少土壤在湿润条件下草坪修剪次数,同时避免肥料过多的淋溶。在草坪修剪后对草屑进行经常清理过的球道,其施氮量应稍高一些。当球道土壤含沙量高、养分淋溶严重,以及球场利用强度大时,应采用上述施肥量范围的上限施肥。

表7-3 球道草坪不同草种需氮量一览表

草种名称	每100m² 生长季节每月施氮量(kg)	草坪名称	每100m² 生长季节每月施氮量(kg)
匍匐翦股颖	0.13~0.25	草地早熟禾	0.15~0.3
杂交狗牙根	0.2~0.4	草地早熟禾(无灌溉条件)	0.1~0.2
普通狗牙根	0.13~0.25	海滨雀稗	0.15~0.3
细叶羊茅类	0.05~0.15	结缕草	0.1~0.2

（2）施磷、钾肥量

磷、钾肥的施入，一般要依据球道土壤的测试结果来决定。磷肥一般每年只需施入 1~2 次，在春季和晚夏至早秋施入，最好以复合肥的形式施入。钾肥的施入量为氮肥的 50%~75%，最适宜的使用时间为春季、晚夏至早秋的季节，在夏季草坪受到炎热和干旱胁迫时，也需要施入部分钾肥。氯化钾和硫酸钾是两种常用的钾肥，后者更佳，不易造成球道草坪叶片灼伤，并将硫元素也施入草坪。

（3）铁和其他微量元素的施入

铁是球道草坪最易缺乏的一种微量元素，对于生长在碱性土壤上的匍匐翦股颖、狗牙根、草地早熟禾球道草坪以及处于春季根系衰退期的狗牙根草坪，都极易产生缺铁现象。此时可施入含铁的全价肥料或施入含铁化合物如硫酸铁、硫酸亚铁等，可与杀虫剂或杀菌剂混合施用，进行叶片追肥。在草坪严重缺铁时，每隔 3~4 周进行一次叶片最追肥，每次每 100 平方米可施入 30~120 克硫酸铁。

硫是球道中第四种较易缺乏的营养元素，有时球道草坪需硫量几乎与需钾量相当，此时，可施入硫酸铵或硫酸钾，或施入含硫的复合肥来减缓缺硫问题。钙和镁在球道草坪草中很少缺乏，但镁元素在一些沙质土壤上偶尔会出现缺乏现象。当狗牙根生长在碱性、含沙量高的土壤上时，铜和锰也偶尔出现缺乏，在含沙量高的土壤中也可能出现缺钼现象，通常出现这些对应的症状我们可以通过叶面喷施相应的肥料来予以调节。

（4）调节土壤酸碱度

球道草坪建植前的土壤改良中应该先对土壤的 pH 值进行调节，对于种植匍匐翦股颖、草地早熟禾、细叶羊茅类草坪草，最适宜的 pH 值为 5.5~6.5，而狗牙根、结缕草则为 6.0~7.0。在球道草坪管理中，当降雨量大、土壤质地粗糙、原基层土壤呈强酸性以及喷灌用水呈碱性等情况下，土壤酸碱度容易发生变化，需要在管理中进行相应的调整。施用农用石灰可以改良酸性土壤，而施用硫黄粉可改良碱性土壤，经常施用酸性肥料如硫酸铵也有助于降低土壤的 pH 值。

改良土壤酸碱度的材料施入量要根据土壤测试结果确定，通常，一次性施入农用石灰石的量可以达到 120 克/平方米，含硫量为 90% 的硫黄粉的一次性施入量不能超过 25 克/平方米。施入调节土壤 pH 值材料的最佳时间为冬季草坪休眠期、早春、晚秋，或者草坪进行中耕打孔操作后。施用方法与施用其他肥料相同，施用后应立即浇水，以免造成草坪叶片灼伤。

3. 球道草坪施肥方式

（1）表施灌溉

球道草坪面积大，惯用的方法是表施灌溉，将肥料直接撒入球道草坪表面，然后进行灌溉、溶化、渗入土壤。同果岭草坪施肥一样，这种施肥方式肥料的利用率较低。

（2）深施铺沙

深施覆沙能更好地提高肥料利用率，一般球道每1年或2年都进行全面的打孔和覆沙作业，打孔后将肥料施入，而后覆沙或土，这种施肥效果很好。如能将肥料施在根系密集区附近，效果可提高近1倍，而且可保证肥效在半月之内损失甚微。

（3）液体肥料

施用液体肥料在国外高尔夫球场球道已经很普及，国内有些球场也开始施用这类肥料，液体肥料市面上主要包括市售母肥和临时自制两种。前者需要按说明书用水冲淡化解，并用化肥喷雾器进行叶面喷洒，通过叶片吸收，也称为根外追肥。此种方法在果岭施肥中常用，一些特殊情况如赛事前或逆境中球道也使用。液体肥料易吸收，但肥效不长，球道草坪划破后使用这种施肥方式能保证肥料渗透到根系层，肥效很高。目前，广泛施用的液体肥料，是尿素水溶液或可溶性复合肥。

（4）喷灌施肥

喷灌施肥的方式与表施喷灌方式相比，能节约氮肥11%～19%，因而可以节约经费，降低成本。适宜灌溉施肥的肥料主要是氮肥，对磷肥不太适宜，因为磷肥易被土壤固定，而且灌溉水中的盐类与磷起反应形成沉淀，易堵塞喷头。灌溉施肥的氮肥浓度一般为0.3%，氮肥多数有腐蚀作用，因此在喷灌系统中适宜选用铸铁、铝、不锈钢或塑料等材料。此种方法在国外高尔夫球场上使用广泛，国内用得较少。

（三）发球台草坪施肥计划

发球台草坪的施肥原则，与果岭草坪稍有不同。为促进发球台上的草皮伤痕尽快恢复，需要施入较果岭更大的氮肥量。充足的氮肥有助于保持发球台草坪的颜色，促进草坪的分蘖与快速恢复，保持发球台草坪的质量。

对于以匍匐翦股颖、草地早熟禾和结缕草建植的发球台草坪，每年施氮量为$15\sim20g/m^2$，在生长季节每隔$15\sim30$天需施一次氮，施氮量一般为$1.5\sim9g/m^2$。狗牙根发球台草坪每年的施氮量为$25\sim50g/m^2$，每隔$15\sim30$天施肥一次，每次施

氮量约为 $2.5\sim6g/m^2$。具体的施氮量主要取决于草皮伤痕的严重程度,施氮肥的间隔时间也取决于氮肥的释放速度及根系层土壤的保肥能力。如果施入的是缓效氮肥,则应适当延长施肥间隔。

同一球场不同发球台草坪,即使根系层土壤及灌溉措施相同,其施氮量也会有所不同。通常对于所有的三杆洞、第 1 洞、第 10 洞发球台草坪以及每洞的蓝 T 台,草皮伤痕会比较严重,施氮量相应较多,而面积较大、利用强度较小的发球台如金 T、白 T、红 T 台则不需要过多的氮肥。前者通常施氮肥量比后者要多一倍。

对于氮肥的施入季节、氮肥种类与施肥方法等基本与果岭相同。其他所需元素如磷、钾、铁、硫及其他营养元素的施用仍要依据土壤化验结果和植物缺素情况适时施入,发球台草坪的土壤化验通常每隔 1~3 年要进行一次,钾肥有助于提高草坪的耐磨性,因此要注意对发球台草坪钾肥的施入。

发球台草坪,土壤酸碱度的调整也要根据土壤化验结果进行。若要调整,在每年的春季或秋季施入农用石灰石或硫酸盐,具体的使用时间、施用量和施用方法也与果岭相同。

（四）高草区草坪施肥计划

高草区草坪的管理水平,通常是球场所有草坪区域中最低的,其对肥料的需求也相对较低。但高草区草坪在成坪后的第一个生长季节里,要给予与球道草坪或稍低于球道草坪的施肥量,以保证草坪能快速充分的定植,其后的施肥水平主要依靠草坪草种、土壤和气候条件来决定。较肥沃而又不易损失养分的高草区草坪几乎不需要施肥,特别是营养需求较少的草坪草种如巴哈雀稗、结缕草、野牛草和狗牙根等。

另外,施肥水平还要根据高草区草坪的要求而定。如要形成蓬松、枝条丰富的草坪平面以惩罚球员的失误击球时,需要施入一定的氮肥;而要以成丛的草丛形式惩罚球员时,一般不需要修剪,也几乎不需要施肥。大多数球场高草区成坪后的施肥计划是每年施入一次全价复合肥,对于冷季型草坪草,可在秋季施肥;而暖季型草坪草,则在春季施肥,可以使用施肥机进行操作。

【本章小结】

高尔夫球场草坪施肥的基本定律,主要有养分补偿定律、最小养分定律、报酬递减定律、米采利希定律、限制因子定律、最适因子定律、因子综合作用定律,以及四因子匹配定律。在草坪营养与施肥中,要密切注意水分、草坪种类、营养元素间、病虫害、土壤、气候，以及草坪质量与肥料之间的关系。作为一名高尔夫球场草坪管理人员，应该熟知草坪草的各类必需元素，特别是掌握氮、磷、钾三大主要营养元素的功能与特性，了解常用的高尔夫球场草坪肥料、特性以及施用技术与方法。最后，希望通过本章的学习能够自我制订球场草坪施肥方案与计划。

【思考与练习】

1. 简述高尔夫球场草坪施肥的基本定律。
2. 简述高尔夫球场草坪必需的营养元素。
3. 简述高尔夫球场常用肥料。
4. 请根据本地区气候特点以及土壤状况，制订一份高尔夫球场草坪年度施肥计划。

第八章
果岭草坪养护管理

本章导读

　　果岭草坪,是高尔夫球场草坪的核心区域,其养护水平和精细程度在球场所有区域中最高。本章主要讲述果岭草坪的基础知识,果岭草坪的质量评价内容及其方法,果岭球速测定,以及果岭草坪修剪、施肥、灌溉、打孔、铺沙、交播、洞杯更换等内容。

教学目标

　　学习本章,要求理解果岭草坪质量评价的内容及其方法,理解果岭球速的概念并掌握其测定方法。理解和掌握果岭草坪修剪、施肥、灌溉、打孔、铺沙、交播、洞杯更换等养护措施。

第一节　果岭概述

　　果岭(Green),是高尔夫球场中每个球洞周围的一片管理精细的草坪区域,是球手推杆击球入洞的地方。果岭,是高尔夫球场最重要和养护最细致的地方。果岭质量的好坏,常常决定了高尔夫球场的等级。同时,在打球过程中,果岭是球手接触最多,停留时间最长的区域,球手判定球场的好坏往往是对其果岭的评价。在果岭上只允许使用推杆击球。在一个18洞标准球场上,按标准杆计算平均每个洞有2杆是分配在果岭上进行的推杆,而且每个洞的倒数第三杆应是击球上果岭的。换言之,果岭的面积虽然仅占了整个球场面积的1.6%,但是每场球中有75%的杆数与果岭有着直接的关系。所以,果岭的设计、建造和养护对于整个高尔夫球场来讲是极为重要的。好的果岭,应既能体现公平竞争,又富有挑战性,并且易于较经济的养护。

一、果岭的相关区域

果岭区位于球道的终端,由推球面、果岭环、果岭裙和果岭周边四部分组成(图8-1)。

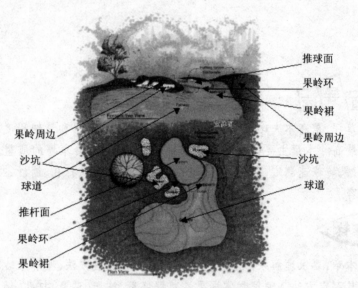

图8-1 果岭相关区域示意图
(引自 James B.Beard,2002)

1. 推球面(Putting ground)

推球面,从地形上看略高于周围的球道,以利于地表排水和突出果岭的位置,为球手在远距离提供击打的目标。

2. 果岭环(Collar)

果岭环,在推球面的外缘,其宽度0.9~1.5米。此区域草坪修剪高度介于果岭和球道之间,一般为8~12毫米。它可以突出果岭的轮廓。在这里也可以用推杆击球。

3. 果岭裙(Apron)

果岭裙,也叫落球区,是位于果岭前面与果岭环相接的延伸部分,也是果岭和球道衔接的坡地部分。

4. 果岭周边 (Putting green surround)

果岭周边,是指果岭的两侧和背后,果岭环外的草坪及沙坑区域。果岭周围设置沙坑,其作用是救球或作为障碍,外围一般为边丘,是球道的外缘。果岭的周围与沙坑高草连接地带要有足够的宽度和面积,并流畅地连接过度,这也便于剪草机能转向或掉头。

5. 果岭的形状

果岭的形状多种多样,它与第二杆击球的距离有关,在很大程度上决定着球道的难易程度。果岭一般分为以下几种类型:

(1)岛型果岭

果岭四周被水或沙坑所围绕,使果岭犹如处于岛上(图8-2)。

图8-2 岛型果岭

(2)炮台果岭

果岭高出四周地面,位于高台之上(图8-3)。

图8-3 炮台果岭

（3）梯田式果岭

果岭表面明显分为两层梯田。

（4）椅状果岭

果岭面被土丘或山体环绕,使果岭像一把椅子。

（5）邮票状果岭

果岭很小、很平,四周设置大量的沙坑。

6. 果岭的大小

果岭面积的大小,直接关系到高尔夫球的可打性以及打球的难易程度;也关系到球场果岭建造成本和管理维护成本。现代高尔夫球场的果岭面积一般为500~700平方米,一个18洞球场果岭面积一般为0.9万~1.2万平方米。果岭面积是一个比较粗略的设计指标,果岭越大,目标就越大,击球上果岭就比较容易,但果岭建造和维护成本就会增大。

二、果岭种类

1. 球洞上的果岭（Green on Putting Green）

标准的18洞球场上的果岭,供球手打球、比赛用。除了设置这种单果岭外,一些球场还设置特殊的双果岭系统和双洞果岭。

有的高尔夫球场还设置了双果岭系统。一般暖湿气候带的某些地区(例如日本)常建造两个果岭体系,称为两季果岭。一个暖季型草种建造的果岭供夏季使用,另一个冷季型草种建造的果岭供冬季使用。为了保护果岭,在过渡地带,冬季变冷时期,暖季型草种所建果岭常用有孔塑料布覆盖过冬。

有的球场为了保证全年开放,在位于夏季果岭前面或一侧球道上设置面积较小的临时性果岭,称为备用果岭。当冬季打球很少时候可替代常规果岭,这样可保护常规果岭在解冻和土壤湿润时避免形成车辙和土壤紧实。备用果岭较常规果岭击球面粗糙而引起高尔夫球界的异议。但是它确实能保护常规果岭,在减少常规果岭损伤方面起着重要的作用。可采用每年重复使用相同的备用果岭等措施来改善其表面光滑度。

双洞果岭是一种面积很大的果岭,每个果岭可提供两个不同的球洞使用,每个双洞果岭上有两个球洞和旗杆。苏格兰著名的圣·安德鲁斯高尔夫老球场就是双洞果岭,面积达3906平方米,推杆距离可达46米以上。类似于这样的果岭,一个洞设置在果岭的近端前9米处,另一个洞位于远端后9米处。美国也有类似这样的双倍果岭球场。但是,基于对球手的安全考虑,目前极少采用了。

2. **推杆果岭**(Putting Green)

推杆果岭一般设在球会会所附近,供下场前热身推杆,以了解果岭球速、修剪纹路,寻找推杆感觉。

3. **练习果岭**(Practice Green)

在有些球场,除球洞果岭外,围绕着果岭还有缩小版的球道、高草区、落球区和沙坑,让球手和初学者练习短杆上果岭。

4. **习洞果岭**(Practice Hole Green)

习洞果岭是一个完整的球洞,从发球台到果岭,与球场上的球洞相似,可供初学者下场前实地练习,亲身感受球场打球的真实性。其果岭造型、建造、草种和养护等与球洞果岭一样。

5. **果岭备草区**(Nursery Green)

果岭备草区通常会选用球场外的一块面积为 500~600 平方米的空地,不用特别造型,平坦即可,但要求有较好的排水和喷灌系统。果岭备草区的草坪修剪高度和日常养护与球洞果岭一样。其作用主要是,一旦球洞上的果岭草有损坏或需要草皮时,可整块取之换补,与原有的一致,不至于差别过大。

第二节 果岭草坪质量标准及球速测定

果岭草坪质量标准包括:均一性、平滑性、球速、韧性、弹性、耐低剪性及草丛形成的难易。果岭草坪,要保证高尔夫球在其表面平滑自然地滚动。有经验的球手可根据果岭草的颜色、长势和脚感来决定自己推球力度的大小。果岭的球速测定,需采用特殊的工具和规范的方法来完成。

一、果岭草坪质量标准

(一)均一性

果岭草坪均一性,是指草坪坪面高度一致、草种纯净无杂草、密集无裸露地、健康无病虫害斑块、施肥均匀无烧伤快、无剪伤草迹、色泽一致。

由于果岭草多在 3~7 毫米低度下修剪,草坪的各种缺陷很容易一目了然地显示出来。均一性,是对果岭整体坪面和草坪质量的概括。

草坪均一性,受草坪质地、密度、种类、颜色、修剪高度、养护措施等因素影响较大。

果岭草坪质地,一般指草坪表面的细致程度,主要体现在茎叶上,要求茎叶密集,茎匍匐性强,叶细窄直立生长。草坪质地,通常由草坪的叶宽来表示。优质草坪的叶宽通常为1.5~3.0毫米。叶越窄,质地越优。

修剪高度,影响草坪草的直立生长。长期的低修剪,会迫使草坪横向生长,易形成高密度和生长一致的草坪。

养护措施,如施肥、病虫害防治,能影响草坪颜色、斑块;施肥不均,会造成草坪颜色深浅不一;染病的草坪与健康的草坪,视觉上颜色不一致;虫害除损害草本身造成变色死亡外,也使果岭形成裸露地和疏松凸起的表层。

评价果岭草坪的均一性,一般采用视觉来判断:目测法。它依草坪表面斑点和颜色两个均匀指标所占的百分数为依据分为5级制(表8-1),即优、良、合格、基本合格、不合格5级。

表8-1 高尔夫草坪5级制均一性指标标准

5级制	优	良	合格	基本合格	不合格
均一性指标	95%~100%	85%~95%	75%~85%	60%~75%	小于60%

(二)光滑性、球速

高尔夫球被推杆击打后的结果,是在果岭上滚动一段距离,它可用球速或果岭速度表示。果岭速度或推动距离,主要取决于果岭平滑程度。对平滑性影响较大的因素,有修剪高度、修剪频率、紧实程度和肥力水平。果岭越光滑、平顺,球速越快,表明养护水平越高。

(三)韧性

韧性,对果岭承受球手的践踏和球的冲击很重要。每天数百人次在果岭上走动,数百个球冲击上果岭,造成果岭表面的凹陷和草坪受损。穿插在土壤中的匍匐茎、根状茎、根系与表层土壤、草坪的枯草层一起形成了一个混合层,它是草坪的耐践踏和缓冲球的冲击所需的垫层。果岭的韧性,能有效地减轻对草坪的损坏。

(四)弹性

适宜的枯草层和低矮的草坪的地面部分,使草坪具有了相应的弹性。这使打向果岭的球具有相应的反弹力。球的反弹力,与果岭修剪高度、枯草层厚度、土壤坚实度有关。果岭修剪得越低,枯草层越少,土壤越紧实,球的反弹力就越强,球手对球的方向变性就越难把握。果岭土壤过软,球对果岭的打击点易形成凹陷,人在果岭上走动易留下脚印,使果岭的光滑性降低,对球在果岭上滚动的方向和控制力无法把握。一定的弹性,能使球手对打向果岭的反弹球有相应的控制力。所以,果岭不能过硬或过软。一般来说,充足的肥料和足够的水分将增加回弹力。

(五) 耐低剪性

果岭草坪一般修剪高度为 3~7 毫米,有时甚至低于 3 毫米,每天修剪 1 次或 2 次,以求达到使球快速、准确的滚动效果。尤其是大型的国际比赛,要求相对较快的球速,这就要求果岭草坪能耐低修剪,草坪草种表现为:叶片细窄直立生长,节间短小,匍匐性强(或分蘖性强),恢复快,修剪后的果岭依然能保持绿茸茸一片。低而频繁的修剪,能使草茎密集和叶片直立,使果岭草坪质感提高,球手能快速地确定球路和球速。

(六) 不易形成草丛

由于果岭对草坪平滑性要求较高,草坪不能有草丛块,因此要求果岭草坪草匍匐性强,根状茎扩展势强,茎节短小,易形成平展的草面层。

二、果岭球速

果岭球速(果岭平滑度,Green Speed),指球在经过推击后,在果岭上所应该行进的速度和距离。不管是高尔夫球员、高尔夫球场管理者,都应该认为果岭球速是考核一个球场的重要指标,而且是应该公布给打球者的球场信息之一。果岭球速,是高尔夫球场果岭草坪质量的重要指标。

果岭球速的测定,由果岭测速器(Green Speedmeter)来完成。果岭测速器(图8-4),是一个长 90 厘米,压成"V"形槽状的铝板条。它有一个精确磨制的释放球的凹槽,长 76 厘米,一直延伸到测速器放在地面的一端,该端的背面底部被磨平,以减少滚下球的反弹。V 形槽的内角为 145°,相距 1.3 厘米的两点支撑球。球沿凹槽滚下时会产生轻微的回旋,但这是恒定的,对以后的测定无不利影响。释放球的凹槽设计使得当测速器的一端从地面抬高上升到与水平方向成 20°角时,球即开始滚落,这就保证了球到达底端的速度总是相同的。果岭球速测定如图 8-5 所示。

图 8-4　果岭球速测定器

图 8-5　果岭球速的测定

测定果岭球速所用的器材包括：一个果岭测速器、3 个高尔夫球、3 个球座、1 张记录纸和 5 米的卷尺。测定步骤如下：

（1）在果岭上选择一块 3 米×3 米较平坦的地方，将一个球座插入选定区域的边缘，作为一个出发点。

（2）把测速器的底端放在球座旁，对准球要滚动的方向。将球放在测速器上端的"V"形槽中，测速器的底端固定不动，慢慢地抬起测速器上端，直到球开始往下、朝前滚动，停止后在该点插上球座作标记。

（3）用卷尺量其长度，记录数据。连续重复 3 次，求出平均值 A，若该值超过 20 厘米，则需重新测定。

（4）用同样的方法从球的停止点向起始点方向测定一次，求出另一组平均值为 B。

（5）取 A 和 B 的平均值即为该果岭球速。若 A 和 B 的差值大于 45 厘米，则需选择另一地方重新测定。或用下列公式计算：GS（斜坡校正的果岭球速）= 2×Su×Sd/（Su+Sd）。其中，GS 为滚动距离，Su 是上坡向的球的滚动距离，Sd 是下坡向的球的滚动距离。

（6）记录测定的结果和计算。同时记录测定的时间、风向风速、天气和果岭的状况。

选择合适的水平测试区域是很重要的。如果选择的区域是上斜坡或下斜坡，将会导致错误的测定结果。果岭应该在最佳条件下测试，即修剪干净、无风、表面光滑。一旦测定了基本的球速，不寻常天气如多风、潮湿、无修剪、有铺沙、施肥前后等的速度就可进行校正处理。数据累计，对理解不同作业条件下果岭球速和果岭均匀性有重要意义。此外，测试经验也对增加准确率有一定的影响。

果岭测速仪技术，可被球场总监用来监测球场整个生长季中的果岭球速。它还可以用来评价各种管理措施对球速的影响，并决定这些措施的使用强度，力求果岭球速达到球手的理想要求。

美国高尔夫球协会果岭管理分会在 1976～1977 年对全美 36 个州，1500 个球场进行了各种季节的果岭球速特征研究。表 8-2 是研究结果。但这个表并不是完美的，每个球场果岭坡度的大小、当地的条件、球场管理预算及期望打球的水平不尽相同，应根据各自的具体条件确定果岭球速。

此外，果岭球速还与果岭草坪草种类、果岭地形、果岭使用强度、果岭草坪草修剪高度、等因素密切相关。因此，果岭球速标准的制定，应该通过不同的俱乐部对当地条件、预算和可期望的打球标准来制定。

表 8-2　美国高尔夫球协会果岭区速度标准

果岭区相对速度	平均滚动长度	
	平常比赛（m）	竞标赛（m）
快	2.6	3.2
中快	2.3	2.9
中	2.0	2.6
中慢	1.7	2.3
慢	1.4	2.0

第三节　果岭草坪养护管理

高尔夫球场果岭草坪代表了草坪养护的最高水平。它除了草坪常规的养护技术措施外,还需要采取一系列特殊的措施满足草坪的生长发育,以满足球手打球的需要。

一、修剪

修剪,对于维持高质草坪、延长草坪使用寿命、保证高尔夫运动的顺利进行至关重要。修剪作业水平的高低,直接影响着果岭推杆面质量的好坏,从而也是果岭球速快慢的重要决定因素之一。果岭草坪要求极低的修剪高度,是一项高投入的养护管理措施。但低修剪同样会对草坪草根系深度、碳水化合物的储备、草坪的恢复能力、对逆境的抵抗和忍耐能力造成不利影响。因此,必须采用适当的机械和方法才能成功完成果岭的修剪,保证打球质量。

(一)剪草机

果岭草坪修剪必须使用专用的修剪机,即滚刀型修剪机。通常使用的有两种:手扶式果岭剪草机(图8-6)和坐骑式修剪机,也叫三联式修剪机(图8-7)。普通手扶式修剪机的剪幅为 0.53~0.56 米,三联式剪草机有三组刀片,剪幅1.5~1.6米。虽然三联式修剪机可提高工作效率,但它的修剪效果不如手扶式修剪机理想。手扶式剪草机更有利于保持果岭表面平滑、整齐,减少三联式剪草机因转弯而造成的漏剪或重叠修剪现象的发生。

图8-6　手扶式果岭剪草机

图 8-7　三联式修剪机

（二）1/3 剪草理论

正确的剪草是按营养学的原理提出的,即所谓的 1/3 剪草理论。其基本内容是:每次剪草时,当高尔夫草坪草高度高于适宜修建高度的 50% 时就可进行剪草,而且被剪去的部分一定是草坪草生长总量的 1/3。

数学表达式:$M = (H + H \times 50\%)1/3$。其中,M 表示每次剪去的高度,H 表示草坪留茬高度,二者单位均为毫米或厘米。

1/3 修剪理论,是以实践为基础而总结出来的修剪理论。无数实验都证明:违背 1/3 修剪理论,特别是多次违背 1/3 修剪理论,果岭草坪草会逐渐稀疏,质量将显著下降,最终发生裸地无草现象。

（三）果岭草坪修剪时间

生态系统将高尔夫果岭草坪草分成两个重要类型,即冷季型果岭草坪草和暖季型果岭草坪草。草坪草种类不同,修剪时间也不同。

1. 不同类型草坪草的修剪时间

（1）暖季型果岭草坪草修剪时间

暖季型果岭草,主要生长在亚热带和热带地区,受自然气候影响很小。在自然状态下,除了生长幅度不同外,可以说全年均在生长。冬季稍受气温干扰,一年之中生长高峰出现在 4~10 月。暖季型草坪草构成的果岭修剪期,几乎是全年性的作业。

（2）冷季型草坪草修剪时间

冷季型草坪草，主要生长在温带和寒带地区，受气候影响很明显。3月中旬开始返青；4~6月和8月中旬~10月中旬期间生长较快；7~8月中旬出现休眠，停止生长。实际上生长时间只有6个月。即生长最快的时期是春季和秋季，冬季地上部分则死亡。冷季型草坪草构成的果岭草坪修剪期，从4月初至10月底。有些耐冷草坪草可延至12月初。

2. 不同类型草坪的坪用生育期决定的修剪时间

高尔夫草坪草的生育期，也决定草坪的修剪时间。高尔夫球场草坪由于其独特的竞技性能，要求草坪草仅保持营养发育阶段即可，不需要任何生殖发育阶段。高尔夫草坪科学称之为"坪用生育期"。

（1）暖季型果岭草坪草修剪时间

与暖季型高尔夫果岭草坪坪用生育期紧密相关的修剪时间，主要是指具体操作的修剪时间。影响这个时间的因素，主要有温度、水肥与一些外力作用。例如，在正常生长条件下，海滨雀斑草每周修剪2次，开花结实不断，景观灰白色。如改为每周修剪3次，则无抽穗结实现象发生，色泽正常。狗牙根草，在果岭修剪高度的要求下，基本无抽穗结实现象，但在外力如剪草机滚压下，采取水平生长，从而出现开花结实现象。水肥条件较好的球场，修剪时间则密集频繁。

暖季型草坪草构成的高尔夫球场果岭修剪时间总的规律大概是：正常生长季节（3月初~12月初）每周修剪7次；冬季低温季节（12月初~2月底）每周修剪1~2次即可。但有时冬季气温忽高忽低，暖季型草坪草仍然保持缓慢生长，为维护果岭正常修剪高度，仍不能停止剪草。

（2）冷季型草坪草修剪时间

冷季型草坪草受气温影响很明显，生长季节分明。在我国北方，高尔夫球场果岭由冷季型草坪草播种建成，开花结籽十分明显。低剪，是清除开花结实最有效的措施。

冷季型草坪草果岭修剪时间总规律大概是：正常生长季节（4月~6月至8月中旬~11月底），果岭每周修剪7次；夏季休眠季节（7月初~8月中旬），果岭每周1~2次；冬季低温季节（12月初~3月底），果岭停止修剪。严酷的冬季使草坪草进入休眠状态，免去了剪草这项作业，但仍需要铺沙等轻微的养护作业。

（四）果岭修剪频率

果岭草坪修剪频率是指，单位时间内高尔夫果岭草坪的修剪次数。果岭草坪的修剪次数并不是固定不变的，众多研究结果表明：果岭草坪修剪次数主要受生长速度的影响,而生长速度的快慢则主要取决于气候条件、管理水平和草坪种类的控制。为了保重最佳的果岭状态,正常情况下果岭草坪每天修剪一次,时间在清晨视线可见时进行。

但在下列情况下可以不进行草坪修剪:①封场保养日:营业过重的球场,为了让草坪得以休养生息、恢复生长,常常在一周中选择半日或一日封场停止打球,这一天可以不修剪;②铺沙过后的果岭;③连续下雨的雨天(重大比赛时除外);④冬季草生长缓慢或停止生长时。然而,要是遇上重大比赛时,果岭每天需要修剪两次,第二次是在第一次完成后以90°的旋转角正十字交叉修剪,以提高果岭球速,以适合职业选手和低差点选手的需要。

(五)果岭修剪高度

有效的修剪高度,是指草坪修剪至土壤表面以上的高度。过高、过低的修剪高度都可能损伤高尔夫草坪的质量,进而影响高尔夫竞技的顺利进行。果岭草坪草的修剪高度,主要受草坪生长发育状况、季节变化、球场营业、球手的期望、养护水平、成本等很多因素的影响。一般果岭的修剪高度为3~7.6毫米。

(六)果岭修剪方式

修剪时行进的路线和方向,称为修剪方式。行进路线是指剪草机剪草时修剪每一刀的路线,而行进方向是指整个果岭每次修剪时确定的修剪方向。

草坪修剪行进路线:行进路线主要表达的是在草坪修剪过程中行直线或曲线,所以它重点强调剪草的式样,高尔夫果岭均采用直线式剪草路线。即每天修剪的第一刀应正对着旗杆,直线剪过洞杯到果岭环,调头回来稍压第一刀的边缘继续第二刀,直至果岭的一半剪完后,再与第一刀相反的方向将另一半果岭剪完。完成直线修剪后,绕果岭边1~2周,将漏剪的边缘草剪掉,这样会使果岭修剪更加整齐。

草坪修剪前行进方向:行进方向似乎与行进路线含义相同,其实不然。行进方向,则着重于强调高尔夫草坪质量。行进方向,总是采用"米"字形交替向进行剪草,不断地变化方向。而通过"米"字的轮转变化,防止草坪朝一个固定方向生长,修剪就能够保持草坪表面的击球和推杆质量。

通过改变修剪路线和方向,可以减少纹路现象产生。一般果岭机都带有刷子,其作用是将草叶扶起,有助于草坪草垂直生长。

(七)果岭修剪物

果岭剪草机修剪时要带草斗,便于装剪下的修剪物——草屑。除施肥之外,草屑不应留在果岭上。留在果岭上的草屑,虽然能增加沙层有机物质,但它产生的枯草层、病菌、虫害、排水不畅、堵塞水分下渗等问题会影响果岭的草坪质量和推杆效果。每天剪下的草屑随运草车运出球场,可堆积场外腐熟后作有机肥用于土壤改良。

(八)果岭修剪注意事项

(1)修剪前应仔细检查推球面草坪,清除异物,如树枝、石子及球员遗留物等。否则这些杂物会嵌入果岭,影响果岭效果或损伤剪草机刀片。

(2)修剪前应清除草坪草叶上的露水,可用扫帚轻扫或用长绳横拖推球面的方法清除。

(3)修剪果岭的工作人员必须穿平底鞋,以免破坏推球面。

(4)修剪前必须先修复球击痕。

(5)修剪时须平稳、匀速前进,避免划伤草平面。

(6)当果岭受雨水浸泡草层变软时,可提高修剪高度或减少修剪次数。

(7)经常检查剪草机,勿使汽油、机油滴漏在草坪上。

(8)剪草机必须带集草箱作业,将碎草收集干净。

二、灌溉

水分是高尔夫草坪植物体最多的成分,也是维持草坪植物正常生命活动的重要生活养料,对它们的生长发育起着很重要的作用。果岭草坪养护中,灌溉是最严格最困难的管理措施之一,每个果岭的灌溉应根据具体需要进行。它受地势、土壤质地、草坪草种类、践踏强度、根层深度和草坪蒸散速度等影响。果岭上采用的喷灌系统,一般是永久性的,该系统应该覆盖果岭、果岭环以及相邻的部分。

(一)果岭灌溉原则

果岭草坪灌溉,根据其生长对水分的要求,本着每次浇水浇足、浇透、加大浇水间隔的原则进行。

(二)果领灌溉质量标准

果岭草坪正常生长颜色鲜绿,不发生叶片变灰、卷曲、萎蔫现象,浇水时果岭面不存在积水现象。河流、湖泊、水库、池塘、地下水、经过净化的污水等,都可作为高尔夫球场喷灌系统的水源。

水质好坏,对高尔夫球场灌溉系统也有重要的影响。从高尔夫球场喷灌的角度,水质问题主要表现在两个方面:一是固体颗粒物,它的存在将严重影响喷灌系统自身的正常运行;二是可溶性盐、重金属和有机类化合物,它们对土壤、地下水带来不良影响,直接或间接危害草坪草的生长发育。固体颗粒物的主要种类,通常有有机物、泥沙、一些引入性固体颗粒。

通常情况下,灌溉水中都含有可溶性盐,其中大多数可溶性盐对草坪草的生长是有益的,但有些却会引起植物中毒。水源和土壤中可溶性盐的浓度,用电导率(EC)表示。当水源电导率低于 0.75 欧姆/平方厘米、土壤电导率低于 4 欧姆/平方厘米时,最适合大多数草坪草生长。在灌溉用水中,氯化物和硫化物的浓度过高可引起草尖焦灼。当它们的浓度为 230~400 微克/克时,对盐敏感的草坪草则不适宜灌溉。许多灌溉水源中都有硼的存在。当灌溉水源中硼的浓度超过 1~2 微克每克时,就会对草坪草产生毒害。由于钠盐在草坪草组织中的积累,将使对钠盐敏感的草坪草受损,因此草坪灌溉用水中钠盐的存在也是值得注意的问题。

(三)灌溉时间

当草坪草失去光泽,叶色变为灰绿色,叶尖开始卷曲时,显示草坪水分不足。此时,若不及时灌水,草将变黄,在极端情况下还会因缺水导致永久性萎蔫而死亡。用螺丝刀分层取土,春秋季,当果岭土干至 0.5 厘米,草坪就需要灌水,夏季减半。

果岭最佳的喷灌时间,是夜间与清晨。夜间进行喷灌,可以避免果岭在较湿的情况接受践踏,土壤在含水量较大时容易由于践踏增加土壤的硬实性,并容易产生严重的球痕,使果岭有充裕的时间向下渗透和外排。但喷灌过多的水分将不利于果岭。潮湿时间过长,会诱发病害的发生。清晨进行喷灌,亦可清除草坪叶面的露水,减少病害发生。春秋季也可安排傍晚浇水,夏季安排清晨浇水。

(四)灌溉量

每次浇水要浇足、浇透,水要渗透 15~20 厘米即可。此外,确定灌溉量的依据主要是草坪的蒸散量,我国大部分地区的草坪日蒸散量 3.6~8.0 毫米,每周正常的灌溉量为 25~56 毫米。灌溉速率应根据土壤的渗透率进行调整。

据试验,对草地早熟禾、多年生黑麦草、高羊茅、狗牙根、结缕草和野牛草 6

种常见草坪草的蒸散量进行了研究,发现在充分灌水的条件下,冷地型草坪的蒸散量显著大于暖地型草坪($P<0.01$)。3种冷地型草坪间差异较小。暖地型草坪中狗牙根和结缕草的蒸散量显著高于野牛草($P<0.01$)。限制灌水条件下,6种草坪的蒸散量差异均显著($P<0.05$或0.01),其顺序为:高羊茅>早熟禾>黑麦草>狗牙根>结缕草>野牛草。在不同水分梯度下,高羊茅的蒸散量随土壤含水量的减少而减少;狗牙根的蒸散量随土壤含水量的减少呈现降低的趋势。高羊茅和狗牙根蒸散量在一天内随温度的升高而增加。当温度维持在较高时由于气孔关闭导致蒸腾降低从而蒸散量降低。

(五)灌溉频率

频繁灌溉,是果岭日常养护必不可少的工作内容。果岭的强低修剪会使草坪草的根系变浅,吸水能力受到限制,果岭坪床的持水力又很低,这一切都要求充足的灌水才能保证草坪草生长旺盛,具有强恢复力和漂亮外观。在天气炎热或气候干燥的生长季节,果岭须天天浇水。

(六)人工灌水

果岭灌溉多采用自动灌溉系统,但人工灌水也是果岭养护中必不可少的措施。这种方法比较灵活,可用较少的水量解决果岭上突出的局部的水分问题。一般利用快速补水阀门和手持型喷头进行人工灌水。对局部的干斑必须使用人工灌水,尤其是在高低或果岭的边缘上,同时结合深层打孔等措施可促进干斑的修复。

(七)喷水

夏季炎热时期,果岭草坪的根系由于炎热的胁迫发育受阻,从而导致吸水能力下降,再加之在阳光充足,气温高的情况下土壤水分蒸发严重,极易引起草坪叶片在中午萎蔫。以冷却为目的的冲洗喷灌在中午$11\sim14$点天气炎热、干旱时进行。在草坪叶片出现卷曲时进行喷水。喷水过程中只需湿润草坪的叶片即可,不必湿润土壤。发球台的草本本身耐热性中等,而随着使用年限的增长,耐热能力渐降低。所以在高温季节对发球台也要进行冲洗喷灌。

三、施肥

施肥,是高尔夫球场养护的一项重要手段,同其他护养措施一样,对维护高质量草坪的生长起着极为重要的作用。果岭草坪所需的养分因灌水量、土壤保持养分的能力、气候和草坪草种的不同而不同。草坪管理人员必须根据球场实际情况进行分析,制订具体的施肥计划,来满足其对养分的需求。

(一)施肥原则

果岭需要重肥来保持其积极的长势和良好的外观。施肥量以不引起病害、不影响果岭球速为准。总的施肥原则是:重氮肥、轻磷钾。氮肥的施用量一般为磷钾的两倍还多。一般情况下,春秋两季结合打孔可施全价肥,平时追肥多为氮肥。微肥的使用应参照土壤测试结果施用。

(二)施肥量

准确确定高尔夫草坪营养需要量,比较困难。以果岭为例,其施肥量取决于果岭草坪草的种类、坪床土壤状况、气候、生长季节、施用肥料种类等的因素。实践中,果岭施肥量通常根据草坪颜色、密度和修剪次数进行估计。施肥的频率,主要取决于果岭草坪对相应元素的月需求量。生长季节,通常每三周施肥一次,若施用缓效肥,则可减少施肥次数。在果岭草坪草生长缓慢或休眠季节,应减少氮的施用量。当夏季某些病害发生时,更应限制氮肥的施用,以免病害加重。

氮是叶绿素的主要成分,缺氮时草坪呈枯黄色、稀疏、密度不高。因此,果岭草坪必须施用足够的氮,以维持草坪草的茎密度、充分的恢复能力、适中的生长率和较好品质的叶色。一般而言,在草坪的生长季节,每隔 1~3 周施用一次氮肥。具体的施肥周期要根据氮肥的种类(水溶性氮肥和缓效氮肥)而定。通常水溶性氮肥(如硫酸铵、硝酸铵和尿素等)的施用频率高些,而缓效氮肥(如天然有机物、脲甲酸、甲基脲、硫包衣的氮肥等)的施用频率低些。

氮肥,应少量多次施用。通常,暖季型果岭草坪的需氮量,高于冷季型果岭草坪。一般而言,匍匐翦股颖草坪在生长季每 10~15 天速效氮肥的用量为 0.5~1.5 克/平方米纯氮,或者每 20~30 天缓释氮肥的用量为 1.5~3.5 克/平方米纯氮。夏季高温,胁迫时匍匐翦股颖果岭应尽量减少氮肥施用。而对杂交狗牙根草坪而言,在生长季每 10~15 天速效氮肥的用量为 1.0~2.5 克/平方米纯氮,或者每 20~30 天缓释氮肥的用量为 2.5~6.0 克/平方米纯氮。施用氮肥,最好施用缓释肥。据经验,夏季氮肥用量的一个经验标准是保证每天果岭的草屑量为 0.7~1 集草袋。

此外,过量施用氮肥会导致很多问题,尤其在果岭上。它会导致果岭表面质量较差,枯草层累积、病害加重,耐磨性下降,根系发育不良和碳水化合物储备不足所造成的恢复能力变弱,同时还大大降低了果岭球速。许多球场为了迎合球手喜好,大量施用氮肥来获得叶色深绿的果岭,这是不可取的。这种做法,往往会失去健康果岭草坪的其他优良性状。

据测定,正常生长的草坪磷含量为氮的1/5。据此可知,草坪对磷的需要量为氮的1/5到1/10。考虑到磷施入土壤后易被铝、铁和钙固定的问题,因而草坪施磷量予以提高,一般施磷量为施氮量的1/3较为恰当。对于含沙量较高的果岭,每年必须施用磷肥,以避免磷素缺失。每年在春季和夏末秋初,以全价肥的形式施用。如果磷不以全价肥施入,过磷酸盐是比较常用的磷肥。磷肥最好在打孔后施入,使其易于到达果岭的根际层。

钾易从土壤中流失,尤其在沙质根际层。钾对于维持果岭的耐热、耐寒、耐旱和耐磨以及促进根系的生长都很重要。冷季型草坪钾含量高于暖季型草坪,一般施肥量为氮素的1/3~1/2较为合适。一般在春季和夏末秋初施钾肥,也可在炎热、干旱和践踏胁迫时,每个月施入一次钾肥。硫酸钾($48\%\sim53\%\ K_2SO_4$)和氯化钾($60\%\sim62\%\ KCl$)是常用的水溶性钾肥。相比之下,硫酸钾较好,使用时其灼伤叶的可能性较小,同时还可以补充硫。在沙质土的根际层,常用包膜的缓释钾肥。

一般来说,土壤反应不是太剧烈的情况下,高尔夫草坪不出现微量元素缺乏症,因为它的需要量很容易从土壤中获得。在沙床果岭中交易发生缺铁症,严重影响草坪的色泽,可施用一定量的硫酸亚铁来进行弥补。土壤的 pH 值通常用石灰和硫来调整。微量元素常以不同化合物形态施用于草坪草,用量少,常作为追肥施用。

(三)施肥方法

果岭施肥一般用肥料撒播机撒施。结合铺沙进行施肥时,可先撒肥后铺沙或将肥与沙混合后同时撒施。结合打孔进行施肥时应先打孔后施肥,肥料颗粒直接落入根系土壤为佳。

施肥后应及时浇水,以免灼伤根系及茎叶。肥料进入草垫层后,可以加速枯草层的分解,减少其对果岭造成的不良影响。用肥料和沙混合撒施,除给草坪提供养料外,混入的沙可积聚在果岭因自然下陷而形成的低洼处,保证了退球面的平整、光滑。果岭追肥一般不用叶面肥。

四、中耕

（一）打孔

打孔（图8-8），是用一种空心管或实心管，借助打孔机的动力，垂直打入果岭土层，空心管提上来时就会一起附带上有草坪草的圆柱形土块，并在土中留下孔洞。打孔，是高尔夫球场草坪用来解除紧实最有效的办法，一般分空心和实心两种。

图8-8　打孔作业

所谓空心打孔，亦称打洞或心土作业，它是通过打孔机（图8-9）来完成的。打孔机上携带有中空的金属管子或孔心尖叉，这些空心针被压进土壤后提上来时就会一起带出草坪草的圆柱形土块（图8-10），而同时在土壤中留下一些穴洞，穴洞密度、直径及深度，依机械类型而有所不同。日本、美国两国所制造的打孔机穴洞间距一般是5~15厘米，直径4.6~10.2厘米不等，而穴洞最大深度则为7.6~10.6厘米。一般来说，穴洞越深，心土作业的效果越好，保持的时间也越长。

实心打孔，是打孔机的孔针为实心的多头金属。通过机械将这些实心针压入土壤打出穴洞。由于穴孔是将土壤挤紧而不挖出，所以这些穴孔的底部和侧边也是极为紧实的。实心孔深度在果岭区一般为5厘米左右，相比之下它的透气效果远差于空心作业。有人研究了两种作业后发现，一次空心作业的效果相当于四次实心作业的效果。不过实心作业对草坪表面的破坏极小，对球场正常营业不会造成太大的影响。

图 8-9　打孔机

图 8-10　空心孔打出的圆柱形土块

进行打孔作业应注意有关问题。第一,当土壤过干或过湿时,不应进行打孔作业。原因是土壤过干则紧实难以穿入,且针头磨损过甚;土壤过湿草坪受损严重。第二,炎热季节进行心土作业易出现草坪脱水现象,应及早缩短作业链,尽量灌溉。第三,暖季型草坪进行心土作业的最佳时间是晚春和早夏;冷季型草则是晚夏和早秋。第四,对果岭来说,心土作业大约是三个月一次。如果人流量过大,通气效果可能只有两个月时间。

活动频繁的果岭一年之中需进行若干次心土作业。如果土壤紧实程度严重,打孔作业可在草坪上沿数个方向交叉进行操作,这样能产生较多数量的穴洞,通气效果能得到大大改善。实心打孔应与空心打孔交替进行。实心打孔可在不利于空心打孔的时间作业。

（二）梳草

梳草,是由梳草机(图8-11)来完成,是通过高速旋转的水平轴上的刀片梳出枯草层的枯草,就如同用梳子梳头时梳出头发一样。

枯草层产生的原因包括:①草坪草的生长:草种、肥料、水分等因素都能影响草坪草的生长,进而影响枯草层的产生;②分解速度:含木质素越多的组织越难分解,越易造成枯草层;③草屑去留:果岭上留草屑越多,枯草层越易形成。

过量枯草层的危害主要有:①极易发生病虫害;②缓减水、肥、农药渗透;③使草坪浅根化;④修剪剃头;⑤降低球速。

图8-11　梳草机

梳草,是防治枯草层最有效的措施。梳草的次数,取决于枯草层形成的速度。如杂交狗牙根果岭,在每年春秋季每3~5个星期可以进行轻、中度梳草;夏季进行深度梳草;冬季低温时不能实施梳草作业,否则草坪草难以恢复,极易造成草坪斑秃。

（三）划破与穿刺

划破与穿刺,也是破除土壤紧实,增加通气透水的一种方法。划破,是借助于安装在圆盘上的切片刺入草坪以改善草坪通气透水状况的一种作业。穿刺的过程与切开类似,不同之处在于刀片长度不同。前者刺入深度可达5~10厘米,后者仅为3厘米。当然两者深度视土壤紧实程度而有较大出入。此外划破是连续的切口,而穿刺是不连续的切口,视"V"形刀片安装在圆盘上密度而有所不同。

划破和穿刺虽然同打孔作业一样都是为了减轻土壤紧实而使用的一系列土壤作业技术,但同打孔相比,划破和穿刺的作用是暂时的,不像打孔特别是空心作业那样有效。不过划破和穿刺不必像心土作业那样需要清除草楔。因此,这种作业对草坪的破坏性极小。在仲夏炎热季节进行作业也有脱水现象发生,但程度较小。

划破和穿刺,可用于球道或其他践踏严重致使土壤过硬而不便于进行心土作业的草坪。划破和穿刺的另一个好处就是更新草坪,防止草坪老化和衰退。因为草坪经多年生长后,地下根系絮结在一起,这时进行此项作业可切断匍匐茎和根茎,有助于新枝条的产生和生长发育。切开和穿刺在任何时间都可进行,作业次数视草坪发育状况而定,通常与打孔等作业交替进行。果岭上使用小型切片机,在作业时按十字形走向效果最好。

五、覆沙和滚压

草坪使用一段时间后,由于频繁的活动和自然逆境的因素使大量的根系外露,出现地面凹凸不平等现象,为了不影响击球,维护草的正常生长和发育就需要进行覆沙作业。覆沙,是将沙子或沙肥混合物覆盖在草坪表面上的一种作业,当与施肥结合时,会提高施肥效果、促进草坪生长。覆沙,具有平滑击球面、维护草坪生长、分解芜枝层、提高肥效、抑制苔藓、藻类生长的积极作用。

果岭覆沙频率很高,在打孔、梳草、切开与穿刺等中耕作业后都要辅助覆沙。覆沙一般有三种类型:覆全沙、边沙和疤沙。关于高尔夫球场果岭覆全沙的次数、数量取决于球员推杆、草坪草长势、草坪土壤结构、草种选择、地面凹凸情况、芜枝层厚度和苔藓及草类等因素。根据国外果岭区的覆沙经验,每年覆沙大约12次,每3~4周覆一次,每次覆沙厚度大约在1.5~3毫米。根据近年国外覆沙发展趋势,每年覆沙大约24次,通常每2周覆沙一次,每次覆沙厚度为2~3毫米。这表明覆沙计划与施肥计划同步,目的是提高肥料利用率;另外也兼顾球员的正常推杆,如果覆沙太厚则影响准确击球,并且果岭上会留下许多微小的沙堆,影响美观和进一步击球。由于环境条件随时都在变化,覆沙次数、数量随时都要修改。

覆边沙,主要针对果岭边缘而言。对一些老球场来说,果岭边缘由于修剪次数增加,高度降低,紧实度增加,加之某些错误性的操作,如果岭机领带(环圈)转圈,肥料漏施等都极易造成草坪草的衰退,形成缺草、草弱等问题。打孔通气、覆边沙、施肥、正确修剪都能在一段时间内恢复其原来的面貌。

疤沙修补的对象主要是果岭远离边缘的地带。由于病虫的缘故,如钱斑病、褐斑病、黑斑病和黄斑病等病的危害,以及球击伤害未及时治疗以致引起草坪草死亡,造成一些类圆形斑块,中心稀疏地生长一些草坪植物。对于整个果岭来说,这些斑块显得很突出,严重影响了击球活动。覆疤沙、施肥是一种很有效的恢复措施,不过疤沙与边沙一样,适宜于根茎型草坪草,因为这些草具有匍匐茎。覆沙是为了保护这些茎不受剪草的伤害,施肥则是刺激休眠芽的快速生长和扩繁能力。

滚压,可以使用果岭滚压机,生长季节每 10 天进行一次滚压。果岭滚压,可强化修剪的花纹效果,并保持果岭表面草坪的致密和坪床的紧实。滚压,也是临时提高果岭球速有效而安全的方法。滚压,能提供一个快且平整的击球面。实验表明,同一果岭滚压前与滚压后果岭球速相差 35 厘米左右。

六、冬季交播

部分南方地区或过渡气候带地区,常选择杂交狗牙根建植果岭,在秋末一冬一初春期间,杂交狗牙根进入休眠状态。为了使果岭正常营业,保持常绿状态,根据冷季型和暖季型草种各自生育期的特点,常于秋末在果岭上播种冷季型草坪草种(习惯称之为"交播",overseeding),以提供过渡型果岭。常用的冷季型草坪草种有多年生黑麦草、一年生黑麦草、紫羊茅、粗茎早熟禾等。据经验和交播比较成熟的技术,果岭采用粗茎早熟禾或多年生黑麦草,播量一般为 40～50克/平方米。具体交播方案如下:

(一)交播前准备

修剪交播区域草坪,果岭 6 毫米,果岭双向疏草,深度 10 毫米,清除草屑。

(二)交播时间

选择适当的天气进行交播作业。最佳的交播时间为 10 厘米处土壤温度为22℃～26℃风力小于三级,无降雨。在我国广大南方地区,通常在国庆后立即进行交播作业。

(三)播种

(1)采用人工撒播方式,将种子和沙的混合物均匀撒在所需交播的草坪区域。

(2)播种后拖种,可使用练习场的打击垫,拖时打击垫正面向上,使用两名工人工拖种即可。由外向内绕果岭中心旋转拖种,行进时走"Z"字形路线。

（3）播种后覆沙，厚度5毫米。覆沙后需拖沙，继续用打击垫进行拖沙。尽量不要把草种落在交播草坪意外的区域，施工人员完工后需将机械和鞋底所粘的草种清理干净。

（4）拖沙后淋水，淋水需要保证表面白天始终2厘米湿润，采用多次少量的方法。干燥时，放果岭剪草机滚压一遍。

（四）播种后的短期特殊养护

（1）剪草：播种后前15天剪草要求不带集草斗（见表8-3）。

表8-3　剪草具体安排

时　间	剪草安排
播种前一天	5毫米
播种当天	5mm 剪草后播种
播种后第一天	不剪草
第二天	5毫米
第三天	不剪草
第四天	不剪草
第五天	不剪草
第六天	7毫米
第七天	不剪草
第八天	不剪草
第九天	不剪草
第十天	7毫米
第十一天	不剪草
第十二天	不剪草
第十三天	不剪草
第十四天	7毫米
第十五天	6毫米开始带斗剪草

以后保持这个修剪高度。每星期修剪两次。

（2）淋水：播种当天开始，持续 10 天，少量多次淋水，必须保持果岭表面 2 厘米湿润。

（3）施肥：播种前后不可使用各种肥料。草种萌发期只需保证温度（积温）和水分即可，不用施肥。在播种后第 16 天喷施叶面肥，使用 15-15-15 肥，用量：$0.7 \sim 1.0 \mathrm{g/m^2}$ 纯氮。一个多月后（交播草坪草分蘖前）施用缓释肥，用量：$1.0 \sim 1.5 \mathrm{g/m^2}$ 纯氮，或喷施叶面肥，用量：$0.7 \sim 1.0 \mathrm{g/m^2}$ 纯氮。之后直到翌年 3 月不要再施用缓释肥。

（4）喷施杀菌剂：在播种前两周和播种后 3 周内，每周一开始喷施一遍杀菌剂。使用多菌灵、代森锰锌、甲基拖布津、百菌清。两两混合后喷施，用量参照杀菌剂标准用量使用。

（五）交播后的养护

（1）注意浇水水量的控制。

（2）注意对"本草"（果岭上栽培的草坪草）的观察，适时进行杀菌、覆沙作业。

（3）交播后至翌年 3 月不可施用缓释肥料。施用叶面喷施 15-15-15 肥和 0-0-50 肥，两种交替使用。

（4）打实心孔、覆沙、杀菌、水量控制可综合性防止腐霉枯萎病的发生。

（5）需要草坪管理者每天巡视果岭和其他交播草坪。

（六）春季过渡的养护管理

春季过渡是一个循序渐进的过程。随着气温回升，冷季型草逐渐衰退而暖季型草开始恢复，此时草坪管理非常重要，并开始为交替做准备，否则严重影响草坪品质。

（1）气温开始回升初期，即暖季型草坪草返青前，冷季型草坪草旺盛生长时进行多次低修剪，并配合梳草，适当抑制冷季型草生长，减少对暖季型草的遮蔽，让暖季型草得到更多阳光，利于快速返青，加速过渡。

（2）暖季型草坪草返青后减少浇水，使冷季型草坪草因干旱而逐渐衰退，并有利于暖季型草坪草根系的生长。当暖季型草开始快速生长时适当提高留茬高度，给暖季型草生长空间。

（3）春季多进行空心打孔和梳草，促进暖季型草坪草根系的生长以及冷季型草的衰退。

(4)4月初应进行打孔通气、施肥。通过频繁修剪、适度干旱使冷季型草坪草产生生理胁迫,同时促进暖季型草坪草出苗。

(5)交替时须及时打孔、覆沙,同时施以重肥,使暖季型草坪草能尽快恢复。交播的全过程中,最重要的是把握梳草和播种量,随后就是病害防治。

七、球痕修补

当球落上果岭时,会对草坪向下撞击,形成一个小的凹坑,即球击痕。在雨季、地面潮湿、土壤松软时,容易造成球痕。球痕不仅会影响果岭的推球效果,也会影响果岭的美观,果岭养护者要及时修补球痕。

正确方法为,用刀子或专用修复工具果岭叉(图8-12)插入凹痕的边缘,首先将周围的草坪拉入凹陷区,再向上拖动土壤,使凹痕表面高于推球面,再用手或脚压平,使草皮与土壤紧密接触即可。球员在果岭上看到其他未修复的球痕时,如果时间允许,也应予以修理。如果每个人都主动修理果岭球痕,其效果是令人惊奇的。不要只依赖球童去修果岭,一个真正的球员总是随身携带果岭修理叉。如需要,对修复后的球痕区进行人工浇水保湿,直至草坪恢复正常。

图8-12　果岭叉

八、洞杯更换

果岭上的球洞,是高尔夫击球的终点。通常球洞里放置一个金属或塑料洞杯(图8-13)。洞杯,包括底座和杯体两部分,杯体的外径不得超过10.8厘米,深至少10.16厘米。洞杯应放在果岭表面以下20.32厘米深处。杯口比果岭表面低2.54厘米。

图 8-13　洞杯

　　洞杯更换,是果岭管理中的一项日常工作。洞杯的定期更换,有助于防止果岭局部草坪的过度践踏与损伤;同时,通过果岭洞杯位置的变化,还可以调整打球的难度,增加打球战略的变化性。洞杯更换的频率,主要取决于以下几个方面:①果岭使用的频率和草坪磨损的程度;②使用草种的抗磨程度;③预计磨损草坪的恢复情况;④土壤的预期压实程度;⑤球赛需要更换洞杯的位置。

　　通常,洞杯需要每天更换。但在果岭使用率低时更换次数可相应减少。然而,换洞杯相隔的时间不应太长,以免因草坪生长而减小洞口的直径。有时在草坪生长缓慢,果岭使用频繁时(特别是公众球场),洞杯每天换两次。但如果是比赛,洞杯当天不能变动位置。

　　洞杯的放置,首先要体现公平的原则。这就要求考虑多种因素。比如,果岭坡度变化、草坪质地、与果岭边缘距离、果岭球洞的设计、击球点到果岭的距离等因素。严格讲,在球洞周围半径为 0.9 米的范围内不应该有坡度的变化,并不是说这个地区必须平坦,洞杯放置区之间有轻度的到中度的起伏最佳,但大多不超过 3% 的坡度。球洞周围最好没有球痕、其他污点和草坪质地的变化。

　　更换洞杯时,应避免洞杯位置过高或过低。通常一人专门负责换洞杯,不应单纯求快,而应把质量放在首位,因为更换洞杯的好坏直接影响到果岭的品质。更换洞杯要使用换杯器(Hole Cutter)(图 8-14),洞杯更换的步骤具体如下:

　　(1)先选定球洞的新位置,用打洞器取土。打洞器外侧应清楚标记取土深度。

　　(2)使用洞杯钩小心、缓慢地把洞杯取出、并放置在新的洞中(最好使用放杯器)杯顶与地面应有 2.54 厘米的间隙。

　　(3)把带土的打洞器放在旧洞中,并把土压出。

　　(4)检查是否平整,如需要调整,可进行加沙或减沙。严禁强行挤压。

（5）用拇指把新土边缘揉松，使其能与周围的土壤结合、草纹一致。

（6）轻轻压实新土边缘。

（7）给新土浇水，再检查以确保其平整度。

（8）将旗杆放在洞杯中并固定，完成更换洞杯的任务。

图8-14　换杯器

此外，洞杯位置的选择也具有一定的要求：通常洞杯半径1米范围内不应有斜坡，但这并不代表洞杯位置必须水平。洞杯不能放置在有倾角的斜坡上，以免球停不住。洞杯周围不应有过多的球印、污垢和异常的草纹。

美国高尔夫球协会（USGA）建议，洞杯距离果岭边至少5步（约4.6米）。当果岭入口之间有障碍时，距离应加大。新洞杯应至少距离旧洞杯4.6米。当果岭很湿或冬季时，洞杯最好放在果岭前部，以免果岭因践踏而过度压实、变形。如天气预报将下雨，应避免选择低洼处放洞杯。

果岭、发球台均有前、中、后之分。为了保持球洞长度，发球台标志摆放位置应与果岭旗杆相配合，即前发球台—后果岭，后发球台—前果岭，中发球台—中果岭。另外，洞杯放位应果岭左右两侧替换。18个果岭洞杯位置安排应为前、中、后各6个，其中9个靠左侧，9个靠右侧。这样可以避免球友投诉球洞过长或过短。

第四节　果岭草坪养护管理常见问题剖析

一、果岭干斑

在夏季，翦股颖果岭草坪会出现干斑现象，如图8-15所示。其主要原因是，土壤中的有机物质被微生物分解，变成了使草坪根系所容易吸收的有机酸。对草坪的根系来说,本来是有益的有机物质因变质变成了有害的有机酸,随着时间的推移,枯草层、植物组织本身、根系的分泌物等物质,堆积到土壤沙层断面,促使有机成分增加,这些有机成分因为腐蚀变成具有排水性的物质并吸附在沙层的断面,最终变成了妨碍渗透性能、妨碍水分吸收、营养元素吸收的有害物质。这些物质堆积在土壤当中,导致草坪草的根系由于土壤板结而很难深入土壤发展,造成草坪根系过浅,无法吸收到正常生长所需要的水分及养分,从而致使草坪出现干斑的现象。

图 8-15　果岭干斑

在高尔夫球场打孔、穿刺是常用的两种较好的祛除草坪草干斑的办法。通过多次的打孔、穿刺和覆沙的工作,能够改变土壤结构使之适合草坪生长;然而,对于正常营业的高尔夫球场不可能频繁通过打孔来解决干斑问题,尤其在炎热夏季,冷季性果岭草坪成长脆弱,多次打孔穿刺的方法会对草坪造成大的伤害,从而导致草坪大面积死亡或造成草坪病变。

基于以上原因,一些草坪专家主张采用水压打孔,这种新颖的打孔方式对草坪伤害小,不会影响打球,可增加打孔次数来缓解干斑压力。注水式打孔的原理是,通过高压将水注入土壤中,达到松软土地的目的。这样一来就可以有效地保证草坪根系土壤的渗透性,使得草坪草根系及时、足量地吸收到所需要的养分和水分,从而保证草坪根系的正常发育,避免草坪干斑的形成。如果同时将土壤调节剂和土壤疏松剂药液注入土壤的话,则更能有效地改良土壤的板结程度,缓解干斑的形成。

喷施湿润剂(Wetting Agent),也是解决这个问题的有效方法。这种将水或药液高压注射进土壤的方式,不但能使因球员或养护人员踩踏而变硬的草坪变得松软,而且随着水注的射入的同时也带入空气进入土壤,从而使草得到活性化,促使草坪草的发育。如果注水打孔时加入草坪生根剂,那么更会促使草坪根系的生长发育,其效果更理想。注水打孔可随时多次进行,不会破坏草坪的根系,也不会影响球场正常的营业。多次注水打孔,能减少机械打孔的次数,减少覆沙量,降低管理费用。

二、果岭剪草斑

一些球场设计师在设计果岭时,较少考虑到草坪作业的困难度,主要是草坪作业面积不够,因此常常出现修剪保养与竞技的突出矛盾。常见的现象之一就是齐根剪,即凸起处"剃光头",洼陷处成"森林",也就是我们常说的果岭剪草斑现象。对此种情形,通过变换剪草方式可防止在同一个地方连续齐根剪。

此外,还由于剪草机刀片不锋利,在剪草作业时造成啃草、拉草的现象,也是造成果岭剪草斑的主要原因之一。这一现象还会加重球场草坪病害的发生。这就要求我们在剪草作业前做好机械的养护保养工作,把刀片磨锋利,使得修剪后坪床整齐平整,也降低了病害的发生概率。

三、果岭草坪颜色不均

果岭草坪颜色不均,常常和施肥作业联系在一起。在施肥作业过程中,由于施肥不均,使得草坪营养失调,在果岭某些区域即会出现黄化或白化的现象。解决方法是,在施肥作业中,肥料撒播机操作人员,应尽量控制好自己的步伐,使得肥料均匀地撒施在果岭平面上;此外,常施水肥也可解决施肥不均的问题。

四、机械漏油及烧苗

在球场草坪的养护管理中,经常会发生草坪机械漏油(汽油、机油、液压油等)而污染草坪的事件;如果对污染的草坪不及时进行处理,就会导致草坪的死亡和土壤的污染。球场相关部门应做好工作,制定严格的工作制度,规范机械操作,从而减少机械漏油现象的发生。

一般情况下,植物根毛细胞液的浓度总是大于土壤溶液的浓度,于是土壤溶液里的水分就通过根毛的细胞壁、细胞膜、细胞质渗透到液泡里,随后逐步渗入到表皮以内的层层细胞,最后进入导管,由导管输送到茎、叶等其他器官。但如果一次施肥过多或过浓,就会造成土壤溶液的浓度大于根毛细胞液的浓度,结果使根毛细胞液中的水分渗透到土壤溶液中去,这样根毛细胞不但吸收不到水分,反而还要失去水分,从而使植物萎蔫,即俗话说的"烧苗"。

【本章小结】

　　果岭是高尔夫球场中每个球洞周围的一片管理精细的草坪区域,是球手推杆击球入洞的地方。果岭草坪养护管理的水平,直接代表整个球会草坪养护管理的水平;而且,果岭质量的好坏,会直接影响球场的经营与管理;同时,也决定着该球场在同行中的档次、地位。果岭的面积虽然只占球场面积的1.6%,但是每场球中有75%的杆数与果岭相关。因此,所有的高尔夫球场都把果岭草坪的管理作为球场草坪管理的重中之重。

【思考题】

　　1. 简要列举果岭的相关区域主要有哪几个部分,并用图示标出?

　　2. 简述果岭主要有哪些种类?

　　3. 简述果岭草坪质量标准的主要内容有哪些?

　　4. 简述造成果岭草坪干斑的原因及其防治措施?

　　5. 简述影响果岭洞杯移动频率的主要因素有哪些?

　　6. 简述高尔夫草坪1/3剪草理论的主要内容?

　　7. 试述果岭的养护措施主要有哪些,及其各自养护要点?

　　8. 简述暖季型草坪草冬季交播技术的主要流程?

第九章
发球台草坪养护管理

本章导读

　　发球台承载着球手每洞第一杆的击球,一般一个洞有 3~5 个发球台,或纵向或分散地位于远离球洞的一方,既可确定该洞的距离,又兼具调节该洞难度的作用。由于球手在发球台上一般均用木杆开球(三杆洞除外),不易对发球台草坪造成打痕,但对发球台及周边草坪的践踏比较严重。而三杆洞一般用铁杆开球,发球台草坪非常容易产生打痕,对发球台的功能造成较严重的影响,也给发球台的草坪管理带来了难题。如何在满足发球台的功能基础上,最大限度地管理好发球台草坪,满足球手对球场功能和景观的双重满意,将是本章需要解决的问题。

教学目标

　　了解发球台在球场中的作用和地位,理解发球台草坪的质量标准内容,掌握发球台草坪的养护管理措施和方法,能正确运用管理措施对发球台进行日常养护,能综合运用草坪养护管理知识。

　　高尔夫球规则中明确规定:发球台是开始打一个洞的起点。通常一个球场每个洞设置 3~5 个发球台不等,距离果岭由近到远分别是业余女子(红梯)、职业女子(白梯)、业余男子(蓝梯)和职业男子(黑梯或金梯)使用。

　　根据不同发球台的使用频率,其面积有所不同。一般来说,职业男子发球台比职业女子发球台大,业余男子发球台也比青少年发球台大,因为职业男子的发球台有 3/4 以上都会草皮磨损过度,因此,应该有 3/4 或者更多的发球台空间为他们设置。发球台的面积通常在 100~300 平方米,一个球洞发球台的总面积为 400~1000

平方米，一个标准 18 洞球场的发球台总面积为 7000~20000 平方米。

　　发球台形状多种多样，常见的有长方形、正方形、半圆形、类圆形、圆形、椭圆形等，还可以单个独立或多个连体形成连续式的发球台。发球台的形状，通常根据球场风格、建造地形而定，以简便经济为原则。几个发球台可以在一个水平面上，也可以呈阶梯状排列。有的发球台周围，会栽种灌木或草本将发球台围起来，有的球洞发球台与球道相连接。发球台既能起到开球的目的，还能通过各个发球台排列的距离远近或方向来调整球洞的难度。

　　发球台总的面积虽然不大，但因每位球手都要从发球台开球，发球台草坪受到的践踏程度很高，因而发球台草坪管理也是球场草坪管理中非常重要的部分。发球台一般比球道略高，要保证球手站在发球台上应该能看见球在球道上的滚动，允许由前往后有 1%~2% 的坡度，方便雨水或多余的灌溉水地表径流，从发球台后方排出，而不至于流向球道，造成临时积水。如果球的落点处地势较低、较平（但比较少见），则发球台表面可以有凸起，左右倾斜，向前倾斜或者向后倾斜，坡度为 1%。向后倾斜 1% 是最常见的，因为发球台表面相对较平坦，1% 的坡度已经足够排水之用。

第一节　发球台草坪的质量标准

　　一个球洞的发球台，应具有稳固的坪面，能支撑球手踏实站位，能给球手带来良好的心理感觉，便于球技的发挥，这需要发球台草坪符合以下的质量标准：①平整性；②密度；③均匀度；④修剪高度；⑤光滑度；⑥回弹力。发球台主要是提供球手开球的场所，其草坪质量，通常以是否符合打球要求作为评判标准。球手在发球台上通常都会架梯用木杆开球（三杆洞除外），给球手提供一个稳定的站位是发球台草坪质量的基本要求。由于开出球后，球飞向球道，一般不会在发球台上滚动，所以光滑度和回弹力相对来说不重要。

　　不同的草坪草种类，在不同季节呈现出不同的叶色，作为草坪草独具的一个景观因素，也成为球手评价发球台草坪质量的参考因素之一。很多时候，球手都认为美观是球场最重要的因素，他们希望草坪终年呈现深绿；但是，只有冷季型草才能显现这种颜色（即使冬天也如此），暖季型草则相对颜色较浅。

1. 平整性

　　平整性是对发球台草坪质量最核心的要求。因为只有稳定坚实的草坪面才能让球手稳定架球，站位踏实，击出好球。草坪坪面不平整会影响球手站位的稳定性,不利于大力开球。而且过于蓬松的草坪面还很容易在击球时造成打痕,影响草坪质量。

2. 密度

致密的草坪生长旺盛,可在最短时间内通过匍匐茎的分蘖覆盖打掉的草皮痕,恢复发球台完整的草坪坪面。并且,致密的草坪还能增强对践踏和磨损的抵抗力,因为草坪具有一定密度时,叶量大,根系丰富,具有较强的光合作用能力,可储存大量的营养供草坪草再生和恢复。

3. 均一性

发球台草坪颜色、质地以及修剪高度,应该保持较高的一致性。更重要的是,均一性可影响球手的心理情绪,杂草丛生、高低不一的坪面带给球手的是杂乱、不规整的感觉。修剪高度,能保证发球台是由短而粗的茎叶构成整个坪面,比起长而柔弱的叶片更稳固。

4. 修剪高度

发球台的修剪高度,通常与果岭环相同,这样便于维护,可在修剪发球台时一同修剪果岭环,节省人力成本,通常8~12毫米的高度足可让球放在插入土壤中的球梯上时不受草尖的干扰,同时也能符合不同球手选择适宜的高度击球。

5. 光滑度

光滑的发球台坪面,能给球手舒适的脚底感觉和视觉享受,高低不一、粗糙不等的坪面会影响球手的舒适站位,影响球手的流畅挥杆。

6. 发球台的回弹力

发球台的回弹力,主要指的是根系层的弹性,太硬实的土壤不容易插入球梯,而且会影响水肥的吸收,发球台草坪应具有一定厚度的草垫层,有一定的弹性。

第二节　发球台草坪养护管理

一、修剪

(一)修剪高度

发球台草坪的质量要求,是影响其修剪高度的最重要因素,草坪质量要求越高,修剪高度就越低。发球台的草坪要求高尔夫球放在球座上时,不被周围草坪的叶片包围,球手架好球后能清晰地看到完整的球。特别是在三杆洞发球台上,一般球手都会选择用铁杆击打直接放在草坪上的球,要求草叶不能太高使球手不能直接击打到球,即草叶的生长不能对球手挥杆击球造成任何影响。

发球台草坪的高度要控制在合理的范围内,并且发球台草坪的平整性和均一性要求较高,草坪面不能高低错落、参差不齐。要满足这样的质量标准,就需要经常修剪,修剪高度根据养护水平和草种而异,通常为 8～20 毫米,介于果岭和球道之间。但具体决定每一次的修剪高度还应考虑以下几个方面:

(1) 草种不同,其可接受的修剪高度也不相同。冷季型草如匍匐剪股颖可将修剪高度降低到 5 毫米,而暖季型草如狗牙根或海滨雀稗的修剪高度一般在 10～15 毫米。

(2) 不同的养护水平。根据俱乐部对整个球场草坪养护的预算高低,发球台草坪的修剪高度也有较大差别。对草坪质量要求较精细、预算额度较高的球场养护标准较高,通常要求每日或隔日修剪一次发球台,并且要求修剪高度不能超过 10 毫米,而预算额度较低的球场对发球台的养护要求较低,一周修剪 1～2 次即可,修剪高度也相应提高 5 毫米左右。

(3) 不同级别的赛事对修剪高度的要求不同。俱乐部承办的高尔夫赛事的级别差异,也决定了赛事期间发球台草坪修剪高度的变化。若是国际级的赛事,对发球台草坪质量要求严格,则修剪高度通常为该草种的耐受下限,如夏威夷草可修剪为 5 毫米或以下,草地早熟禾可修剪为 8 毫米或以下;若承办的是一般的业余赛事或集团友谊赛等,发球台的修剪高度可与平日修剪的相等或适当下调 1～2 毫米即可。

(4) 若发球台草坪发生病虫害时,可以适当提高修剪高度 1～2 毫米以帮助草坪草恢复生长。当需要进行其他养护措施前(如进行覆沙以调平发球台坪面时),也可提高 1～2 毫米的修剪高度。

从节省劳动力和合理安排封场养护时间等因素出发,通常将发球台草坪的修剪高度调整与果岭环的修剪高度相同,在进行发球台修剪时可同时进行果岭环修剪。为保证发球台固定的形状,边缘的修剪同样重要,可以把发球台边缘修剪成自然的曲线形,造出等高线式的边缘,过渡到球道。

(二)修剪时间

发球台草坪的修剪宜在清晨进行,应避开球场的营业时间。因为草叶的生长主要是在夜间,清晨修剪既能保证发球台草坪面的平整,不影响发球台的使用功能,还能避免大量露水停留在修剪后的草叶上,减少病虫害的发生。如果在傍晚修剪发球台,晚间生成的露水易从草叶剪口处入侵,较易感染病害。

修剪时最好用集草箱将修剪下来的草屑收集起来带离发球台,尽量避免倾倒进邻近的湖里或倾倒在周围栽种的树根下。草屑虽然可作为池塘里鱼类的食料,也能作为肥料供给树木生长,但会加重湖水污染,也会增加草坪病虫害的传播途径和概率,特别是正在发生病害的草坪更不应该将病叶留在球场里。

(三)修剪频率

不像果岭需要每天修剪以维持一个平滑的推杆面,发球台草坪的修剪频率根据草坪草的生长势而定,通常在草坪草种的生长旺季可一周修剪 2~4 次,在生长休眠期一般一周修剪一次,甚至 10 天左右才修剪一次。

修剪频率应根据草坪草的生长状态而定,目的是保持发球台草坪的高度在一个理想的范围,不影响发球台的使用功能。发球台修剪频率主要考虑如下因素:

(1)在施入速效肥后的两周时间内,由于根系吸收肥料后草叶生长速度变快,需要增加修剪次数 2~4 次,以保持发球台坪面维持在一个理想的高度。

(2)当发球台草坪草生长不良或发生病虫害时可适当减少修剪次数,同时提高修剪高度,以保证草坪草的正常生长。

(3)在球场承办高规格的高尔夫比赛期间,为避免草坪草生长速度过快引起坪面均一性和平整度的降低,在每一轮比赛之间都需要修剪发球台草坪,以保证比赛的顺利进行。

(4)在发球台进行了覆沙、打孔、切割等特殊作业后,可适当减少修剪次数,以帮助草坪坪面恢复。

(四)修剪方式

单个发球台面积在 30~150 平方米,进行修剪时主要使用滚刀式剪草机。相比较旋刀式的剪草机横向拉扯草叶,滚刀式剪草机对草叶的伤害较小,如果刀片足够锋利的话并不会引起大面积的拉伤草叶的情况。同时,还应考虑选择重量较轻的剪草机,剪草机本身的重量可能对草坪造成一些伤害,如导致土壤紧实,透水透气性下降。过重的剪草机本身的重量使得刀片下压,虽然调校的目标高度已定,但实际修剪出来的高度却更低。

发球台修剪应遵循以下几个步骤:

(1)修剪前检查发球台面,清理球手遗留下来的鞋钉、被打断的球梯和其他杂物;并查看所有的草皮痕是否已全部修补,若有新鲜打痕需先用沙覆盖,再用脚踩踏,使之平顺后方可进行修剪。

(2)修剪前检查剪草机上的修剪高度是否已按照管理要求调效准确,是否存在漏油现象等,若不符要求应停止使用该剪草机修剪,以免造成草坪面高度过低或漏油烧草现象。

（3）开始修剪时要操作准确,从发球台后方进入,侧方驶出,避免驶入球道。

（4）采用"十"字形修剪方式,每一个方向往返修剪,不能只往一个方向修剪,否则易形成"斑纹"现象(草叶趋于同一方向的定向生长)。

（5）剪草机行驶到发球台边缘时抬起刀片,继续行驶到发球台外转弯,再回到发球台上修剪,以免损伤发球台面,造成转弯痕迹损伤或"剃头"现象。

（6）在草坪草生长旺期修剪或修剪间隔期较长时,修剪中途要观察集草箱的重量,可在修剪途中驶出发球台停下,清空集草箱后再修剪。此举同样是为了避免压低修剪高度。

图 9-1　发球台修剪

图 9-2　修剪机在发球台外转弯的轨迹

二、灌溉

发球台应保持相对干燥,以便减少潮湿的土壤受严重践踏造成土壤硬实的可能性。发球台草坪的修剪高度高于果岭草的修剪高度,其草坪根系要较果岭更深、更发达,地上部分的叶片量也更大,能够忍耐相对较强的干旱,可以在接受较果岭少的灌溉量下,保持旺盛生长。

(一)灌溉量

保持发球台草坪适宜的灌溉量,是保证草坪草生长良好的重要条件。具体确定发球台草坪的灌溉量,需要考虑发球台草种种类、坪床质地、气候条件、施肥情况等因素。

1. 草坪草种

不同种类的草坪草对水分的需求不同。如冷季型草中的匍匐翦股颖,暖季型草中的狗牙根相比其他草种而言需水量较大,相应地灌溉量应有所增加。

2. 坪床结构

发球台的坪床结构,也影响着灌溉量。若发球台坪床全为纯沙建造,因沙质基质导水率较高,水分渗透快,径流少,水分容易进入根系底层,不易保水,故需增加灌溉量。而混有有机质或壤土建造的坪床,因壤土基质透水性较沙质基质差,土壤持水力较好,灌溉量可适当降低。另外,若发球台坡度较大,会使得地表径流较大,进入根系层的水量相应减少,则相比坡度较小的发球台灌溉量应适当增加。

3. 气候条件

不同的气候条件,也影响发球台草坪的灌溉量。在南方的夏季,气温较高,蒸发量较大,需增加水分灌溉。若是雨季,雨量充沛,则应相应下调灌溉量。北方地区也可根据不同季节气候条件确定灌溉量。

4. 施肥

发球台草坪施肥后应立即灌溉,以免发生"烧苗"现象。灌溉量不可过多,最好在施肥后两周内灌溉量都不应过多,否则易产生肥料淋溶。

另外,影响灌溉量的因素还有草坪的修剪高度、草坪生长情况,中耕措施情况等。如修剪高度较高,即叶片蒸发量较大,灌溉量酌情提高。而草坪生长健康,无病虫害时对水分的需求也较发生病害时多。进行中耕措施如打孔后可减少灌溉量以促进根系向下生长。

（二）灌溉时间

发球台草坪通常在傍晚灌溉，此时球场打球人数较少，可尽量减轻灌溉后球手对发球台的践踏，而且还以利于发球台上多余表水的排除。在气温较高的季节也可以在清晨喷灌，洗去露水，避免病害侵染，创造良好的打球条件。

在草坪草生长旺季或球场在承办比赛期间，每天都需要进行灌溉，在草坪草生长休眠期时可降低到每周 1~2 次。如南方球场夏季通常会一天灌溉 2 次，清晨和傍晚各 1 次，每次 20~30 分钟。冬季只需在傍晚灌溉 1 次，每次 20 分钟左右，具体时间要根据所需灌溉量、喷头类型、喷灌设施的工作压力等决定。

（三）灌溉方式

建造发球台时埋设的喷头，应根据发球台的大小选购喷头类型，调整喷洒半径，通常在发球台上不会有太大面积的重叠喷洒区域。发球台的灌溉量同球道一样，如果是电子控制的自动浇灌系统则通常与负责球道浇灌的喷头同时打开。但因为在平时的发球台管理中施肥的频率比球道高，发球台每次施肥后需单独打开周边的喷头浇灌 10~15 分钟，促进肥料的溶解和渗透，避免颗粒肥料停留在草叶上产生"烧草"现象。

为避免重复灌溉造成发球台过分潮湿，当需要喷施肥料或杀菌剂、杀虫剂时，可将肥料或药剂混入灌溉系统中进行灌溉施肥。此项技术既可节约水资源，又可节约人力，减少草坪封场养护时间，提高球场使用率。而且灌溉施肥的一个重要的优势是能够精确地施用小剂量的养分。

目前，某些球场已经开始引进先进的手持遥感控制器。草坪工作人员可以在球场任何一个地方当场观察草坪生长情况，根据需要适时通过便携式控制器对一个或一组喷头进行控制浇灌。有时也会使用电子系统控制喷头的旋转，要求某些喷头只喷洒半圈，这样可以只浇灌太阳照射到的区域，而不浇灌周围的阴影区，浇灌坡地或者山脊而不是洼地，浇灌发球台但不浇灌球车道。特别是在水资源缺乏地区此类措施能降低不少灌溉成本。

图9-3　喷灌控制系统端口

三、施肥

(一) 施氮量

充足的氮肥有助于保持发球台草坪的叶色,增加草坪匍匐茎的分蘖再生,促进发球台草坪的自我修复。在决定发球台草坪的施氮肥量时,应考虑如下几个因素。

(1)草坪草的种类。冷季型和暖季型草种中,均有一些草种较其他草种对肥料特别是氮肥的需求量较大,如冷季型草中的匍匐翦股颖,暖季型草中的杂交狗牙根。若发球台上栽种的是此类草种,每次施肥时都应适当增加施入的氮肥量。

(2)季节和气候。当处于草坪草的生长旺季时,对氮肥的需求量高,而当草坪草处于生长休眠期时,不需要施入更多的氮肥。当气温适合草坪草生长时,对氮肥的需求大,而气温较低时,根系活力降低,过多的氮肥并不能被草坪草根系吸收并利用。

(3)肥料种类。若使用速效氮肥对发球台草坪进行施肥,使用的量较缓释肥大,因速效氮肥更容易被淋溶,随灌溉水渗透至草坪根系难以达到的坪床下部。缓释肥因释放肥料较慢,故能更多地被根系吸收利用,肥效维持时间较长。虽然每次施入缓释肥的量比速效肥高,但一个季度或一年内的总用量要远远低于速效氮肥。

(4)发球台因球手开球时易产生草皮痕,为使草坪草快速生长,促进草皮痕恢复,故对肥料的需求较人,特别是对氮肥的需求。

(5)第 1 号和第 10 号洞发球台,通常较易遭到更多的践踏,应对其适当增加氮肥适量。3 杆洞的发球台,球手常选择用铁杆开球,易造成草皮痕,对氮肥的需求比正常值大一倍左右。

(6)同一个洞的几个发球台之间受践踏程度也不相同,一般男子业余发球台的施肥量要大于女子和儿童发球台,也要大于男子职业发球台,因为目前赴球场打球的客人以男子为多,而且男子职业发球台一般只在比赛中开放,日常经营中并不常使用,受践踏强度较小。面积较小的发球台上可供球手选择放置球的位置并不太多,对草坪同一区域的践踏和损伤程度更高,故该类发球台的单位施肥量要大于面积较大的发球台。

(7)在球场承办一些较重要的高规格的高尔夫比赛前,应提前 1~2 周对发球台草坪施入一次氮肥,以保证在比赛期间发球台草坪维持着较高的质量。

(8)若发球台发生了病虫害,在病虫害防治后的恢复期,应施入比正常量更多的氮肥,以促进草坪草的生长,尽快消除病虫害对发球台草坪生长产生的负面影响。

使用匍匐翦股颖、草地早熟禾建植的发球台草坪,每年需要的施氮量一般为 $15\sim20g/m^2$,在生长季节一般半个月至一个月要施肥一次,施氮量一般为 $1.5\sim9g/m^2$。使用狗牙根、夏威夷草种建植的发球台草坪的需氮量大,每年需要的施氮量为 $25\sim50g/m^2$,生长季节一个月进行一次施肥,较理想的施氮量是 $2.5\sim6g/m^2$。

值得注意的是,氮肥施入过量比氮肥不足引起的危害更大。氮肥施入过量,易造成草坪徒长、叶片柔弱,匍匐茎变细变长,不但增加剪草量,耐践踏能力也会下降,更容易造成草皮痕或秃斑,同时对病虫害的抗性下降,易发生病害。

(二)施氮时间

暖季型草坪草,如狗牙根或海滨雀稗的发球台,一年施肥 $2\sim4$ 次。春季施肥应该在早春进行,有利于打破草坪草休眠,促进根系生长。在夏季生长旺期之前再次施肥,即 4 月末或 5 月初,6 月和 8 月初重复施肥,以保证草坪草的快速生长有足够的肥料供给。在进入冬季之前,即深秋或初冬时应施肥一次,刺激草坪草的积累更多的根系,以保证草坪草能抵御低温,顺利越冬。

冷季型草坪草,如匍匐翦股颖或草地早熟禾建植的发球台,在一年中有两个生长高峰,一个在春季,一个在秋季。在初春施肥,以帮助草坪草尽快返青,恢复根系活力,快速生长;夏季,应该避免施氮肥;特别要重视秋肥,在 9 月和 10 月末各施氮肥一次,促进草坪草的根系生长。

(三)施肥方法

发球台草坪的施肥,一般使用离心下落式施肥机施肥,通常在发球台草坪修剪后施入。这样可避免修剪时带走草坪表面的肥料,也可以在施肥后停止修剪或修剪时不带走集草箱。如发球台需进行覆沙作业,应在覆沙之前施肥,以保证肥料颗粒被所覆的沙覆盖,能有效保证肥料的利用。

发球台施肥可按照以下步骤:

(1)在施肥之前应检查施肥机是否工作正常,若施肥机漏斗出现不正常关闭或其他问题时要立即处理。检查肥料的保质期,若肥料应存放原因导致结块变硬的话,要先粉碎肥料并过滤后再倒入施肥机,以免大块的肥料卡住漏斗,影响施肥。

(2)施肥时要注意均匀施肥,匀速行走,路线正确,避免重复施肥或施肥量瞬间增加或减少。否则难以保证均匀一致的叶色,影响发球台整体效果。特别注意在发球台边缘转弯时行走速度不能过慢,否则极易造成施肥不均匀。

(3)施肥后检查发球台坪面,若有遗漏的未施到肥的区域要及时补施。

(4)施肥完成后要立即进行灌溉,特别是在草坪面潮湿的时候更要尽快灌溉,以免肥料颗粒在草叶上融化,产生"烧苗"现象。

图 9-4　发球台施肥不均匀

(四) 其他肥料及土壤 pH 值

钾肥,可提高草坪的抗逆性,如耐热、耐寒、耐磨性,特别是 3 杆洞发球台或面积较小的发球台,要注意增加对钾肥的使用,一般在春天和夏末秋初施,也可在胁迫期前 20~30 天施入,用量为氮肥的 50%~75%。磷肥可促进根系的发育,春天和夏末秋初施磷,一年 1~2 次,避免根系层含磷量过高,产生磷的淋溶,污染环境。

一般情况下,其他营养元素的使用要根据土壤检测结果和草坪草表现出的缺素症状适时适量施入。土壤检测,至少每年进行一次,以了解各个发球台草坪根系层的营养情况,调整施肥计划。即便是在同一管理措施下的不同发球台,经过长年使用后,根系层的营养元素含量也不尽相同,故每个发球台的土壤检测结果对安排下一年的施肥计划非常重要。

发球台土壤 pH 值的调整同样重要,因为不同的草种适宜生长的 pH 值是不同的。根据土壤酸碱度测定结果在每年的春季或秋季施入农用石灰或硫酸盐进行 pH 值的调整,也可在平时施肥时使用含硫的复合肥料。如果土壤 pH 值偏低,可用石灰石 1.13kg/100m^2;偏高,可用硫酸铁(含硫不得超过 2.27kg/100m^2),研磨成细粉,均匀撒施,施完后立即进行灌溉使粉末溶解并进入根系层。

四、中耕

中耕措施,在高尔夫球场的草坪养护管理中又可称为特殊作业。与果岭的中耕措施相同,发球台的中耕措施一般包括打孔、穿刺、切割等。

(一)打孔

发球台土壤,紧实后草坪会根量减少,草皮层变薄。水分下渗慢,灌溉时容易形成临时积水,如灌溉10分钟后仍有不少水停留在土层表面。若产生以上的问题,可进行打孔作业,从而缓解土壤紧实。

打孔根据发球台使用强度不同通常打孔一年1~2次,常在草坪恢复生长之前和球场运营旺季之前。当然,不同土壤基质和客流量决定了打孔的频率和孔径、行距等,应根据具体情况适当调整。一般情况下,孔径在5~15毫米,行距在10~20厘米,例如沙质土壤建造的发球台紧实程度有限,打孔时应选择较混有黏土的基质更小孔径,行间距也可相应增大,例如孔径8毫米,行间距10厘米;而客流量大的球场较客流量小的球场发球台打孔时孔径应更大一些,行间距应相应缩小,如孔径10毫米,行间距15厘米。

对发球台进行打孔,通常使用手扶式打孔机或驾驶式打孔机。在打孔之前,应先在打孔机上调整好需要的孔径和行间距。先检查发球台坪面,防止一些特殊物体损坏孔钉。进行打孔时匀速前进,保证打孔质量。打空心孔应在打孔后用拖拉机牵引铁丝网将心土打碎并拖平到发球台草坪上,也可将心土完全移除清理。打孔后可暂时不覆沙,让根系层通气透水,但有条件的球场应喷施一次保护性杀菌剂,以保护暴露在空气中的根系和匍匐茎不被病菌入侵。在打孔后第二天可进行覆沙,以掩盖孔眼。并且注意打孔后两周内灌水量需增加,以满足根系层透水性增强造成的流失。

图 9-5　发球台打孔

(二)枯草层的处理

南方球场常使用夏威夷草或杂交狗牙根建造发球台,此类草种均能忍耐1.5厘米以下的修剪高度,故发球台上不易产生枯草层。其他草种如结缕草发球台草坪,容易形成枯草层。针对发球台的枯草层问题,可利用以下措施缓解:

(1)避免过量氮肥的施入。氮肥过多易引起草坪草疯长,加重枯草层的发生。

(2)每1~2周进行垂直切割,促进枯草层的分解。切割草坪表层的深度视枯草层的厚薄而定。

(3)表层覆沙。实际管理过程中,也常常使用覆沙代替垂直切割来控制枯草层。覆沙能促进分蘖,增加密度,冬季覆沙还能起到保温作用。

(4)打孔也能缓解枯草层的发生。

(5)频繁的低修剪可抑制枯草层的生成。对已经产生了较厚枯草层的发球台草坪,频繁的低修剪仍然有效。

(6)少量多次施入氮肥同样可以预防枯草层。

(7)还可使用化学药剂如枯草清除酶等喷施发球台,促进枯草层的分解。

五、草皮痕修补

草皮痕又可称为打痕,是球手挥杆击球时球杆击打到草坪,将草皮铲起后显现出裸露的土壤。易产生草皮痕的发球台是,3杆洞发球台、第1号、第10号发球台和练习发球台。发球台上过多的草皮痕,降低了发球台的密度和平整度,也在某种程度上干扰了球手流畅的挥杆心理,故很多球手在架球时都会特意选择没有草皮痕或草皮痕较少的区域。而且由于球手挥杆频繁,草皮痕长时间不能被新分蘖的匍匐茎覆盖,造成发球台凹凸不平,影响发球台功能和景观。

草皮痕应在正常的打球过程中及时修补,通常是等球手开球后球童将击落在远处的草皮拾回,覆盖住裸露的土壤,再用细沙覆盖并踩踏按压,促进草皮痕恢复生长。若在打球过程中因打球速度或球童自身的关系忽略了草皮痕的修补工作,则需要在其他时间进行修补。修补的方法主要有两种:

(1)补播草种。北方及过渡带地区的球场可用细沙混合与发球台草坪草同种类的草种,通常草种和细沙的比例是9∶1或8∶2,有时可混入一定量的氮肥。将混有草种的细沙覆盖草皮痕,再浇水,促进侧枝生长同时也寄希望于新萌发的草种能弥补缺失的草皮痕。在平时的管理工作中适当针对已有的草皮痕增施含氮的复合肥和灌溉用水量,促使新的植株体不断分蘖蔓延,增加草坪密度,以快速恢复草坪密度。

(2)铺设草皮块。在草皮痕非常严重时,如缺失面积过大或过深,草皮痕周围的草坪草生长不良时就需要使用备草区的草皮块替换草皮痕严重的区域。替换草皮块时一般将发球台分为前后两部分进行,一部分铺设新的草皮块,另一部分摆放台标正常使用,等待新铺设的草皮块存活并开始生长发育后再交换铺设草皮块,这样可避免影响球场的正常营业。

有经验的草坪管理者,会依据当地气候条件和往年同期客流量制订合理的发球台标的更换计划,或每天更换发球台标的位置,以免在同一个地方产生严重的草皮痕,也能帮助草坪草恢复生长。同时,随着老植株体的不断死亡,新植株体的不断生长,会逐渐填充发球台上的草皮痕,使草坪一直处于逐渐更新的过程,保证发球台草坪持续具有良好的质量。一般情况下,在草坪草生长旺季内,两周时间则可完全覆盖之前产生的草皮痕。

练习发球台设置在练习场内,客流量更高,践踏也更严重,需要制订更严格的更换发球区标志的计划来满足草坪草恢复生长所需的空间和时间,这同样需要根据客流量制订,如在草坪草生长旺季,通常5~7天更换一次台标的位置,如在草坪草生长休眠期则2~3天更换一次。

六、覆沙

坪面的平整度对发球台草坪非常重要,而覆沙是保持发球台坪面平整的常用措施。尤其是在3杆洞的发球台,一般球手都会直接用铁杆开球进攻果岭,使得该类发球台上的草皮痕相较其他发球台数量更多,裸露地面积增多,更需要全面覆沙解决。

定期给发球台草坪进行表层覆沙可掩盖匍匐茎,增加匍匐茎与土壤的接触面积,有利于匍匐茎的分蘖繁殖,使草皮痕快速自我修复,还能使发球台上的小凹痕迅速恢复平整。覆沙能控制枯草层的积累与形成,促进已有枯草层的分解,避免产生过厚的草垫层。南方球场在冬季给发球台覆沙,除提高平整度外还兼具保温作用,提高草坪草生长的微环境温度,延缓草坪叶色变黄,延长整个发球台草坪的绿期。

发球台覆沙厚度为2~10毫米。通常情况下在2~5毫米即可,若草皮痕凹陷多且明显,或为促进匍匐茎的分蘖可铺得稍厚,在8~10毫米。发球台每年覆沙不低于4次,具体覆沙频率要根据草坪草的生长情况和球场运营情况决定。生长旺季可多铺一次,运营旺季也可多铺一次。当然,如果有特殊需要如球场为即将举办的比赛准备场地时则可提前7~10天覆沙,以保证发球台的平整。需注意的是覆沙所用的材料要与发球台建造时使用的根系混合物一致,否则容易造成土壤的板结,透水性降低。

一般球场会使用覆沙机进行覆沙工作,覆沙机能调整覆沙厚度,在覆沙机驶出发球台区域后关闭出沙口,待驶入下一个发球台再开始继续覆沙。覆沙机铺完沙后可用人力拖着网状铁丝或驾驶拖平机拖平,将草叶上的浮沙扫下去,最后再人工拣拾过大的沙块、石砾等杂物,以保证所覆的沙不影响草坪草的生长,更不影响后续的修剪机的工作。

图 9-6　发球台覆沙

图 9-7　覆沙后拖平

图 9-8　拖平后将大粒的砾石和
　　　　土块拣走

图 9-9　发球台覆沙后

七、发球台周边和练习发球台

发球台周边,是指位于发球台下方、紧邻发球台面的周围草坪区域,这一区域种植的草坪草种类及管理措施基本上和初级长草区一致,包括修剪高度、草屑的处理、灌溉水量及施肥量等。但不同之处在于:

(1)由于灌溉发球台的同时也灌溉了发球台周边区域,灌溉水量比初级长草区多。

(2)在一个洞的起始之处,草坪质量的好坏比起初级长草区更容易影响球手对球场的评价,故需增加修剪频率以保证适宜的修剪高度。

(3)球手等待开球时均可站在发球台周边观赏其他球手击球,而且每次修剪发球台时剪草机都会在发球台外转弯,这些因素都造成发球台周边区域践踏较严重,故需增加氮肥的施入,以促进草坪草的恢复。

(4)一些地下害虫如蛴螬也常聚集在发球台周边,并且发球台周边杂草的生长也影响发球台的整体质量,故发球台周边区域比起初级长草区对病虫害杂草的防除要更精细。

发球台周围常种植有树木,既可增强景观效果,又能为球手在炎热天气提供开球前等待时的遮阴,有些球场的发球台周围种植有灌木或常绿草本,间隔开每一个发球台,增添了球场风采,但这些乔灌木会影响发球台草坪的通风,不利于水分蒸发,使得草坪表面的微环境过于潮湿,容易引起病害入侵,甚至刺激青苔生长;而过于茂盛的树木遮蔽了阳光,破坏了草坪草正常的光合作用,容易引起突长,降低了发球台的耐践踏性。解决以上问题的措施有:

(1)选择耐阴性较好的草坪草种和品种,或者选择落叶乔木或灌木,这样可从根本上减缓遮阴带来的负面影响。

(2)适当提高修剪高度1~2毫米,提高草坪草的耐践踏力和抗病虫害的能力。

(3)施用低氮肥料,可预防某些病害如币斑病的发生。

(4)特殊时期如病害发生期或产生青苔时缩短灌溉时间,降低发球台周边的湿度,减缓病害发生程度。

(5)定期修剪树木下端的树枝,必要时对遮挡住发球台坪面上方的枝丫进行剪除。

(6)球场运营几年后,某些生长良好的树木的根系有可能蔓延到发球台下方,影响草坪草根系的生长。这时,需要开沟挖断进入发球台下部的树根,减少该树对肥料和水分的竞争。

(7)平时要多注意病虫害的预防工作,定期喷施保护性杀菌剂和杀虫剂。

练习发球台通常布置在练习场附近,供球手练习击球使用。由于客流量较球道内的发球台大大增加,而且在练习发球台上练球的球手水平参差不齐,造成练习发球台上草皮痕数量大增,对草坪的践踏强度也非常大,针对练习发球台的特殊情况,可采用以下措施解决:

(1)相较球道内的发球台的管理,需要增加肥料特别是氮肥的施入量一倍以上,最佳的施肥方法是在正常施肥间隔期再施入一次。一年中的打孔次数也要增加1~2次,每次孔径比正规发球台大1~2毫米,行距提高2~5厘米。

(2)日常的草皮痕修补工作也非常重要。除此之外,还要制订一套适合的改变发球台开球标志的计划,根据客流量和草坪生长季节合理规划,适时改变练习发球台开球标志的摆放位置,尽可能地使破坏严重的草坪草能够有足够的时间恢复生长。当然,在草坪轮休计划中除掌握轮休时间间隔外,还需将练习发球台分割为几个部分,使得每一次最后一块开球区域使用结束时第一块区域已能正常使用,这样可以避免因草坪更新影响练习发球台的使用。

(3)若草坪损失严重,以上措施均不能使其恢复生长,则需使用备草区的草皮块进行更换,过渡带地区和北方的球场可将原有草种混进覆沙材料中覆盖草皮痕进行复新,为促进草皮痕恢复,有时还可以混入30%~70%的速生草种如黑麦草,以达到快速覆盖坪面的目的。

第三节　发球台草坪养护管理常见问题剖析

一、过度遮阴

在球场设计之初,考虑到球手站在发球台上需要有良好的视野可观察到球道上可能的落球点,大多数球场在发球台周围只栽种部分灌木或小乔木。目的是不遮挡发球台的视线,只需有一定量的树阴提供给球手等待开球时躲避阳光的直射即可。但某些发球台仍然存在过度遮阴的情况,主要是由以下3个原因:

(1)一些球场定位为森林球场或山地球场,需要栽种大量的树木造就森林景观,会在发球台或球道的一侧排列栽种大量树木,这使得发球台上的部分草坪草长期受到树阴的遮蔽。

(2)一些球场在建造时为了保留当地的野生树种或名古树木,设计球场时忽略考虑了该树木的树冠对发球台的影响,使得发球台上的部分草坪草被浓密的树冠挡住了阳光。

(3)更多情况下是,建造球场时栽种的为球手等待开球时提供遮阴的小树苗经年累月后成长为大树,不仅根系伸长到发球台坪床,树冠也已扩展到发球台上方,遮挡了部分阳光,造成过度遮阴。

> 【案例】
>
> 　某球场 3 号洞发球台(黑梯),栽种在发球台左下方的小叶榕枝繁叶茂,树根突出地表延伸至发球台。由于该洞坐南朝北,左下方的小叶榕树冠从正午 12 点左右直到下午 5 点都会遮挡住该发球台后半部分 1/4 的草坪。该发球台种植的是海滨雀稗的一个品种——夏威夷草。被遮蔽的这部分坪面相比发球台其他地方正常接受阳光照射的草坪叶色较浅,叶片变软,生长速度减缓,拓展性降低,不耐践踏,抗病虫害能力下降,能明显见到部分秃斑裸露地,对发球台的景观和功能都造成了严重的影响。
>
> 　解决方案:
> 　为解决此发球台过度遮阴的问题,可采取以下措施:
> 　(1) 对该小叶榕枝丫进行适度修剪,去掉遮挡在发球台上部的树枝,恢复阳光照射,并对地面上蔓延过远的树根进行根部修剪,以防破坏发球台坪面。若该树对此发球台影响较严重,可将其移植至球场其他地方栽种,根本性解决问题。
> 　(2) 针对已经产生了秃斑的坪面,除上面提到的措施以外,要施入较多的氮肥以促进草叶生长、匍匐茎分蘖。
> 　(3) 若该块草坪已经表现出了病害的症状,应喷洒相应的杀菌剂。
> 　(4) 若该块草坪面草叶生长情况太差,秃斑严重,可考虑使用备草区的草坪草替换之。
> 　(5) 若产生遮阴的树木为独特景观或名贵古树木,则可考虑将该发球台的草坪草替换为更耐阴的草种。

二、发球台周边过度践踏

发球台是一个洞的起点,每位球手都要在发球台上开球至球道,而一些球场由于前来打球的球手很多,造成球洞间的"堵车",球手有时会离开球车,站在发球台的后方休息,并观看其他球手的击球,这极易造成发球台周边过度践踏。特别是某些难度较大的球洞,球道前方障碍区较多,球容易出界或下水,球手需在发球台上再打一个球,造成在发球台上挥杆次数增加,打球速度变慢,则该洞的发球台遭受践踏的强度大增,使得草坪草生长缓慢,匍匐茎变短,叶片变短变宽。践踏非常严重时则会逐渐露出秃斑,表明该区域的草坪草已不能承受此种程度的践踏。如对秃斑不立即形象处理或处理不当,秃斑范围会逐渐扩大,发展严重则会造成整片草坪草死亡,影响球场景观。

图 9-10　发球台周边过度践踏

【案例】

　　某球场 10 号洞发球台(蓝梯),左侧为山坡,右侧是开阔湖面,发球台及周边栽种的草坪草品种是海滨雀稗的一个品种——夏威夷草。该发球台外靠右的一块草坪区域相较其他草坪草叶色明显黄化,草坪低矮,土壤硬实,缺乏弹性,甚至出现秃斑裸露地,与发球台周边草坪形成明显差别。造成如上所述的情况,主要有以下几个方面的原因:

　　(1)由于是第 10 号发球台,等待开球的球手通常比其他洞更多,而且左侧山坡不方便站立,右侧成为进出发球台的通道,等待开球的球手大多都站在发球台右侧,对发球台周边的草坪践踏严重。

　　(2)修剪发球台时剪草机在发球台右侧外转弯也对该块草坪造成践踏。

　　(3)球手进出发球台时踩踏同一条路也对发球台周边草坪造成践踏。

解决方案：

针对发球台周边过度践踏的问题，可采取以下措施缓解：

（1）首先应立即减少践踏，可将该区域用木桩麻绳圈围起来作为整修地处理，解除该处草坪草受践踏的压力，逐渐让其恢复生长，等恢复至90%以上的覆盖度时可将木桩麻绳去掉。

（2）若该处为球手或剪草机必经之道，则可铺设空心的塑料地垫以缓解进一步的践踏胁迫。如图9-11所示。

图9-11　用空心地垫保护发球台周边草坪

（3）对已经斑秃的区域，可使用球场备草区内相同草种的草皮块进行铺设，替换掉斑秃地。同时在草坪块缝隙间撒上质地相同的沙土，踩踏紧实，帮助草坪块成活。

图9-12　发球台上的裸露地换草

（4）对生长不良的草坪需喷施氮肥含量较高的复合肥并即时浇水确保不烧草，帮助草坪草恢复生长。若在草坪草生长旺季还可对该区域采取划破草皮的方法，划破土壤表层的葡萄茎，促进葡萄茎分蘖，同样对增加草坪密度有帮助。

三、发球台平整度降低

发球台应该是平整的、便于球手稳固站位、流畅击球，但有时发球台也会变得不平整，总的来说主要有以下几点原因：

（1）即便球手在发球台上开球时会用球梯架球，但挥杆不顺畅时仍会击起草皮，特别是三杆洞的发球台，球手一般都会选择用铁杆开球，更容易造成草皮痕，过多的草皮痕使得发球台凹凸不平，影响发球台的平整度，均一性和密度也下降，从而影响其他球手架球或选择架球位置，也影响了球场的景观效果。

图9-13 发球台草皮痕明显

（2）在建造发球台时，根系层的土壤沉降不够或滚压得不够紧实，种上草坪草后，局部开始逐渐沉降，造成发球台坪面产生坑洼或凹陷。

（3）某些发球台靠近河边，在周边地下铺设有球场的主排水管，排水管由于长期水流较大，对周边地质产生重力作用，使得周边地基下沉，这也影响到发球台的坪床下沉，造成发球台的平整度降低。

（4）进行草坪管理措施时操作不当也会造成发球台平整度降低，如修剪时剪草机的刀片太钝，连根拉起草皮；覆沙时厚薄不均；打孔时操作打孔机失误使得对某一区域进行重复打孔,使得该区域空心孔过多,土壤均匀下陷;换草皮块铺设时没有将草皮块压平等。

(5)发球台草坪有时会产生不明原因的整个朝后或朝前倾斜,跟之前的设计及建造理念相悖,这时就需要对发球台进行较大的平整度调整才能恢复原貌。

针对不同原因造成的发球台平整度下降的问题,有如下几种解决方法:

(1)补沙是解决发球台草皮痕的首要选择。一般情况下球手击球产生了新的草皮痕,球童会立即将击飞出去的草皮放回原位,再用一些细沙覆盖住草皮痕,用手按压以保证草皮与发球台接触良好。需要注意的是所用的细沙应与建造发球台时根系层所用的细沙成分一致,否则容易进一步造成土壤紧实。

(2)定期对发球台进行覆沙作业,针对轻微的不平整具有很好的调平作用。所用的沙也应与根系层成分一致,一般常规性的覆沙通常厚度在 2~5 毫米,若是新建造的发球台或发球台不平整情况比较严重时可增厚至 8~10 毫米。也可在覆沙后进行滚压,进一步达到使之平整的目的。

(3)对于发球台大幅度的凹陷或整个发球台发生了不正常的向前或向后倾斜的情况,仅仅只进行覆沙是不能完全解决问题的,还需要对发球台进行整体的高差调整。具体步骤如下:

①在对发球台进行全面修复前调查造成倾斜或凹陷的原因。若是由于人工湖或池塘中的水冲刷地基造成发球台平整度降低,则需要对发球台周边人工湖或池塘的岸边进行加固或围砌处理。

②调整发球台高差时先将发球台上已有的草坪切割成长条或方形,宽度在 20~40 厘米均可,打卷或叠放后全部移至别处,注意浇水,以保证草皮存活。

③对整个发球台坪床进行覆沙作业,根据之前的设计图纸上标示的高差对发球台进行校准,使之恢复至设计标准。浇水后再拖平,保证沉降均匀。

④将之前的草皮再次铺设至发球台上,表面再覆一层细沙,覆沙方法及覆沙后滚压与平时相同,以保证草皮能与坪床紧密结合,缩短恢复生长的时间。

(4)若发球台的平整度降低是因为进行草皮管理时操作不当引起,根据具体情况立即纠正错误的操作方式,再对已经产生伤害的区域进行覆沙或替换草皮块即可。如每次修剪前检查刀片磨损情况,及时更换刀片以保证不引起草叶根系拉伤。平时覆沙后用地垫托平,再将直径较大的土粒或砾石拣走,以免造成发球台不平整。打孔时注意操作打孔机,及时抬起孔钉,避免重复打孔。需要更换草皮块时注意衔接紧密,踩踏压平,最大程度保证发球台的平整。

【本章小结】

发球台草坪,是高尔夫球场除果岭外草坪质量要求最高的区域,其主要目的是给球手提供一个平衡、稳定的击球站位。了解掌握发球台草坪质量标准,掌握发球台草坪的各项养护措施,并且将这些养护措施综合运用到实践中进行发球台草坪养护,解决发球台草坪养护常见的问题,是学习本章的重点。

【思考与练习】

1. 如何评价发球台草坪质量?
2. 简述发球台草坪主要养护措施及其操作方法。

第十章
球道草坪养护

本 章 导 读

在高尔夫竞赛规则中,对球道没有明确定义,通常是指连接发球台和果岭之间、较利于击球的草坪区域,是从发球台通往果岭的最佳路线。球道区是整个球场草坪的主体部分,是最能体现球场风格的地方,其形状一般为狭长形,也有向左弯曲、向右弯曲或扭曲形。球道长度由于每个球洞杆数的不同而不同,标准 18 洞球场球道总长度为 6000~6500 米,球道总面积变化较大,一般为 10~20 公顷,这取决于球道总长度和平均宽度,也与球道前缘距离发球台的远近有关。

教学目标

通过学习使学生掌握球道草坪建植及养护管理过程,建植主要包括坪址的环境调查,土壤改良,基础平整,草种选定,选择种植方案,建植以及管理等。球道草坪的养护管理包括灌水、施肥、修剪、除草松土、病虫害防治等养护管理技术。新建成的球道草坪,需要养用结合,以养为主的管理过渡到用养结合,正常管理与正常使用相结合,才能达到良好的效果。

第一节　球道概述

球道是发球台与果岭间的球场区域,是连接发球台与球洞区,较利于击球的草坪区域(见图 10-1),是从发球台通往果岭的最佳路线。除 3 杆洞外,上果岭之前的正常击球都应在球道内进行。球道宽度随地形的变化而形成曲线,一般为 30~60 米,比较普遍的是 40 米。球道长度由于每个洞杆数的不同而不同,标准 18 洞球场球道总长度为 6000~6500 米,球道总面积变化较大,一般为 10~20公顷,约占球场总面积的 18%。

图 10-1　高尔夫球场球道

球道两侧可保留原有自然起伏的地形以及原有植被作为长草区,也可利用不常修剪的草地、灌丛、土丘、池塘、水道、沙坑等障碍以增加球手打球的难度和兴趣及景观的变化。如果球手击球不准确,把球击入障碍区,此时要把球击出就比在球道上击球难得多。

理想的高尔夫球道,应既富有挑战性又可合理打球。高尔夫球洞的设计,主要分为以下三种主要类型:①战略性,②惩罚性,③挑战性。战略性设计,提供多种击球路线,需要球员去思考,去选择。高奖励伴随高风险。惩罚性设计,提供一种击球路线,击球的准确度是关键;挑战性设计,鼓励球员尽可能远地击球,击球越远离球洞区越近。

每一个球洞的距离,就是从发球台到球洞区球洞的距离,以码为单位。根据距离的不同球洞分为标准杆为三杆的球洞,称作 Par 3;标准杆为四杆的称作Par 4;标准杆为五杆的称为 Par 5(表 10-1)。各球场的地形、地貌不同,难易程度不一,每个球洞的标准杆数可作适当的调整。我们通常所说的标准高尔夫球场为 18 洞、72 杆,即在 18 个球道中有 4 个 Par 3 球洞、10 个 Par 4 球洞和 4 个Par 5球洞(4×3)+(10×4)+(5×4)= 72,其标准杆数的总和为 72 杆。

此外,高尔夫球场草坪中的球道和高尔夫运动规则中的球洞区通道,是有一定区别的。"球洞区通道"是指,除了正在打球之洞的发球区和球洞区以及所有障碍区以外的其他区域。规则上,球道区和长草区没有区别,全部视为球洞区通道部分。

表 10-1 标准杆与男子女子的击球距离

标准杆(Par)	男子距离(码)	女子距离(码)
3	不超过 250	不超过 210
4	251~470	211~400
5	471 以上	401~575
6	—	576 以上

第二节 球道草坪质量标准

一、草坪质量的概念

草坪,是指由人工建植或人工养护管理,起绿化、美化作用或作为运动场所的特殊草地。它是由草坪草的枝条系统,根系和根系表层土壤(约 10~30 厘米)所构成的整体。草坪质量综合体现了草坪草群落特征、根系表层土壤理化性质和草坪使用功能(尤指运动场草坪)的好坏状况。它不仅代表了草坪草群落的稳定性,植被覆盖度、密度、颜色、均一性和草坪草根系在土壤中的分布状况,也反映了根系表层土壤的通透性、肥力、粒子分布度和酸碱度等的高低情况。对于运动场草坪来说,它还体现了草坪使用功能的好坏,例如:草坪表面的平滑性、弹性、回弹性、硬度、持球能力和滚球速度等。

草坪质量的评价和监测,就是借助专门的草坪质量评价工具对构成草坪质量的各个主要因子进行定点定期地测试,然后运用国际通用的质量标准对所测试的草坪质量进行综合评价和分级,并对其时空变化趋势进行有效预测。

二、球道草坪质量标准

球道,作为连接发球台和果岭的草坪区域,不仅应具备优美的坪观质量,创造出良好的球场景观效果,更要符合球道击球所要求的运动标准。高质量的球道草坪,应具备如下特点:

（一）适宜的修剪高度

适宜的修剪高度,对于达到球道所要求的密度、草坪对球的支撑性,具有重要的作用。球道的最佳修剪高度,在 2.0 厘米以下,但可因所选的草坪草种、坪床土壤、气候、球道养护管理费用,以及球员喜好的不同而有一定的变化。

（二）草坪坪面具有较高的密度

高密度的草坪,才能使球在草坪面上处于一个较好的球位,利于球手击打;由于球易隐于草坪中,稀疏甚至裸露的草坪,不利于击打,增加了球道所不应有的打球难度。

（三）草坪坪面均一光滑

坪面具有均一性和光滑性,球手在整个球道上能准确掌握击球方式和力度,不致因球道草坪坪面的差异过大,影响球手的准确击球。

（四）草垫层厚度适中

草垫层过厚,会使坪面变得蓬松,容易在击球时因球杆的铲击而在草坪上产生大块的草皮痕,也不利于球手的平稳站位。过厚的草垫层,会影响草坪草根系的生长,但草垫层太薄的草坪面也不理想,难以使草坪具有相当的弹性。

球道面积广大,其功能与果岭发球台不同,因此对于球道草坪的坪面质量要求没有果岭和发球台那样严格,主要以能为球手提供一个较好的落球和击球位置,满足球手在球道上较好地控制击球为目的。

第三节　球道草坪养护管理

球道上高尔夫球的位置由草坪草的支撑力和叶片的数目所决定。某种草坪草的叶片数目主要由修剪高度、灌溉水平、肥力水平等决定。如果球道草坪管理不当,草坪管理者不得不降低修剪高度以获得对球的良好支撑力,而此时球是由土壤而不是草坪表面支撑,降低了草坪对土壤胁迫、杂草入侵、病虫害等的抗性降低。

球道草坪面积较大,其质量要求相对果岭和发球台低,主要养护管理措施有修剪、喷灌、施肥、表层覆沙、中耕等。

一、修剪

如果球道草坪没有被科学合理地养护管理好,就不得不降低剪草的高度,从而使地面托起高尔夫球,而不是理想状态下通过低剪的草坪和具有一定硬度的叶片托起球。这样过低的剪草高度,就会导致草坪生长虚弱,进而降低草坪抵御外界不利环境因素的能力,以及降低其抗杂草、抗病虫害的能力,也降低了草坪的恢复能力。

(一)剪草机类型

球道剪草机,一般使用滚刀剪草机,剪草机的刀片数为 5~10 刀。滚刀剪草机的刀片,由底刀和动刀两部分组成,底刀也称定刀,动刀也称滚刀,是将多个刀片按照螺旋线性状固定在转动的刀架上。定刀固定在滚刀的下方,工作时滚刀相对于底刀旋转产生渐进的作用。滚刀和底刀的切割间隙,可通过改变底刀的高低来调节(图 10-2)。

当球道的剪草高度降低的时候,就需要增加修剪的频率而达到均匀、平整的剪草效果。球道剪草机,一般是牵引式和自有动力并配有五联、七联和九联的剪草机。由拖拉机配带的剪草机,每一个剪草单元都有独立的液压提升系统。这些五联、七联和九联的剪草机的有效剪草宽度分别是 3.4 米、4.6 米和 5.6 米。现代液压系统的剪草机,不仅能剪出非常好的剪草效果,而且还能在潮湿的地面和斜坡上正常剪草。

图 10-2 滚刀剪草机

（二）剪草频率

球道剪草的频率，取决于草坪植株生长的速度。在温度和水分环境条件适宜于草坪草生长的时期，其剪草的频率就要增加，尤其是当使用的草种的垂直生长速度较快，或草坪的追肥水平尤其是氮肥的水平较高的时候，剪草的频率也会增加。在有喷灌的条件下，草坪则在每隔 2~3 天或每隔一天半的间隔进行剪草。而没有喷灌条件的草坪，由于受到阶段性的干旱影响，在其生长的旺盛期间每周剪草 2~3 次。如果球道每天修剪，其效果最好。但这仅限于当球场有大型比赛和重大活动的时候。每天修剪草坪的人工成本和机械成本都非常高。

（三）剪草高度

球道所选的草种、球员对打球的要求，以及球场的经费都会影响球道草坪的剪草高度。一般情况下，球道剪草的高度在 13~25 毫米。匍匐翦股颖、狗牙根和结缕草的剪草高度较低，而在低预算的球场细叶羊茅、草地早熟禾的球道剪草高度可达 30 毫米（见表 10-2）。在草种能承受的剪草高度限制的范围内，一般选择比较低的剪草高度。

草坪修剪得越低，高尔夫球所处的位置也就越利于打出高质量的击球，因此，最好的球道就是匍匐翦股颖草坪或改良狗牙根草坪，其修剪高度为 10~15 毫米。如果垂直生长比较快的草种如草地早熟禾用于球道，其剪草高度就必须比翦股颖要高才能达到理想的效果。因此，对那些直立生长较快的草种，其剪草高度的选择就要在为了保证草坪的正常生长需要与有较好的击球位置之间做出选择。

在夏季炎热的天气条件下，冷季型草坪的修剪高度应该提高 3~6 毫米。在这期间草坪生长缓慢，需要有较大的叶面积来防止由于炎热引起的草坪稀疏。如果匍匐翦股颖球道的剪草高度为 13~15 毫米，在炎热的夏季高温阶段，适当地提高剪草高度是非常有效的方法。

表 10-2　常见草坪草的适宜留茬高度

冷季型草	留茬高度（厘米）	暖季型草	留茬高度（厘米）
匍匐翦股颖	1.3~1.5	普通狗牙根	1.5~3.0
细弱翦股颖	1.3~1.5	杂交狗牙根	1.3~2.5
草地早熟禾	2.5~3.0	结缕草	1.5~2.5

续表

冷季型草	留茬高度(厘米)	暖季型草	留茬高度(厘米)
细叶羊茅	2.5~3.0	野牛草	2.5~3.0
紫羊茅	2.5~3.0	海滨雀稗	1.0~1.5
黑麦草	2.5~3.0		

（四）剪草方向

剪草机在球道上剪草时行走的方向应该经常变换,以保证草坪植株的直立性生长,也能使高尔夫球在草丛中处于更加有利的击球位置。剪草机剪草时,不仅要沿着球道的方向纵向行走,而且也要沿着垂直于球道的方向横向行走,至少应该每月横向剪草一次。但是,横向剪草也要根据球场的具体情况,如经费、剪草机的数量以及初级长草区是否有足够的区域允许剪草机调头等而定。即使每月都横向剪草,但是每次的剪草方向都要变化,以保证植株的直立生长,降低剪草机引起的板结,增加剪草的视觉效果(图 10-3)。如果球道的剪草能沿着等高线的方式修剪,其剪草效果会更加吸引人。

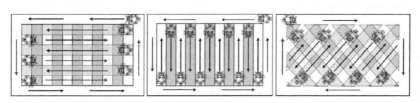

图 10-3　剪草方向

（五）剪草机的操作

熟练的剪草工,能保持均匀的剪草宽度和最小的重叠。剪草机的速度,是影响球道草坪剪草的重要因素。有时候剪草机的速度过快,就会引起滚刀滚筒的跳动而产生波纹状的剪草效果,同时也会给剪草机带来更大的磨损。因此,剪草机的速度应该严格控制在生产厂商的操作规范的范围内。根据不同的剪草机、草种、土壤的含水量以及球道的平整度,参照机械规范确定和使用不同的剪草速度。一般情况下,剪草机的速度为 6~8km/h。

剪草机操作员在剪草的过程中,应该始终检查剪草机前方是否有任何可能会损坏剪草机底刀和滚刀的金属或石块,以及可能处于升起状态的喷头。如果出现了这些异物,应该立即停车,收集异物后带回维修中心统一处理。另外,剪草机操作员也应该始终警惕任何机械故障,这可能会出现草坪秃剪,或修剪质量差,或液压系统的渗漏。

剪草机在转弯的时候应该降低速度,并且在有足够空间的区域进行转弯,否则,剪草机可能就会擦伤或撕裂草坪。无论是纵向还是横向进行球道剪草,都应该提前计划好转弯的地方或有足够的地方进行大半径转弯。在球道进行横向剪草的时候,剪草机可以每隔一条剪草带进行剪草,在回来的时候再剪在前面被跳过的剪草带。剪草机在每剪草 2~4 小时后,每个剪草滚筒必须经过有资格的机械工作人员的检查,如果出现任何故障或疑难都应该立即向机修中心汇报并得到修理或调整。

在剪草机沿着球道纵向行走进行剪草的时候,剪草机轮胎似乎一直在沿着相同的路径行驶,这会导致土壤板结和草坪稀疏,这是由于大多数剪草机操作员在开始剪草的时候总是首先把球道的边线剪出来的缘故。为了克服这个问题的出现,建议在开始剪草的时候,提起一个或多个剪草滚筒,这样就可以使剪草机轮胎的压痕可以在一定的范围内经常发生变换。

(六)剪草时间

球道剪草应该在早晨进行,要求地表干燥并在出现高密度打球之前,这样可以降低土壤板结和草屑在球道上的堆积,提高球道的剪草效果。球道草坪的修剪时间和次数,不仅与草坪草的生长发育有关,同时跟肥料的供应,特别是氮肥的供应有关。

一般来说,草坪修剪应该选择在天气晴朗的早晨比较适合。清晨露水未干,不适宜修剪。炎热季节的中午进行修剪,蒸腾量大,不利于草坪草恢复生长。傍晚修剪,则缺少阳光照射,不利于草坪草伤口的愈合。雨天修剪,草坪草草身带水,不仅修剪工作比较困难,带水修剪时,草坪草伤损大,容易感染病害。同样的道理,在草坪浇水之后,也不适宜马上进行修剪。

(七)其他

1.草屑

剪草后的草屑,一般会留在球道上。因此,剪草必须定期进行,使草屑无论是从外观还是从打球的角度来看,都不会产生不利的影响。但是,有时候在排水不好的球道上,由于下雨等原因延误了剪草,那么在其后的剪草就会有较多的草屑,在这种情况下,草屑就要被清除出球道。

2. 漏剪

当草坪草生长速度快,球道草坪修剪频率低,或者修剪机械出现故障,修剪球道草坪时可能发生漏剪。在球道上出现漏剪的可能性要比在球洞区上小。如果草坪生长旺盛,修剪频率低导致漏剪,这需要提高修剪频率。如果是机械故障导致的漏剪,要及时排除机械故障。

在球道上草坪纹理的影响没有在球洞区大,但是草坪剪草如果一直沿着同一个方向也会产生草坪纹理。为了避免出现草坪纹理,就要经常改变剪草的方向。

3. 草坪密度降低

从球场设计的角度来看,距离球洞区最近的球道区域一般很窄,尤其是在落球区的两边设置了较大的沙坑包。在这个比较窄小的区域可能会由于剪草机长期在球洞区前面调头而引起草坪密度降低。为了避免这个问题的出现,建议在球道较为宽的地方提前调头,而球洞区的裙部可以用小型三联剪草机剪草,草坪密度会很快恢复。

二、灌溉

球道灌溉,是一项复杂而艰难的日常工作。从灌溉的理论角度来看,球道或球道的部分,应该根据它的地形、朝向、土壤结构、草种、践踏的强度、根系深度和蒸腾量分别单独浇灌。现代高尔夫球场的喷灌系统,都是地下固定的、远程控制的、双回路并带有自动升降喷头的三角形等距离喷灌系统。喷头,一般会根据局部区域的土壤和地形设计成一组 1~4 个喷头。

由于球道剪草高度比球洞区高,其蒸腾量也高,同时,这也会使草坪有较深的根系。因此,草坪就会从更深的土壤中吸收水分从而增加了草坪的抗旱性。从球道上常用的 6 种草种来看,翦股颖需要喷灌,而细叶羊茅却很少需要喷灌,狗牙根、草地早熟禾、结缕草可以喷灌也可以不喷灌。但是,在干旱季节,如果能额外喷灌则球道草坪更加理想。

球道喷灌的概念,就是在球道草坪上出现践踏脚印或刚刚出现萎蔫时,对其进行深层次的灌溉,灌溉深度要达到根层的深度。深根型的草坪在正常的生长季节,如果其蒸腾量也处于中等的情况下,灌溉的时间间隔一般为 7~14 天。如果草坪的根系较浅,而且每天剪草、高温高蒸腾量或土壤板结的情况下就需要每天喷灌。

在大多数地区,喷灌的最佳时间是清晨。在这个时候进行喷灌,不仅可以清除叶片上的露水和分泌物,而且可以降低草坪草染病的概率。

当球道草坪草在中午出现体内水分缺乏时,可在球道上可以进行微量雾化喷水来缓解。这种情况,往往发生在夏季炎热的高温下、低修剪的翦股颖的球道上。有时候,微量雾化喷水也用在经常出现干旱的局部区域。但是,这样的微量雾化喷水有时会影响打球。为了不影响或减少影响,可以利用喷灌系统的分控箱,让喷灌人员在现场观察,在确保喷灌范围内无人的情况下,可以进行喷灌。

球道喷灌量的变化也非常大,同时也取决于喷灌区域的地形和土壤结构。正确的喷灌量,应该是根据土壤的渗透性和渗漏性相应地选择喷头,合理的选择可以减小地表径流水的损失及地面水的积聚。过度的灌溉,要比不足的灌溉更容易引起其他问题。过度的喷灌,会导致土壤浸水甚至在地表较低的地方会有水的积聚,这非常容易引起草坪烫伤、土壤板结和球车轮胎轧印,严重影响打球。如果把匍匐翦股颖和草地早熟禾有意识地进行浇水控制,甚至有时是半缺水状态,会相应地阻止一年生早熟禾的侵入。

一般情况下浇水量以每周 50 毫米或每天 8 毫米为宜。在球道的剪草高度较低的情况下,球道的最大用水量灌溉应该和有利于产生深而丰富根系的耕作措施配合。有时,有的土壤容易损失水分,尤其是沙性土壤,在土壤中要加入一定量的保水剂,保证土壤有一定的保水性能和渗透速度。

三、施肥

由于球道土壤类型、土壤营养含量、浇水量、天气、草种以及打球的强度的不同,球道所需的营养水平也不同,没有任何一种肥料能够满足全部情况。因此,球场草坪管理人员就必须根据具体的情况和具体的位置,决定实施追肥计划。本节将重点讨论肥料种类的混合使用、追肥量以及追肥的时间等。

(一) 肥料种类的混合使用

1. 氮肥

为了球道草坪能有足够的密度、一定的恢复能力和植株的生长速度及草坪颜色,必须保证有足够的氮肥水平。但是在夏季炎热的环境条件下,冷季型草尽量少追施或不追施氮肥。不同的草种,对氮肥的需要量也非常不同(见表10-3)。此表中列出的氮肥上限,主要是适用在土壤质地比较粗而且养分流失比较严重的土壤上。

表 10-3　不同草种的氮肥(N)需求量

草种	年需求量(g/m^2 纯氮)
匍匐翦股颖和草地早熟禾	900~1800
细叶羊茅	450~1340
狗牙根	110~450
结缕草	110~220

追施氮肥的时间间隔,由于草种的不同而不同。暖季型草,每隔 3~6 周追施一次;而冷季型草,则每隔 4~10 周。经常使用的是水溶性的氮肥,如硫酸铵、硝酸铵和尿素;而缓释性的氮肥使用得不多,如天然有机肥、尿素甲醛、甲脲、包衣硫黄、异丁叉二脲(IBDU)等其他包衣材料。具体施肥的间隔,要根据使用的肥料类型来决定。

通常情况下,氮肥的水平以刚好维持植株的正常生长来减少剪草的要求。但是球痕比较严重的地方,如落球区,可以追施较高的氮肥水平促进草坪的自我恢复能力,同样在高尔夫球车行走密度高的地方也可追施较高的氮肥。但是在春季降雨偏多和集中的地方,应该尽量减少氮肥的追施,主要是为在下雨期间减缓植株的生长速度,进而减少剪草要求,尤其在地面太湿的情况下。

2. 磷肥

磷肥的追施,要根据土壤的分析结果来确定,目的就是保证土壤中磷的含量能满足植物的需求。一般情况下,磷肥每年只追施 1~2 次,分别在春季和夏末初秋的季节,磷肥的来源主要是全价复合肥。

3. 钾肥

钾肥的追施,也要根据土壤的分析结果来确定,保证土壤中有足够量的钾来满足植物的需求。钾肥除根据土壤分析结果追施的数量外,还要进行补充追施,以提高球道草坪的抗热、抗旱、抗寒和抗践踏的能力。

通常情况下,钾肥的需求量是氮肥需求量的 50%~75% 或者更高。钾肥追施的时间也是在春季和夏末初秋,有时也可以在夏季炎热、干旱和践踏严重的时候追施。氯化钾(含 58%~62% 的 K_2O)和硫酸钾(含 48%~53% 的 K_2O)是最常用的钾肥。硫酸钾不会产生严重的叶面灼伤,同时又会补充硫的需要。

4. 铁肥

铁,是在球道草坪上最容易发生缺乏的微量元素。在碱性土壤上,草地早熟禾、匍匐翦股颖、狗牙根球道也最容易发生铁缺乏症。草地早熟禾,会在夏季炎热的天气条件下发生铁缺乏症;而狗牙根,会在春季返青后的根系退化阶段会发生铁缺乏症。要改善缺铁的状况,可以向土壤追施硫酸铁、螯合铁、硫酸亚铁铵肥料,而这些肥料可以和杀虫剂混合起来喷施,也可以使用含铁的全价复合肥补充铁。在缺铁非常严重的情况下,每隔 3~4 周就要喷施铁肥 30~122 g/100m²。

5. 其他微量元素

氮、磷、钾和铁,是球道草坪最容易缺乏的营养元素,其他元素的缺乏往往是在局部土壤中出现。硫也是第四个比较常见的缺乏元素。植物对硫的需求量和对钾的需求量相近,硫缺乏症可以追施硫黄和硫酸铵(含硫 25%)、硫酸钾(含硫 17%)或过磷酸钙(含硫 11%)得到改善。有些全价复合肥也含有一定量的硫。

尽管钙和镁很少发生缺乏,但有时会在沙性土壤上发生镁的缺乏。无论发生哪种元素缺乏都可以使用白云灰岩(含钙 22%和镁 12%)进行改良。其他微量元素很少发生缺乏。当狗牙根生长在 pH 值较高的沙性土壤上有时会发生铜和锰的缺乏。微量元素缺乏症可以通过叶面喷施微量元素肥料进行追施,但一般不作为正常的养护管理措施实施。

(二)施肥时间

对于冷季型草坪草而言,全价复合肥料的追肥时间一般在春季和夏末秋初,如果每年只追肥一次则在夏末秋初的时候最好。在其他生长季节要定期地适当补充一些氮肥,如果有必要也要补充一些铁肥和钾肥。暖季型草坪草的全价复合肥料的追肥时间则安排在春末夏初比较好。

追施氮肥的间隔,取决于肥料的类型、使用量、肥料在土壤中的流失速度以及草坪的生长状况。暖季型草坪草,如狗牙根或结缕草在生长季节追施正常的氮肥;而冷季型草,在夏季高温炎热的天气条件下,应该减少氮肥的追施。暖季型草坪草,一般每年追施氮肥 2~4 次,细叶羊茅每年只追肥 1~2 次。现在,球道施肥根据少量多次的原则施肥。

在炎热的仲夏季节,如果球道是匍匐翦股颖草坪,就应该补充追施铁肥和钾肥。在春季狗牙根球道容易发生缺铁性萎黄病,应该采取相应的措施。在碱性土壤上,夏季这种缺铁性萎黄病在狗牙根球道和草地早熟禾球道上容易发生。此时追施铁肥,可以保持草坪的色泽和保证光合作用的能力;而在出现不利环境因素之前追施钾肥,也可以提高草坪的耐践踏性和提高耐热、耐寒、耐旱的能力。

（三）施肥方法

球道追施的肥料,可以是颗粒肥,也可以是液态肥。颗粒肥一般通过撒肥机追施。追肥应该在地面干燥时候进行,尽量减少土壤板结,追肥,应该立即浇水。

现在,液态肥料可通过喷灌系统进行追施,这种方法叫做喷灌施肥。喷灌施肥能否被有效地利用,取决于喷灌系统能否均匀地覆盖整个球道。利用喷灌也可以将杀菌剂与肥料混合,给叶面喷施一些少量的肥料,如铁肥。但是要确保混合在一起的肥料和杀菌剂不会发生化学反应,或者发生拮抗作用。在不适宜草坪草生长的环境条件下可以给草坪叶面喷施少量的($73 \sim 98g/100m^2$)氮肥和铁肥的混合液。

四、枯草层控制

当球道上的枯草层累积到一定厚度的时候,就会引起草坪病害滋生,局部干旱以及打痕增多。由于草种和管理措施的不同,枯草层的问题也不同。水分充足的球道草坪,若氮肥水平也较高,最容易形成枯草层。

高尔夫球场上的枯草层问题,可以通过适当的管理措施得到有效的控制。这些措施包括,选择合适的草种,维持恰当的氮肥水平,保证草坪能有一定的抗践踏性和恢复能力等。此外,尽量创造一个适宜有机生物如蚯蚓和真菌类生长的环境,维持土壤 pH 值在 6~7,通过耕作提高土壤的含氧量,保持土壤中一定的水分含量也能减少枯草层的形成。

当枯草层的积累超过 15 毫米的时候就必须采取措施,最常用的是垂直刈割。在垂直刈割完成后必须清除留在表面的枯草层残留物。通过垂直刈割进行枯草层清除的作业,最好在植株生长的旺盛季节进行,这样可以保证草坪在垂直刈割后的快速恢复。如果土壤的基础肥力较低,可以在垂直刈割后立即进行追肥,有利于草坪的恢复。但是,如果是在杂草最容易侵入的时候,尤其是一年生早熟禾,应该尽量不要进行垂直刈割。在大多数情况下,垂直刈割是在草坪旺盛生长的初期进行。根据草种的生长习性、枯草层厚度和根系的情况来确定垂直刈割机的刈割高度和刀片间距。

一旦出现了枯草层,应该立即进行垂直刈割改良,然后就要调整养护的方法降低枯草层的形成。对球道进行空心打孔,再把部分土芯打碎后拖入土孔中,也能加速枯草层的分解。当较厚的枯草层形成后,就很难把它彻底清除,除非对球道草坪实施彻底的措施,这会使大面积的草坪受到影响而影响球场的运营。

五、覆沙和其他辅助管理措施

（一）覆沙

在球道草坪上一般不进行全部覆沙，因为球道面积大，需要的覆沙材料量大，且用时较长。可以通过有选择性的局部覆沙来控制球道枯草层，同时改善球道的平整度。对新建成的球道往往需要若干次的覆沙才能达到真正意义上的平整。球道空心打孔后的土芯再被拖网拖入草中也是一种形式的覆沙。

（二）排水

球道地表和地下排水，对维持球场经济有效地运行和提供良好的打球条件都非常重要。局部的积水和浸水，都会直接导致土壤板结、潜在的病菌危害、秃剪、车轮辙痕等，这些都会影响球道的打球。因此，在球场建造的时候首先就要保证球道有足够的造型坡度，满足地表排水；同样，也要有合理的地下排水系统，满足排水的需求。

在草坪建成以后，随着问题的出现也需要增添额外的排水设施。由于在球场的设计和建造阶段不可能彻底和完全预见所有的排水问题，所以球道草坪管理期间有时也需要改善球道排水，包括增加排水管道、集水井，增设排水暗井和干井等。

早晨，叶片上会有露水或叶尖渗出液（叶尖吐水）。在草坪草表面的水都会影响早晨打球。为了清除露水或吐水，可以用一根水管或者链条拖过整个球道。水管或链条，可以由球场工具车拖拉，沿着球道边线行走即可，通过这种方法不仅能清除叶片水分也可以起到减轻病害的潜在性。

（三）中耕

球道草坪进行中耕措施的目的，是控制球道草坪的草垫层积累和缓解土壤紧实问题。其中耕措施种类与果岭大体相似，但中耕所使用的机械、耕作频率与时间都与果岭有很大差异。

空心打孔，是用空心的打孔针取出土芯。打孔机一般由拖拉机牵引，作业宽度一般为 1.5~3 米，打孔锥的直径为 1.5~2.5 厘米，打孔深度为 8~12 厘米。打孔的间距，取决于打孔针的间距和数量以及打孔机在要打孔的区域行走的趟数。打孔后取出来的土芯，打碎之后再把它通过拖网拖入土孔中。为了使土芯中继续保留一定的水分而容易破碎，打孔之后要立即进行打碎和拖网作业。地表上留下来的枯草层残留物,可以用拖拉机牵引的高速叶片清扫机吹到长草区中或清理出球道。

间断性划破,是在土壤中进行垂直深层穿透。在划破过程中不产生土芯,即没有土壤被挖出来。划破,是通过安装在磙子上的圆形或V形或三角形刀片转动,刀片刺入土壤后留下的深的窄长的缝隙。划破设备,一般由拖拉机牵引宽度为1.5~1.8米。为了满足球道的划破要求和达到其划破效果,划破用的磙子除有足够的重量外,还应该使每个磙子独立悬挂,保证每个磙子在起伏的球道上自由滚动。

不管是划破还是打孔,最好在土壤相对潮湿的情况下进行。打孔或划破的时间,也应该在草坪生长比较旺盛的情况下进行,这样受损的草坪能很快恢复。一般情况下,春末,是冷季型球道草坪的适宜时间;而春季或夏季,是暖季型球道草坪的最佳时间。秋季,一般不适宜打孔和划破,除非土壤板结非常严重,否则,会引起杂草的侵入,尤其是一年生早熟禾。在这个原则下,如果球道草坪是一年生的早熟禾,就可以建议在春夏秋季都可以进行打孔或划破,有利于新植株的生长。

为了防止土壤板结,应该造型地表排水的条件和安装地下排水设施,以保证把多余的水分排走。如果土壤含水量较高,就更加容易发生板结。因此,在喷灌的时候就要尽量避免过度浇水。同样,如果要进行深层次的浇水就要在打球高峰出现之前进行。另外,在高尔夫球场也要安排好球车在尽可能的情况下,在球道上分散行驶。

(四)球道打痕修补

球道打痕修补,在一些品质高的球场上是正常的日常养护管理内容。球道打痕,一般在落球区较为严重,需要进行定期修补,其他区域一般不需要修补,产生的打痕可通过草坪草的自然生长而恢复。

(五)冬季交播

对于热带和亚热带湿润地区的暖季型球道草坪,如狗牙根和结缕草,可以在球道草坪冬季休眠前实施交播措施,以延长草坪的使用时间,这样在冬季暖季型草坪休眠时也可提供一个可供利用的打球场所。球道冬季交播前的准备工作,要比果岭的准备工作简单。一般交播的种子可直接被撒播出去,而不用进行任何的播前土壤耕作或垂直刈割。此外,在可能出现种苗病菌的地区,可以在播种前施用一些杀菌剂。

球道冬季交播所使用草种,一般是多年生黑麦草和一年生黑麦草。播种量,一般为 $30\sim40\text{g/m}^2$。在草坪密度较大的地方,播后应该利用拖网把种子拖入草丛、落到地面。播种后,一般不需要覆沙。播后保持地表土壤湿润,是交播成功的关键。为了防止病害发生,可以适当喷施杀菌剂。

(六)草坪着色剂

草坪着色剂,主要是颜料类的涂料,它在草坪上颜色持续的时间较长。草坪着色剂,只有在草坪完全休眠后才能使用。在喷涂着色剂之前,应该进行剪草、清除草屑、清除杂物以及其他大量出现在表面的物体等。在喷涂的时候,气温应该高于 $5℃$,以防在叶片上留下水。草坪着色剂的喷涂要均匀一致,其操作员要有经验,喷涂的设备要调试好。

(七)清扫

在球道上要定期地检查和清除落叶、树枝或其他异物,尤其在春季和秋季。落叶会经常遮掩高尔夫球,让球员很难发现而减慢打球的速度。因此,要尽可能地及时清除落叶。在早春季节,也应该及时清除树枝和其他在休眠期间积累的杂物。

树叶清扫有以下三种方法:

(1)树叶粉碎机:它可以分离树叶并且再把粉碎的树叶撒回球道土壤,如此循环反复。

(2)树叶收集机:它可以把树叶收集在自带的料斗中,然后,再把树叶放在适当的堆放地点。

(3)树叶吹风机:它可以利用其吹出来的风把树叶吹到球道以外的长草区中,再利用上面说的两种方法进行最终的清理或处理。

具体使用的方法,取决于树叶和其他脏物的积聚速度和数量。其中第三种方法最常用,它不仅能很快地解决树叶清理问题,而且其成本低。在其余树木生长的季节中,树枝和其他杂物清理问题不大,这些杂物可以由剪草工或其他球场工作人员在经过的时候予以清理。

六、病虫害及杂草

（一）病害

球道上防治病害的第一个关键问题,就是要保证球道草坪的健康生长和尽可能减少枯草层形成。其次,就是要防止过度浇水,避免形成有利于病菌生长发育的条件。

狗牙根的春季死斑病确实是一个问题,但是,控制这种病的方法目前还不十分清楚。在草地早熟禾球道上,主要的病害是钱斑病、褐斑病,腐霉病、立枯病和灰雪腐病(见表10-4)。在某些地区,一年生早熟禾草坪上会出现炭疽病。因此,在这些球道草坪上就要定期喷施杀菌剂预防病害,内吸性杀菌剂和非内吸性杀菌剂要经常交替变换使用。

在北方偏北的区域,病害预防的计划还应该包括在秋季喷施杀菌剂预防雪霉病,在钱斑病可能发生的季节喷施2~3次内吸性杀菌剂。

（二）虫害

在温暖潮湿的地区,暖季型球道草坪上的虫害,要比在寒冷地区的冷季型草坪球道严重得多(见表10-5)。狗牙根球道更是如此。对于使用杀虫剂控制虫害,球道草坪只有在比较严重的可能发生虫害的第一次出现症状的时候,才选择使用杀虫剂。杀虫剂一般有比较明确的选择性,根据诊断的虫害选择相应的杀虫剂。

（三）杂草

在球道上会出现比球洞区多的各类杂草(见表10-6)。在选用除草剂的时候,一定要谨慎和小心,理想的方法是在必须使用化学方法控制杂草的情况下才使用,而不是为了防止大量的杂草而定期使用广谱性除草剂。制订并执行合理的养护管理计划,对球道进行长期的杂草控制至关重要。在球道的落球区域,由于草坪球疤多,也就是说其裸露的地方较多,这也是最容易发生一年生杂草的原因。

表 10-4　球道草坪草常见的植物病害

病害	病害英文名称	匍股颖	草地早熟禾	多年生黑麦草	细叶羊茅	一年生早熟禾	狗牙根	结缕草
炭疽病	Anthracnose	√				√		
褐斑病	Brown patch	√		√		√	√	
铜斑病	Copper spot	√						
钱斑病	Dollar spot	√				√	√	
霜霉病	Downy mildew		√		√	√		
蘑菇圈	Fairy ring	√	√	√	√	√		√
立枯病	Fusarium blight		√					
株枯病	Fusarium patch	√		√		√		
长蠕孢菌病	Helminthosporium disease	√	√	√	√	√		
线虫病	Nematodes						√	
白粉病	Powdery mildew		√		√		√	
腐霉病	Pythium blight	√	√	√	√	√		
红线虫病	Red thread		√		√			
锈病	Rust		√		√			√
黏液菌病	Slime mold	√	√	√	√	√		√
黑穗病	Smut	√	√			√		
春季死斑病	Spring dead spot						√	
全蚀病	Take all patch	√						
灰雪腐病	Typhula blight	√	√	√		√		
冬季冠腐病	Winter crown rot	√	√		√	√		

　　在匍匐匍股颖和一年生早熟禾的球道上,要清除阔叶杂草,在秋季喷施除草剂是最有效的办法。丙酸的选择性较好,而 2,4-D 则避免在在这两种草上使用。

在暖季型草坪上清除阔叶杂草,应该在其生长季的前半期进行。如果不进行冬季交播,暖季型草进入冬季休眠以后,还需要清除冬季的一年生杂草。无论是冷季型草还是暖季型草,在苗前喷施除草剂可以清除大多数杂类草种,喷施的时间均在春季。在匍匐翦股颖或早熟禾球道上要清除一年生早熟禾的方法与球洞区相同。

表10-5 球道草坪草常见的植物虫害

虫害	虫害英文名称	翦股颖	草地早熟禾	多年生黑麦草	细叶羊茅	一年生早熟禾	狗牙根	结缕草
蚂蚁	Ants	√	√	√	√	√	√	√
行军虫	Armyworm	√	√	√	√	√	√	√
螨虫	Bermudagrass mite						√	
蚧虫	Bermudagrass scale						√	
喙甲	Billbug		√					√
黑绒金龟	Black turfgrass ataenius	√		√		√		
臭虫	Chinch bug	√	√	√	√	√		
地老虎	Cutworm	√	√	√	√	√	√	√
欧洲小蝇	Frit fly	√	√			√		
地珠蚧虫	Ground pearl						√	
日本金龟	Japanese beetle	√	√	√	√	√		√
蝼蛄	Mole cricket						√	
草地螟	Sod webworm	√	√	√	√	√	√	√
草坪象鼻虫	Turfgrass weevil					√		
蛴螬	White grub	√	√	√	√	√	√	√

表10-6　球道成坪后常见的杂草

等级及可控程度	冷季型草坪	暖季型草坪
严重且很难用选择性除草剂清除	一年生早熟禾、蟋蟀草、香附子、高羊茅	毛花雀稗、狼尾草、香附子
分布广可用选择性除草剂清除	繁缕、马唐、蒲公英、宝盖草、蓼属、婆波指甲菜、车前草、斑地锦、白三叶	一年生早熟禾、马唐
偶发性杂草	海藻、稗草、天蓝苜蓿、雏菊、狐尾草、连钱草、蒿蓄、锦葵、苔藓、漆姑草、马齿苋、荠菜、婆婆纳、大戟、矛叶蓟、绒毛草、南鹤虱、野洋葱、薯草	海藻、巴哈雀稗、稗草、马蹄金、石茅高粱、蒿蓄、苔藓、匍匐冰草、扁穗雀麦、蒺藜草、莎草、鼠尾草、婆婆纳

【本章小结】

　　球道草坪在管理上,相对于果领和发球台较为粗放,可选用的草种较多,但所选的草种要求对当地气候和土壤有很强的适应性,其要求的养护管理水平要与球场计划投入的管理费用及管理水平相符合。同时,作为球道草坪,应具有色泽优美、质地良好,并能适应较低的修剪高度、恢复能力强等特点。草地早熟禾、葡匐翦股颖、细弱翦股颖、狗牙根、结缕草及野牛草等,都可选作球道草坪草,也常将多个草种混播。

　　紧邻球道边缘或位于球道中的树木,一般具有战略意图或有标示距离的作用,应具有高大、树形好、寿命长等特点;球道边的树木,则要选择树冠开阔、深根系的树种,颜色、质地、季相有一定的变化,形成优美、丰富的植物景观。

【思考与练习】

　　1. 球道草坪养护的主要措施有哪些?

　　2. 概述球道草坪常见病害及其防治方法?

第十一章
高草区草坪养护管理

本章导读

　　高草区草坪的使用强度,较果岭、发球台及球道要小的多,管理水平及管理强度也低得多,然而这并不意味着高草区在球场中无关紧要。它是体现球场风格和设计理念的重要区域,对于球场的整个景观起着重要作用。为打球的需要,高草区草坪仍需要进行一定程度的粗放管理。

教学目标

　　学习本章,要求了解高草区草坪的特点及其常用的养护管理措施,理解高草区的作用。

第一节　高草区草坪的特点

　　高草区是位于发球台、球道和果岭之外的区域,通常面积广大、管理粗放,对球手击球失误具有一定的惩罚性。每个高尔夫球洞的外围都被高草区包围,既是球场景观的主要体现区域,也增加了高尔夫击球的乐趣和挑战性。在高尔夫球场上,高草区的延伸度很大程度上依靠整个球场的可使用面积和设计特点。根据球场的设计特点和高草区的不同区域,高草区的留草长度、草坪密度及园林植物配置也有不同。

　　根据球场设计特点和养护管理水平的不同,球场高草区一般可以分为美式风格和英式风格。美式风格高草区可以分为过渡高草区和粗糙高草区两个部分,过渡高草区靠近球道修剪高度为 2~3 厘米,养护管理水平也与球道管理水平相似,并逐渐过渡到粗糙高草区。英式风格高草区,更加追求自然,管理粗放,终年不修剪,也不施肥。大多数球场的高草区,一般分为初级高草区、中间高草区和次级高草区。连接在短草区相邻部分、留茬高度稍高于球道短草区的高草区,为初级高草区。初级高草区外围为留茬高度更高的草坪,上面通常密闭灌木、树木,称为次级高草区。中间高草区,则为连接初级高草区和球道的部分。

图 11-1　高草区(一)

图 11-2　高草区(二)

　　高草区,是每一个球洞的重要组成部位,它包围着每个高尔夫球洞,成为开展高尔夫运动的重要前景。在18球洞的高尔夫球场上,高草区的延伸度很大程度上依靠整个球场的可使用面积和设计要求,高草区的面积根据球场占地面积和设计要求的不同,差异很大。一般一个标准18洞的高尔夫球场的高草区占地面积为20万~50万平方米。但是有的球场由于土地资源的限制,或为了加快打球速度,甚至很少设置高草区。

一、高草区的功能

高尔夫球场上,高草区在设计、建造和管理上都是重要的区域之一,也是体现设计师设计风格的最佳区域。高草区在高尔夫球场中发挥着重要的作用,主要有:

(一)使用功能

高尔夫球场是提供高尔夫运动的场所,球场里围绕着每一个球洞的高草区则要配合整体球场需要为球手打球服务。由于高尔夫运动的特殊性,高尔夫球场中的高草区也承担着相应的特殊作用,成为球场的重要组成部分。

(二)景观功能

通过园林植物的季相变化,营造出球场丰富的四季景观,为球手提供四季优美宜人的打球环境。同时,各种园林植物的配植将球场分割为景观各异、相对独立的区域环境的同时,又可以使各个球道自然连接为一体,形成一种自然流畅的景观。园林植物的巧妙搭配,使球场与周围环境紧密衔接,形成层次分明又浑然一体的景观效果。

(三)隔离的作用

高草区围绕在每一个球道的外围,宽阔的高草区和高草区内的植物,把球场内的各个球道进行隔离,避免球手在打球时互相见面,以利于专心击球。另外,也利于消减外界噪声及其他干扰因素对球手击球的影响,为球手提供宁静、优美的打球环境。

(四)设置障碍,增加击球难度

高草区通过宽阔、粗糙的草坪,绵延起伏的地形,以及其内种植的树木、花卉等园林植物的配植,形成一种立体障碍,很大程度上加大了球手的击球难度,提高了高尔夫的挑战性与趣味性。

(五)引导与指示作用

通过在高草区的适宜位置配植园林植物,引导球手按正确的路线击球,指示出不能看到的落球区及果岭等盲点目标。而且,高草区有助于球手感知球道起伏的变化与高低落差、判断击球距离和球道界限的位置。

(六)安全防护

宽阔的高草区,为球场上的球员提供了一道绿色屏障,大大提高了击球的安全系数,避免高速飞行的球击伤周边人员。

二、高草区草坪的特点

高草区草坪,需要进行一定程度的粗放管理,根据球场选用的草坪草品种、球场的设计特点、打球速度、球场使用强度等因素,采用适当的养护手段。一般高草区具有以下特点:

(1)具备一定程度的惩罚性。高草区草坪惩罚球手过失击球的形式主要有三种:一是通过较高的草坪草留茬高度惩罚,草坪修剪高度越高越易使高尔夫球手将球击出球道而受罚,这种方式也是高草区最普遍的惩罚方式;二是通过密丛型草丛惩罚。落入密丛型草坪间的球,难以较好的控制击球,增加了打球的难度,这种情况通常出现在夏季干旱、土壤含沙量高的高草区;第三种是通过蓬松的草皮惩罚。

(2)保持适当的刈剪高度。高草区草坪草修剪高度过低,不仅会增加管理成本,也会降低球场的难度和打球的趣味性。如果修剪高度过高,落入其中的球就会很难找到,进而影响打球速度。

(3)高草区内的草坪草应具备较深且丰富的根系,以利于固定土壤,防止水土流失和降低养护强度。

(4)高草区的草坪,还应具备耐践踏能力,能够忍耐一定程度的高尔夫球车和人为践踏的能力,避免因践踏造成草坪草死亡或退化,以免导致土壤裸露,引起水土流失。

(5)高草区草坪对水肥要求不高,抗病虫害能力强,对杂草具有良好的竞争力,在粗放管理水平下仍能够保持良好的生长状态,以减少球场的管理费用和为球手提供惩罚与挑战的机遇。

(6)一般球道两侧的高草区宽度各为9~14米,要求具有较强的景观效果。其外缘应与周围风景相统一,而内缘则应在修剪高度上很容易被球手辨认,最好与球道草坪有一定的色差。

第二节 高草区草坪管理

在高尔夫球场中,与发球台、球道、果岭不同,高草区对球手击球具有一定的惩罚性;因此,高草区的草坪草从选种到建植、养护都有独特的要求。

高草区草坪使用强度,较果岭、发球台及球道要小,其主要功能是惩罚高尔夫球员的失误击球。因此既要确保具有一定程度的惩罚功能,又要易于发现和找到球,用尽量少的维护成本满足球场造景需要和防止水土流失等功能。高草区惩罚性的强弱,主要是由草坪草的修剪高度和密度来决定的,而草坪密度又是由草种和养护水平等因素所决定的。高草区日常养护一般包括施肥、修剪、浇水等日常管理措施。

一、高草区草坪质量评价标准

高草区草坪质量评价标准,一般包括四个特征,即色泽、质地、密度、均匀性。

(一)色泽

色泽,是对草坪反射光的评价,色泽依草种及品种不同而异,从浅绿→深绿→浓绿。一般高草区草坪颜色越绿越好,暗绿色比淡黄色更为可取,以更好地区分球道区和高草区。草坪色泽也是判断高草区草坪健康状况的指标。色泽不鲜,出现黄色或褪绿是由于缺乏氮素,受到干旱及温度的影响以及病虫害或其他类型的伤害所致。颜色过深,表示肥料过多,是草坪草将发生萎蔫或患疾病的早期征兆。

(二)质地

质地,主要是衡量叶片的宽度。叶片较窄、质地较细的草,比叶片宽、质地粗的草更有吸引力。通常高草区对草坪的质地要求较低,可以选择质地粗糙、叶片粗一些更加耐粗放管理的草种,低剪和增加密度能长出较窄的叶片。

(三)密度

密度,是衡量草坪质量最基本的指标,指单位面积内草坪草个体数量的多少。每平方厘米滋生草芽的数量一般为 2~5 株。盖度越大,草坪质量越高。草坪草密度随遗传性、自然环境和养护水平等因素的不同而变化,但是不建议靠提高播种密度达到密集效果。某些品种可以获得最高的草坪密度,尤其在低修剪和大量施肥、灌水、且没有致病生物和昆虫侵袭的草坪中更加明显。同一品种草坪草的密度,也因栽培方法、环境、季节等产生显著差异。充足的水分,短茬修剪,氮肥的施用等均能增加草坪的密度。

(四)均匀性

均匀性,是以上三个指标的综合,是对草坪平坦表面的评估。高草区草坪要求没有裸露地、杂草、病虫害等污点,草坪基本保持生育型一致。杂草、裸露的空地、病害、不同的质地和色泽,都会破坏草坪的均匀性。

高草区草种,一般选择生长相对缓慢、株型半直立生长的丛生或密簇型草坪草,适于3.5~10厘米的修剪高度,比较耐粗放管理,对水肥要求不高,抗病虫害能力较强,根系发达,具有良好的水土保持能力,形成的草坪致密、柔软,确保有一定的惩罚性,不会裸露地表。总之,高草区所选择草坪草种管理必须粗放,抗性一定要强,以最低水平的管理和花费获取最理想的效果。我国北方球场高草区,主要选择的草种有:高羊茅、草地早熟禾、多年生黑麦草、紫羊茅、匍匐紫羊茅、硬羊茅、日本结缕草及野牛草等。在南方的高草区,多选用球道草种,如狗牙根、画眉草、海滨雀稗、假俭草等,也有球会选用结缕草等草种。

二、修剪

高草区面积广大,管理粗放,需要的修剪频率很低,甚至不需要修剪。但是由于草坪草的高度和密度在很大程度上影响着高草区对球手过失击球惩罚的轻重,而且在一定程度上也会影响打球速度。因此,根据球场的设计及实际情况,对高草区进行适当的修剪也是必要的,修剪下的草屑可还入草坪。高草区修剪高度越高,越易使高尔夫球球手将球击出球道而受罚;越低的修剪高度,越利于球的滚动和球手发现球,能够加快打球速度。高草区的修剪频率,可以结合控水控肥,根据球场养护费用、打球速度的要求以及球场设计情况进行确定。

一般初级高草区与球道相连,既要保持稍低的留茬高度以方便球手击球,又要注意球道边缘的轮廓,使高草区与球道界限分明。一般高草区留茬高度为3.8~10厘米,比赛期间初级高草区草坪高度可以低剪为2.5厘米;有些球场设置中间高草区,中间高草区为过渡草坪地带,修剪高度介于球道和初级高草区之间,宽度通常1.5~1.8米;次级高草区即为自然高草区,管理粗放或者地形较陡,不需要修剪养护或者保留7.6~12.7厘米的草坪高度,景观长草(如芦苇、水葱、龙舌兰)的高度可以按其自然高度生长。

除此之外,高草区也应根据所选用草坪草种的不同,选择适合的修剪高度和修剪频率。例如:

狗牙根:初级高草区留草高度为3.8~5厘米,修剪频率为5~10天一次;次级高草区留草高度为3.8~10厘米,修剪频率为7~14天一次。

海滨雀稗:初级高草区留草高度为2~2.5厘米,修剪频率为3天一次;次级高草区留草高度为3.8厘米以上,修剪频率为7~10天一次。

草地早熟禾:草地早熟禾与一年生早熟禾混合播种的高草区修剪频率为7~

10 天一次。

黑麦草:多年生黑麦草和一年生黑麦草混合播种的高草区,修剪频率为 7～10 天一次,修剪高度为 3.8～6.4 厘米。

匍匐翦股颖属:初级高草区留草高度为 3.8～5 厘米,修剪频率为 5～10 天一次;次级高草区留草高度为 8～10 厘米,修剪频率为 7～14 天一次。

高羊茅:留草高度为 4～5 厘米,修剪频率为 5～10 天一次;次级高草区留草高度为 5 厘米以上,修剪频率为 7～14 天一次。

一般情况下,休眠期修剪的比其可忍耐的最低留茬高度略低一些。在生长季节开始以前,高草区草坪可以修剪得很低并运走枯枝落叶,以改善光照条件,并促使土温回升,加速春季返青。树下草坪草由于缺乏阳光照射等因素,常常处于柔弱状态,高草区草坪草较高的留茬高度则可以增加阳光接受面,进而增强其耐阴性。

高草区的面积大,对修剪的要求相对较低,可用三联滚刀、三联旋刀或无动力拖挂三联及五联剪草机,边坡地带可用气浮式、手推剪草机或割灌机。

三、施肥

施肥,是维持和保证草坪草生长发育的重要手段,对维护高质量草坪起着极为重要的作用。高草区草坪在成坪之初要加大肥料的施用量,施肥次数和施肥量也可以和球道保持一致或略低,以保证植物群落能够稳定建立。高草区成坪后,初级高草区每年施肥 1～3 次,以保持一个整齐、致密适合剪草的生长状态。

北方通常在秋季或封场前施用缓释肥,南方通常在春季施肥,建议每 100 平方米每次施肥 3.0～4.0 千克（$30～40 g/m^2$）。剪草后 2～3 天再行施肥,也可以等肥料颗粒充分沉降后再剪草。

另外,要根据情况注意调整土壤酸碱值,当土壤 pH 值低于 5.5 时,需要施用石灰,当土壤 pH 值高于 8.0 时,需要施用含硫肥料或泥炭。次级高草区远离球道,随其自然生长,这里草坪一般不需要修剪和施肥或少量施肥。

四、灌溉

高草区,由于受气候条件、财务预算、水源地的影响以及所选草种的不同,可选择是否灌溉及灌溉的频率,灌溉用水量也可以根据实际情况进行调节。对于需水量不太敏感的初级高草区,可以把灌水周期定为 4 天左右一次,次级高草区远离球道,这里草坪不需要灌溉。

灌溉的时间和频率,可以根据高草区的不同地形、草坪草品种的不同等来确定。如平坦地区每次灌溉时间为 3 分钟,而陡坡地每次灌溉时间要 6 分钟。狗牙根、海滨雀稗、翦股颖等草坪草种抗旱能力较强不需要经常灌溉,高羊茅则抗旱能力较差,干旱 15 天以上就可能导致大量植株死亡,需要经常灌溉。草坪在干旱初期表现为颜色发黑,呈暗墨绿色,后期则会缺绿枯黄,人眼很容易识别,要根据草坪情况调整高草区的灌溉计划。

另外,由于风和灌溉设施自身流量等问题,会造成喷灌不均匀,有些地方会形成喷灌空白区,这就需要人工补浇,特别是对于高羊茅、草地早熟禾之类直立型的草坪草种,人工补浇可以避免草坪出现斑秃,也可以避免其他区域浇水过多。

五、杂草防除

杂草,不但引起高草区草坪不雅的坪观,而且和草坪草争夺养料、水分与光照,对草坪的危害是显而易见的。高草区的杂草防除,通常采用人工拔除法与化学防除法。人工拔除法比较环保,适用于任何时候任何草坪;但当杂草密度很高或遇到人工难以拔除的恶性杂草时,可以采用化学方法进行清除。当阔叶杂草问题出现时,每隔 1~3 年施用一次除草剂,对于一年生杂草可以根据需要选择化学试剂进行防控。如果杂草严重,并能预测到杂草的危害时期时,可以选用萌前除草剂将杂草杀灭在萌芽状态,特别是对灌溉的主要高草区,应配合使用适量的芽前或芽后除草剂,在杂草的幼苗期进行防除效果比较好。

六、中耕和树叶清理

当草坪坪床过于紧实时,就必须对草坪中耕松土,以利于草根系吸收水分和养分,促进草坪的正常生长。可以根据高草区土壤的情况进行选择,通常高草区只在践踏严重的地方才进行打孔操作,一般在初夏时节进行,一年一次。有时也可以根据情况采用划草皮的方式代替打孔或者与打孔操作相结合进行。高草区一般不进行覆沙作业。

另外,由于高草区种植有大量树木,草坪上会不断堆积枯枝落叶,影响草坪草的正常生长,破坏球场景观。因此,需要根据情况不断对高草区上的枯枝落叶进行清理,特别是在北方的秋季需要及时把大量落叶清除,保证草坪的正常生长。清理落叶的工作一般由人工进行,比较简单的方法是直接用吹风机把落叶吹走,也可以用粉碎机将落叶粉碎后返回土壤。

第三节　高草区外围

一、球场树木

树木在高尔夫球场中较为常见,主要分布在球道以外的高草区和非击球区等区域。在高尔夫球场种植树木,可以丰富球场的四季景观,还可以保持水土、防风固沙和降低噪声等功能。

高草区的树种没有严格要求,主要起隔离、美化及安全防护作用,植物配置手法较灵活,运用花卉、地被、灌木及树木的搭配,设置风格多样。在树种选择上,要注意高度、树形、叶形、颜色、花期、花色等特性的搭配;特别是对重点的景观区域,要创造出繁花似锦、芳香宜人的优美球场景观和打球环境。树木的种植,还可以使球场分割成景观纷呈、相对独立的景观区域,调节球手单调乏味的视觉,增加乐趣。同时,还可减轻太阳对球手的直接照射,也有利于周围野生动物的栖息。

在现代高尔夫球场,树木已经成为了高尔夫球场的重要组成部分。高尔夫球场的树木,主要有三个方面的功能:

1. 打球运动功能

(1)树木可以作为球道障碍,影响打球的战略。

(2)具有引导击球路线和指示目标的功能。

(3)能够防止因过失击球使球偏离正确路线行走过远,并且可以起到一定的防护,增加打球的安全性。

(4)通过树木的适当种植,有助于球手感知球道的起伏变化和高低落差。

(5)可以分散和引导球手与管理车辆的行走路线,减少工作人员和球手对局部草坪的过分践踏,并为球手提供纳凉和避雨的场所。

(6)树木还可以用作高尔夫球场中的距离标志。为使高尔夫球手在击球时能够计算出击球落点的位置而在特定位置栽植的树木称为标志树,常在距发球台 50 码、100 码、150 码和 200 码的位置上栽种,有些球场会在 50 码和 150 码处栽植单棵大树或小树,在 100 码和 200 码处栽植两棵大树或小树,使球手容易判断球落地的距离。

2. 景观功能

树木,是园林植物造景不可缺少的一部分,对于高尔夫球场来说,球场树木具有增加球场四季景观的功能,同时还具有保持水土、防风固沙和降低噪声的功能。通过树木,可以使球场分割成景观纷呈、相对独立的区域环境,调节球手乏味单调的视觉,令球手有与世隔绝之感,烘托打球的气氛和增加乐趣,为球手在各个季节打球提供优美宜人的打球环境。

同时,高大的树木还可以减轻太阳对建筑物和球手的直接照射,增加保护性能,并有利于野生动物的栖息。

3. 经济功能

球场种植树木产生木材,可作为建材或燃料,或作为装饰材料,还可生产果实等产品,这些都能为球场增加部分经济收入。

图 11-3　高草区树木(一)

图 11-4　高草区树木(二)

二、边界区

边界区,是指球场的外围,是划分球场的区域,起隔绝外界、安全防护及隐蔽的功能,是球场展现给外界的景观。外围边坡区域,应选择耐旱耐寒、耐瘠薄、耐粗放管理、成坪速度快、覆盖能力强、景观效果较好的草坪地被植物进行混合播种。植物的栽植尽量体现自然特征,栽植紧凑,园林植物以落叶乔木、常绿树种和灌木为主,注意观花、观叶树种的搭配,丰富季相变化,展现给外界优美的球场边界景观。其次,在外围边坡区顶部,可以成片状镶嵌种植一些草花,如小冠花等,点缀外围高草区,以增加景观的多样性和丰富度。

三、球场界外标志

界外,表示禁止打球的区域,通常用界桩表示,不同区域的界桩用白色、红色、黄色以及蓝色等不同颜色加以区分。

白桩又称界外桩,界外意即球场之外,一般每个球洞都会有明显的界外标志来表示高尔夫球场的打球区域,有时也用围栏、白线表示。黄桩,代表正面水障碍;红桩,代表侧面水障碍,修理地以蓝桩或白线表示。

界桩,可以是木桩或者水泥桩,一般留在地面上的高度为90厘米,横截面为5厘米×5厘米,界桩的间隔以球手可以明确确定球是否出界为标准,位置醒目周围不要有草丛、灌木遮蔽,可以根据风化情况对界桩进行重新刷漆,保证界桩醒目,易被识别。

图 11-5　高尔夫球场典型的界外标志

【本章小结】

尽管高草区草坪质量要求较低,但为了打球的需要,仍需进行一定程度的粗放管理。了解高草区在高尔夫球场的作用,掌握高草区草坪的养护措施是学习本章的关键。

【思考与练习】

1. 高草区草坪有何特点?
2. 简述高草区草坪的主要养护措施。

第十二章
沙坑维护与管理

本章导读

　　沙坑是体现一个球场战略、景观和风格的重要组成部分,因而沙坑养护也是高尔夫球场草坪养护的重要内容。本章结合实例,系统地讲述了沙坑耙沙、沙坑维护与换沙、沙坑定界以及沙坑周边草坪养护等内容。

教学目标

　　学习本章,要求掌握沙坑耙沙、沙坑维护与换沙、沙坑定界以及沙坑周边草坪养护等养护措施,并且要求能够综合利用这些措施解决沙坑养护中遇到的问题。

　　尽管一轮球赛中,在沙坑中击球次数很少,甚至没有,但是沙坑是体现一个球场战略、景观和风格的重要组成部分,良好的沙坑维护是十分必要的。对于所有的球手而言,无论球技高低,均希望沙坑软硬度适中、质地均一且便于击球。如果一个球场中少数沙坑沙面坚硬,而其余沙坑松软,那么这个球场的沙坑是不公平的。为了确保大多数球手能用9号铁杆将陷入沙坑中的球救出,那么沙坑就不得不和果岭草坪一样,每天进行维护。美国高尔夫球协会一项对全美不同养护水平球场的球手统计表明,球手对沙坑抱怨最多的问题是沙层厚度、球落入沙坑形成"荷包蛋"、沙坑击球条件不一致以及沙坑湿度。

　　美国高尔夫球协会认为,沙坑养护至少要达到三个基本要求:①沙坑边界清晰,球手或者裁判容易判断球是否属于沙坑中的球。耙沙时将沙带出沙坑边缘,或者草坪长入沙坑,都会造成沙坑分界不清,比赛时容易导致规则难以处理的尴尬局面。②沙坑中沙量足够,球手从沙坑中救球时不会受伤或者球杆受到损坏。

美国高尔夫球协会建议沙坑底的沙层厚度应为 10~15 厘米,沙坑面沙层厚度为 5~10 厘米。③落入沙坑中的球陷入沙中,形成"荷包蛋"的可能性小。

让沙坑保持良好状态需要耙沙、边缘及周边草坪养护、杂草防除、杂物清理等日常养护措施。这些养护措施由于沙坑尺寸大小不一、形状不规则及周边造型等因素,使其实际操作受到限制,大多无法使用机械简单快捷地进行,只能通过人工方式完成,因此沙坑的养护费用相当高。

第一节 耙沙

维持沙坑良好的击球条件的首要养护措施之一就是耙沙。沙坑耙沙分为整个沙坑耙沙和仅对球手打球后没有耙平或者耙过但没有达到要求的部分沙坑进行耙沙。在 20 世纪 60 年代发明耙沙机以前,沙坑都是采用人工耙沙来维护的。沙坑耙沙成为高尔夫球场上最费力、耗时和高成本的一项工作。球场沙坑有逐渐减少的趋势。20 世纪 60 年代,美国佐治亚州的一个高尔夫球场草坪总监发明了机械耙沙机,由于其大大提高了耙沙效率,很快得以在全球范围内应用。这种机械极大地节省了人力,工作效率高,现代高尔夫球场普遍使用耙沙机进行沙坑的维护。对于某些养护水平高,养护预算充足的球场而言,通常都选用人工进行沙坑耙沙,目的是可获得较高的耙沙质量并尽可能减少对沙坑的破坏。

一般来说,沙坑的沙层应符合下列要求:①经常保持半松软状态,沙面紧实不利于击球和排水。②具有一定的干燥和光滑程度。沙坑沙层表面可以保持光滑的平面,也可以是有条纹的表面,这取决于管理人员和球员的喜好。对于有条纹的表面,沟不能太深、脊不能太高。沙坑沙面的状态还取决于耙沙的操作步骤和使用的耙沙工具。③不生长杂草。生长有杂草的沙坑不利于打球,不符合沙坑的要求。④没有石块等杂物。沙坑中石块等硬质杂物会损伤沙坑中击球时的球杆,击出的石块会造成人员伤害等。

一、耙沙频率

为了使沙坑沙层经常保持半松软状态、具有一定的干燥和光滑程度,需要定期进行耙沙。耙沙的频率主要取决于灌溉、雨量、沙粒大小、沙粒质地、沙坑使用强度和击球强度等因素。沙坑在大量降雨或者喷灌后,沙层表明会板结变硬,此时就需要进行耙沙。在沙坑沙粉粒或黏粒过多,或者沙粒容易分化的情况下,要适当增加耙沙频率,防止沙层板结,出现排水不良等问题。如果球场打球人数较多,也要适当加大耙沙频率,尽管球手沙坑击球后也进行耙沙,但是他们的耙沙不一定能够达到要求。

在打球强度高的周末或节假日,沙坑应每日耙一次,而在1周内和打球少的季节应根据打球强度、灌溉及雨水情况每2~3天耙一次。比赛时需要良好的击球条件,包括沙坑应有好的沙面状态,需每天耙一次沙。

二、人工耙沙

在没有耙沙机的情况下,或对沙坑局部进行细致修整时,用人工进行耙沙作业。人工耙沙的具体操作是将耙子放在沙面上前后往返移动。操作时要仔细,防止每次提起和放下耙子时在沙面上形成隆起。耙沙时可以从一侧耙向另一侧,或环绕进行。耙沙速度不要过快,耙沙加快会在沙面留下波纹。

在沙坑四周耙沙时,应特别注意将沙坑中间的部分沙子用耙子耙向沙坑边缘,要使耙子从沙坑底向上移动,将部分沙子耙到沙坑面上,或在沙坑底将沙子推倒沙坑面上,不要使耙子从沙坑面向沙坑底方向移动,使沙坑面的沙子过多地滑动到沙坑底,造成沙坑面的沙子越来越薄,而沙坑底的沙子越来越厚。

人工耙沙时可以使用耙子或刮板。较重的短齿耙(5厘米)比长齿耙具有省力、速度快的优点。短齿耙通常适合于沙子干松的情况。而在沙层较湿、硬沙面和生长杂草时其效率极低。长齿耙(7.6~10厘米)因其在耙沙时费力且价格高而不经常使用。但长齿耙耙沙深,其松沙效果及对杂草的耙除效果均很好。

人工耙沙经常涉及的一个问题就是沙耙应该放在沙坑中还是放在沙坑周边的草坪中。直接放在沙坑中可以让球手很容易发现沙耙,便于沙坑击球后耙完沙迅速离开沙坑,不会影响打球;缺点就是沙坑中的沙耙规则中视为人工妨碍物,有时会引起规则上判罚的争议。将沙耙放在沙坑周边的草坪中,不会引起规则上判罚的争议,但是通常球手打完球后难以发现沙耙的位置,有的球手因此就不耙沙坑。现在比较流行的办法是把沙耙放在球手容易看见的地方,可能是沙坑,也可能是沙坑周边的草坪中。现在有些球场沙坑中或者沙坑边缘草坪均不放置沙耙,而将沙耙固定在球车上或者球包车上,球手在沙坑中击球后从球车或者球包车上取下沙耙进行耙沙,耙完沙后将沙耙带走。

三、机械耙沙

机械耙沙是使用耙沙机进行耙沙作业。耙沙机由小型拖拉机和相应的部件组成,拖拉机前面装有推沙板,后面带有耙子。耙子有硬齿和软齿两种形式,沙层较紧实时,安装硬齿耙;沙层较软时,安装软齿耙。

具体操作时,驾驶耙沙机以一定方式通过沙坑表层,通过安装在耙沙机后面的耙子达到耙沙的目的。耙沙机在沙坑中行走的线路一般有两种形式:环状形式和"8"字形式。操作耙沙机时,速度不要太快,以免因耙子跳动在沙层表面形成沙岭,耙沙机进出沙坑的通道应经常更换,防止单一的行走线路给沙坑边缘造成过多的践踏,损伤草坪。耙沙机每次完成耙沙作业离开沙坑时,要逐渐提升耙子,避免在沙坑边缘草坪上留下沙堆。机械耙沙完成后,沙坑上若留下沙堆或沙岭,需要人工耙平。对于较陡的沙坑面或沙坑局部较窄区域,耙沙机无法进行耙沙操作时,应人工补充耙沙。沙坑进行一段时间的机械耙沙后,沙坑面的沙子会滑落到沙坑底,也需要人工耙沙,将底部多余的沙子耙回到沙坑面上。尽管耙沙机可以利用推板将沙子推到沙面上,但不能对沙面进行精细地整形。

人工耙沙具有耙沙质量好,不易破坏沙坑底面的防渗膜,不易损坏沙坑的边唇,能够对坡度较大的沙坑面进行耙沙等优点,但是人工耙沙费时、费力且成本高。机械耙沙方便、快捷、耙沙效率高且费用低,但是机械耙沙效果差,坡度较大的沙坑面无法进行机械耙沙,同时机械耙沙容易破坏防渗膜,耙沙机进出沙坑容易破坏沙坑边唇或边界。所以,采用哪种方式进行耙沙需要根据球场沙坑数量、沙坑形状及造型以及养护预算等实际情况进行选择。多数球场采用人工和机械耙沙相结合的方式来完成沙坑耙沙工作。

第二节　沙坑维护与换沙

一、沙面维护

由于雨水及灌溉的侵蚀和耙沙、打球等原因,沙坑面上的沙易流向沙坑底部,因此须由专人在耙沙后定期用工具将沙从沙坑底部推回到沙坑面上。尤其在雨后的耙沙作业中,这是必须实施的养护措施。

图 12-1　沙坑沙面维护

二、换沙

从沙坑中击球易带出沙子,再加上风的侵蚀和沙坑边界定等因素,会引起沙坑沙子的丢失,因此需要对沙坑进行阶段性换沙补沙作业。沙坑添沙的频率依风蚀的严重情况和沙坑击球时沙子损失情况而定。一般 1~5 年需要进行补沙添沙作业。有一个标准,若沙坑内沙子深度少于 10 厘米,沙坑面低于 5 厘米时,就应添加新沙。选用的沙子应与以前沙坑所用的沙子在颗粒大小、形状、颜色基本一致。

最常见的一种情况就是,降雨后沙坑底部的沙被流入沙坑中雨水带入的水流污染,沙的颜色和纯度发生变化;同时,由于沙坑周围的杂物也有可能被风吹入沙坑,使得沙坑上层沙受到污染。久而久之,沙坑就需要定期进行换沙。一般在球场很少使用的季节进行。在一项重大比赛前一个月应在沙坑中填上 2.5 厘米或少一些的新沙。在填沙过程中应特别注意,尽量减少对沙坑边唇和边缘的破坏。防止沙坑面和边缘沙子的滑落。

具体操作时,为减少对沙坑的破坏,一般需要采用两次搬运形式加沙,先用大型运输工具将沙子运到沙坑周围堆放,然后用小型运输工具将沙子再运到沙坑中散开。换沙时应灌溉浸湿沙子,使沙子下沉,压实。

图 12-2   沙坑边缘草坪草长入沙坑

第三节   沙坑定界

　　草坪从沙坑边缘长入沙坑是沙坑养护中最常见的问题。因为沙子是草坪草或者杂草生长的良好媒介,如果沙坑不定期切边或者定界,草坪草就会向沙坑内部蔓延,使得沙坑边界不清。当球落入沙坑内生长的草上,无法按规则判断其属于沙坑内还是沙坑外;同时,如果沙坑长时间不切边或者定界,长入的草坪会减小沙坑的尺寸并改变其形状。沙坑边界是否清晰,也成为判断一个球场养护水平高低的重要因素之一。

　　在切边机发明以前,球场管理者只能用人工的办法进行沙坑切边或者定界,因而耗时、费力,成本也很高。但是由于切边机的出现以及草坪生长调节剂的出现,草坪管理者有了更加高效的办法来进行沙坑定界工作。

　　沙坑边缘及边唇草坪的修剪不能用机械进行操作,只能人工进行,人工修剪常使用剪草用剪刀。人工操作时,以原沙坑边缘为界限,用剪刀剪掉蔓延到沙坑内部的草坪枝条,垂直的沙坑边唇以其垂直面为界限进行修剪。修剪掉的草坪枝条要用耙子从沙坑中拣出,沙坑边缘和边唇草坪的修剪是一项费时、耐心细致的工作,需防止破坏沙坑边缘的形状。

图 12-3 人工修剪沙坑边缘

图 12-4 切除草坪定界沙坑

沙坑边缘和边唇草坪草向沙坑内部蔓延的问题,也可通过预防性措施加以控制,可以使用植物生长抑制剂进行化学剪草。通过给沙坑边缘和边唇上的草皮定期施入植物生长抑制剂,抑制草坪枝条向沙坑内部的生长,施入一次抑制剂可以使草坪生长速度降低 50%,从而减少沙坑边唇人工修剪的频率。

控制沙坑边缘和边唇草坪草的生长蔓延,也可在沙坑边缘铺植生长缓慢的草坪草来达到目的。通过在沙坑边缘铺植 50~100 毫米宽的生长速度较慢的草坪草,减缓草坪草向沙坑内部生长蔓延的速度,从而降低人工修剪次数。如在温暖地区在沙坑周边种上结缕草以减慢向沙坑的侵入。

有时沙坑边唇破坏严重或者沙坑已经多年没有定界,通过简单的修剪或者切边无法恢复设计师设计的沙坑的原有形状,此时就要借助纤维板进行沙坑边唇或者边界的定界。首先将纤维板按照沙坑的设计形状固定好,然后切除草坪或者填土铺设草坪,等到草坪完全定植后去除纤维板,完成定界。

图 12-5　利用纤维板进行沙坑重新定界

沙坑边线重新定界措施一般每 2~3 年进行一次,如果沙坑边缘草坪生长蔓延速度较快,可以缩短时间间隔。另外,球场在不进行沙坑边缘草坪修剪操作的情况下,也要相应地缩短重新定界的时间间隔。

第四节　沙坑周边草坪养护管理

沙坑周边区域的草坪属于高草区草坪,其草种选择、坪床准备、草坪建植及草坪养护管理,与高草区基本相同。

沙坑边唇已经建好、沙子已贮放到沙坑中之后进行草坪建植时,一般通过直铺草皮的方法进行沙坑边缘线周围的草坪建植。边缘线以外的沙坑周边区,采用种子直播或枝条插枝的方法建坪。对于较陡区域的草坪,也通过直铺草皮的方法进行建植。进行草皮铺植时,为了防止草皮在陡坡上滑动,可以使用 15~20 厘米的长的小木桩固定草皮,将木桩钉入草皮内,木桩顶部应没入草坪面之下,以免影响管理操作。待草皮完全定植后,将木桩拔出,若使用软质木桩,木桩会在原地腐烂，不必拔出。直铺草皮的具体操作同高草区草坪的建植过程。

　　对于沙坑边唇事先未进行建造，而需要在沙坑周边和边缘草坪建植完成后进行边唇建造和沙坑上沙的情况，其草坪可以采用种子直播和枝条插枝的方法建植。球道沙坑草坪种植可以与球道草坪的建植同时进行。果岭沙坑可以与果岭草坪建植同时进行。种植草坪时，将沙坑内部、沙坑边缘以及沙坑周边同时进行种植。待草坪成坪后，确定沙坑边界，修建沙坑边唇，进行沙坑内部的清理工作。沙坑边界线以内的沙坑底部草皮，可以用机械或人工铲起，用作其他部位的损伤草坪的铺植和修补。

　　沙坑边缘线以外的沙坑周围草坪也需要经常修剪，其具体修剪操作与高草区草坪的修剪措施相同。对于突入沙坑的窄草丘和沙坑周围较陡的草丘，不利于驾驶式剪草机的操作，要用气垫式剪草机进行修剪。新型气垫式草坪修剪机，与传统的行走式修剪机相比，具有动力要求低、操纵轻便、对草坪损伤小和噪声低等明显优势，一般的剪草机无法修剪坡度大于 25 度以上的草坪，而气垫式由于操纵轻便，突入沙坑的窄草丘和沙坑周围较陡的草丘大多采用其进行修剪。

图 12-6　利用气垫式剪草机修剪　　图 12-7　清理修剪落入沙坑内的草屑
　　　　　沙坑周围草坪

　　沙坑周边的草坪修剪后，会有部分草屑落入到沙坑中，应将其清理出沙坑。如果不清理，会影响沙坑的击球质量，而且草屑分解腐烂会影响沙坑沙的颜色，改变沙的理化性质，给沙坑中杂草生长提供营养空间。由于新剪下的草屑比沙粒轻，选用吹风机，通过调节其出风强度将草屑吹出而不吹出沙粒和破坏沙坑面。

第五节 沙坑草坪养护管理常见问题

沙坑,是球场特有的战略、景观元素。沙坑及其沙坑周围草坪养护成为所有草坪管理中特有的养护工作。由于沙坑造型变化多样,沙坑面深浅不一,甚至不同设计师设计的沙坑风格迥异,有的宽大宏伟,有的精致细腻,有的长、深、窄、曲折多变,使得大多数沙坑的养护需要人工完成。从沙坑养护管理角度讲,要养护好沙坑,体现沙坑的障碍、景观价值和艺术风格,绝非易事。在沙坑的日常养护管理过程中,经常会出现沙坑排水不良,沙坑边唇草坪蔓延入沙坑,沙坑中的沙因风蚀减少,沙坑因为某种原因需要重建等诸多问题,如何采取恰当的措施解决这些问题非常重要。

一、沙坑排水不良

沙坑需要良好的地上和地下排水条件。沙坑排水必须畅通无阻。在地势低凹区域土壤渗水状况较差的情况下,沙坑位应设置得高一些,使其与周围地势形成一个坡度,以利于排水。反之,地下排水良好的地方,沙坑可以建在地平面以下。在建造和设置沙坑时,也应注意从果岭斜坡和边缘流下的水不能进入沙坑,也不能聚集在果岭内或果岭附近。

由于沙坑形状变化多样,并且沙坑底大多低于地面,使得降雨或者浇水时地表径流容易流入沙坑中,如果沙坑排水不好,会带来沙坑造型被破坏,沙坑积水或者沙被污染等问题。沙坑排水不良,可能是由于球场设计时,没有全局考虑沙坑的位置与沙坑周边的造型造成的;也有可能是沙坑建造时没有铺设地下排水管道或者排水达不到要求等原因造成的。此时,就要根据实际情况进行分析,如果是设计不合理,就要改变沙坑的位置或者在沙坑周围地势较高的一面设立地下排水沟,阻断可能流入沙坑的地表径流。如果是沙坑内部地下排水达不到要求,就需要对沙坑进行改造,重新铺设地下排水系统。

在球场的运营过程中,沙坑周边的土壤颗粒、黏粒、粉粒或者其他杂物,由于风、人员进出沙坑等原因而被带入沙坑从而污染沙坑中的沙。而沙坑中的沙被污染变色的一个重要原因是地表径流流入沙坑。由于这些地表径流水中带有泥土,对沙坑中的沙的纯净度、颜色以及排水性能造成极大影响。在更换被污染沙坑沙的基础上,阻断地表径流和提高沙坑的排水能力是唯一的解决方法。

图 12-8　排水不良的沙坑

图 12-9　在沙坑地势较高一侧设立排水沟阻断流入沙坑的径流

图 12-10　沙坑沙因排水不良被污染

二、沙坑边唇草坪蔓延

图 12-11　草坪蔓延入沙坑

沙坑的边缘与边唇的草坪,由于枝条或者根茎的生长会蔓延到沙坑中去,如果不定期切边,就会破坏沙坑的形状和视觉效果,因而沙坑边缘和边唇要经常修剪。

如果沙坑长时间不修边或者废旧的沙坑重新利用,此时就要对沙坑进行重新定界。如果沙坑边缘或边唇的草坪草向沙坑蔓延严重,并且在沙坑中已经定植,就需要采用重新进行沙坑边缘线界定的改良措施。

人工使用铁铲或草坪切边机将沙坑边缘和生长在沙坑中的草皮铲掉,重新给沙坑定界,把铲掉的草皮和枝条清理出去,并给沙坑加沙,使沙子与新的沙坑草坪边缘相接。切除沙坑边缘草皮时,一定要注意使新的沙坑边界与球场建造时的沙坑边界相一致,并注意保持沙坑原来的边缘和边唇的造型。

三、沙坑沙风蚀

由于大风的侵蚀,沙坑的沙子会不断被吹走损失,造成沙坑的沙子逐渐减少,这种现象在风大的球场比较严重。沙坑的风蚀不仅造成沙坑中沙子的损失,还会导致沙坑周边草坪以及果岭环区域草坪内沙子不断累积,使其高度上升,给草坪管理带来一系列不良问题。

防止沙坑风蚀问题可以采用以下几种办法:①尽量使用粗粒沙。这种大颗粒的沙子不易被风吹走。②设置防风屏障。在赛事较少的冬季在沙坑周围或一侧设置遮风屏障,防止沙子的流失,如给沙坑设上栅栏等。③重新设计沙坑造型,降低易于遭受风蚀的沙坑面高度,增加沙坑边唇与边缘的高度。深的锅底形沙坑有助于减少沙坑中沙子的风蚀问题。

图 12-12　沙坑风蚀

四、落叶和石子清理

尽管落叶和石子是散置障碍物,但是规则规定如果球位于障碍区内,球员不得碰触或移动位于同一障碍区内、或触及同一障碍区的任何散置障碍物,如果移动就会受到罚杆的处罚。为了让球手有公平的竞赛条件和良好的沙坑救球条件,草坪管理者应该清理掉沙坑中的树叶和石子。同时,沙坑中有落叶和石子等杂物存在时,不仅影响到沙坑的美观,而且击球时有可能发生伤人等意外。因此,沙坑中的落叶和石子等杂物清理是沙坑养护常见的问题之一。

沙坑在春、秋季节容易积累落叶,在这两个季节要经常进行落叶的清理工作。进行沙坑中落叶或枯枝的清理一般只能人工进行,不宜采用机械方法,因为吹风机或者清洁机等清理落叶的机械,在吹走沙坑落叶的同时,也会将沙坑中的沙子吹到沙坑外。人工清理落叶可用耙子将落叶或枯枝耙到一起,然后从沙坑中运走。落叶比较多时,每天需要进行一次。落叶比较少的时候,可以在每次进行耙沙前完成清理工作。

沙坑中石块的清理是沙坑维护管理中另一项重要措施。从打球和维护的角度来说,沙坑中不应存在石块。若沙坑中有石块,球手从沙坑中击球时会将石头击出,易伤及他人,被打到果岭上的石块,在进行剪草作业时会损坏剪草机。

沙坑中石块的清理有以下几种方法:①人工拣出。石块少时,在每次耙沙操作前后人工拣出。②使用细密的齿耙,耙到沙层一定深度,将沙层中的石子耙到沙层表面后,清理出去。在沙坑较干燥时使用此种方法很有效。③沙层中石块较多,不易采用耙子耙除时,则使用过筛的方法进行清理。将沙坑中的沙子堆到沙坑一侧,利用6.3毫米筛孔的筛子,筛过沙,并将筛好的沙子按沙坑沙深标准重新铺置到沙坑中,筛出的石块运出场外。必要时还需加一些新沙子,方可使沙层厚度达到标准。

如果沙坑中的石块太多,可以重新更换新沙。将沙坑中的沙子全部清理出去,在沙坑中铺设不易腐烂的衬垫层如玻璃纤维等,以防止未处理干净的沙坑底部的石子再向上移动到沙层中去,最后按沙坑建造中所述的沙坑上沙的方法重新铺沙。

五、沙坑重建

在球场沙坑的养护管理过程中,由于排水不良、沙坑形状发生改变、沙坑被暴雨冲毁等原因,有需要对沙坑进行重建。沙坑重建是一项精细、费时、费力的工作,需要在弄清造成沙坑需要重建的原因基础上,采用适当的方法重建沙坑。以得克萨斯州瑞奇伍德乡村俱乐部(Ridgewood Country Club)沙坑重建为例,解析沙坑重建的步骤。

(一)沙坑损坏原因分析

瑞奇伍德乡村俱乐部的沙坑,多年来养护十分困难,主要原因有三个。

一是排水不良。尤其是雨后相当长的一段时间内沙坑内积水无法排除,沙坑击球条件很差,球场只能用便携水泵抽干沙坑的积水。

图 12-13　沙坑积水

二是沙坑面较高。沙坑沙经常被雨水冲到沙坑的底部,球场需要花费大量的人力物力将沙耙回沙坑面,确保沙坑面沙层厚度。高频率的耙沙使得沙坑沙十分松软,球落入沙坑中极易形成"荷包蛋"。同时由于耙沙工作量大,使得球场其他的养护措施人员调配受到影响。如果单次降雨超过 12 毫米,瑞奇伍德乡村俱乐部草坪总监就需要100工时以上,大约1000美元的劳力成本来完成球场全部沙坑的耙沙工作。

三是经常有径流流入沙坑。随着径流水流带进了很多泥土,造成沙坑沙和泥土混合。随着沙坑沙中土壤粉粒、黏粒比重不断增加,沙坑排水能力持续下降。球场所有沙坑的底部几乎均可看见泥土,久而久之,沙坑几乎不排水。像这样的沙坑使用年限很短,几乎只有3~4年的使用期,最多也不会超过5~7年。

(二)解决办法

球场经过慎重考虑决定重建所有沙坑,每年重建6个球洞的所有沙坑(20个左右),3年完成整个18洞沙坑重建工作。重建沙坑主要考虑沙坑面不要太陡,尽可能避免沙坑建成后需要通过大面积的人工耙沙来确保沙坑面的沙层厚度。同时沙坑底铺设防渗膜,以减少沙坑面沙向沙坑底滑动,同时防止沙坑沙被沙坑地基土壤污染。球场沙坑重建工作,从2001年1月开始。

图12-14 移去旧沙

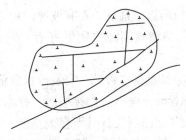

图12-15 规划设计沙坑排水

(三)重建步骤

(1)用小型挖掘机将沙坑中的大部分沙移出沙坑。移除的沙可用多功能车运走集中堆放,用于球场的其他工程。

(2)用喷枪画出沙坑的边界,计算出需要的防渗膜数量。同时,设计出每个沙坑的沙坑排水管布置方式。

(3)挖排水沟。尽管大多数排水沟用专业挖沟机完成,但是在沙坑较陡的区域,还是有大量排水沟需要人工挖掘。挖出的大多数土壤用于压实建造沙坑基础,多余的泥土运走。排水沟要有一定的坡度,以利于排水。

图 12-16　挖掘排水沟　　　　图 12-17　沙坑基础夯实

（4）夯实沙坑底部。夯实后要求沙坑紧实，光滑，沙坑基础的造型要和最终沙坑重建完工后的造型一致。这样可以确保防渗膜能够平整铺设，同时不会因为不均匀沉降导致防渗膜破裂或者日后耙沙时划破或者带出防渗膜。如果沙坑基础中有坚硬的巨石或者土块，夯实底部时难以保证其光滑，可以先铺一层 10～25 毫米细沙，然后在细沙上铺设防渗膜。

（5）防渗膜铺设。在有坡度的地方，沿着等高线铺设防渗膜效果较为理想。铺设时，防渗膜间隙之间最好有一定的重叠，并且用 15 厘米深的钉子固定防渗膜。

（6）铺设排水管道。安装排水管前先在管沟中铺放 10 厘米的豆石，确保排水管和管沟土壤不会直接接触。排水管连接处要用胶带缠紧，确保安装好排水管后在其上面填豆石时不会被拉断。注意在地势较高的一面要预留洗泥口，以便日后可以冲洗掉排水管中可能存在的泥土等杂物。

图 12-18　防渗膜铺设　　　　图 12-19　沙坑基础夯实

图 12-20　沙坑上沙

图 12-21　沙坑重建完成

（7）沙坑上沙。利用喷沙机或者传输带将沙送入沙坑是最好的办法。无论你有多少操作简便的机械可以用来上沙，人工将沙均匀的铺设到沙坑是不能取代的工作。

很难说瑞奇伍德乡村俱乐部的沙坑经过改造后能够使用多长时间，但是，完工后沙坑基本达到战略和景观价值的设计目的。完工后立即用喷灌喷头给沙坑浇水两小时，沙坑中没有出现径流和积水。沙坑重建之前如果对沙坑浇采用同样的方式浇水，沙坑将积水或者变得泥泞。重建后沙坑排水良好，得益于防渗膜的铺设以及排水管道的合理设置。

瑞奇伍德乡村俱乐部沙坑重建后，最大地改善了沙坑的击球条件。由于重建后沙坑排水效果好，即使在发生降雨或者暴雨后，沙坑也能在数小时内排除积水，沙坑完全达到击球要求。

【本章小结】

让沙坑保持良好状态，需要耙沙、边缘及周边草坪养护、杂草防除、杂物清理等日常养护措施。掌握沙坑的养护措施是学习本章的关键。

【思考与练习】

1. 沙坑为什么要耙沙，如何确定耙沙频率和方式？
2. 沙坑如何定界？
3. 沙坑重建有哪些步骤？

第十三章
高尔夫球场草坪有害生物防治

本章导读

　　高尔夫球场草坪病害、虫害和杂草识别和防治,是高尔夫球场草坪养护的重要内容之一。本章系统地讲述病害、虫害和杂草的类型及其发生规律,重点介绍了高尔夫球场常见病害、虫害及其杂草的识别和防治等内容。

教学目标

　　学习本章,要求掌握病害、虫害和杂草的类型及其发生规律,要求能够识别和诊断常见的病害、虫害和杂草,并且要求能够综合利用各种养护措施解决球场草坪实际养护过程中遇到的有害生物防治问题。

第一节　高尔夫球场草坪病害防治

　　病害是高尔夫球场草坪养护工作的重要内容之一。当高尔夫草坪病害严重发生时,会造成草坪质量变差,失去外观,影响球速,从而妨碍高尔夫运动场地运作。

　　草坪植物由于受到病原生物或不良环境条件的持续干扰,其干扰强度超过了能够忍耐的程度,使植物正常的生理功能受到严重影响,在生理上和外观上表现出异常,这种偏离了正常状态的植物就是发生了病害。

一、高尔夫球场草坪病害概述

　　草坪草的生长并不是孤立的,草坪构成了一个草坪生态体系。除了周围环境、土壤、水分外,草坪生态体系中还存在种类、数量繁多的生物。生物与生物之间发生一定的关系,一种生物与另一种生物生活在一起并从中吸取食物的现象称为寄生现象。寄生的生物,称为寄生物;被寄生的生物,称为寄主。若寄生物能诱发寄主发病,这种寄生物称为病原物。

草坪病害病原物都是草坪草的寄生物,都能从寄主植物体内夺取养分和水分等生活物质以维持生存和繁殖。在与草坪草寄主的寄生关系当中,病原物对寄主植物产生致病和破坏作用,干扰植物的正常生长。有时,单有病原生物和植物两方面存在还不一定发生病害,还需要合适的媒介和一定的环境条件来满足病原生物,才能对植物构成威胁。这种需要有病原物、寄主植物和一定环境条件三者配合才能引起病害的观点,就称为“病害三角”或病害发生三要素学说。

植物病害是植物和病原在一定环境条件下矛盾斗争的结果。其中,病原和植物是病害发生的基本矛盾,而环境则是促使矛盾转化的条件。环境一方面影响病原物的生长发育,同时也影响植物的生长状态,增强或降低植物对病原的抵抗力。只有当环境不利于植物生长发育而有利于病原物的活动和发展时,矛盾向着发病的方面转化,病害才能发生。反之,植物的抗病能力增强,病害就被控制。因此,植物能否发病不仅决定于病原与植物之间的关系,而且在一定程度上,还取决于环境条件对双方的作用。

一种草坪草在当地种植成功与否,与当地的自然条件、土壤特性有密切关系。这些因素对于具体的地区来讲是相对稳定的,在一定程度上决定了病害发生三要素当中的某些环境要素和优势的病原生物,所以病害就对草坪草在当地的种植起着主要作用。病害,常是限制草坪草的栽培品种或种类单一的最重要因素。例如,狗牙根草的春季死斑病,限制了它作为球道草的广泛应用,特别是在北方暖季型草带,如山东、河北、天津、河南等地。

(一) 病程

病害的发生是一个持续的过程,当植物遭受到病原物侵袭和不适宜环境因素影响后,首先表现为正常的生理功能失调,继而出现组织结构和外部形态的各种不正常变化,使生长发育受到阻碍,这种逐渐加深和持续发展的过程,称为病理程序,简称病程。如草地早熟禾受长蠕孢菌和弯孢霉菌病菌共同侵染后,引发萎蔫病。受病草坪草,首先是从叶尖向叶基部变黄,最终叶片变成褐色,然后灰色,直至最后整个叶片皱缩。因此,植物病害的发生必须经过一定的病理程序。根据这一特点,修剪、磨损、动物咬伤及其他人为的器械损伤等,因无病理程序,所以不称为病害,而称为伤害。

1. 侵入期

侵入期,指从病原物侵入寄主到建立寄生关系的阶段。病原物完成对寄主的侵入需要有侵入的途径和条件。每种病原物只能从一定的途径侵入。病毒和类菌质体从微伤口侵入;细菌,从伤口如机械伤口、气孔侵入;真菌,除了从伤口和气孔侵入外,还能突破表皮直接侵入。适宜的环境条件,如湿度、温度对侵入影响很大。大多数真菌孢子的萌发与细菌的游动都需要水分的存在,因此湿度是影响病原物能否侵入的先决条件。温度能加速侵入速度。

2. 潜育期

潜育期,指从建立寄生关系到植物表现明显症状的阶段。一般病害的潜育期,是比较固定的。寄主抗病性差,病原物就会不断扩展,最后通过寄主表现出症状。

3. 发病期

发病期,指从表现症状到病斑不再扩展的阶段,是病害繁殖个体,发展的过程。此时病害症状不断严重化,被害植株逐渐衰退或死亡。

(二)病害发生的症状

病害是由特殊症状或标记来表达它的结果的。草坪植物感病后,在外部形态上所表现出来的不正常变化,称为症状。症状可分为病状和病征:病状是感病植物本身所表现出来的不正常状态;病征是病原物在感病植物上所表现出来的特征。草坪草病害的病状和病征常产生于同一部位,故称症状。如褐斑病,在叶片上形成的近圆形、灰褐色的病斑,是病状;后期在病斑上由病原菌长出的小黑点,是病征。

所有的草坪植物病害都有病状。病征只在由真菌、细菌、寄生性种子植物和藻类所引起的病害上表现较明显;病毒、植原体和类病毒等引起的病害无病征;线虫多数在植物体内寄生,一般体外也无病征;非侵染性病害也无病征。植物病害一般先表现病状,病状易被发现;而病征常要在病害发展过程中的某一阶段才能显现。

1. 病状的主要类型

畸形　感病部位细胞体积增大或缩小,表现为全株或部分器官变形,如肿瘤、丛枝、徒长、小叶、矮化、皱缩等。如狗牙根、羊茅、黑麦草和早熟禾的黄斑病,能引起此类病变。

变色　感病部位细胞色素改变异常颜色,如花叶、黄化、褪绿等,如狗牙根、匍匐翦股颖、羊茅、黑麦草、早熟禾的黄矮病和花叶病。

枯萎　感病草坪草的根、茎皮层腐烂，或维管束阻塞，破坏了水分的运输而引起凋萎现象，如青枯、枯萎等，如匍匐翦股颖的细菌萎蔫病。

坏死　感病部位细胞和组织坏死，如腐烂、溃疡、斑点等。斑点，如圆斑、角斑、网斑、条斑、环斑，如狗牙根的网斑和环斑病。叶斑，包括颜色如红褐色、铜色、灰色等，如匍匐翦股颖的铜斑病、海滨雀稗的赤斑病等。腐烂病状，如草地早熟禾的芽腐、根腐、根茎腐烂和雪腐病。

2.病征的主要类型

霉状物　病部产生不同颜色的菌丝层，如霜霉、黑霉、烟霉、灰霉、青霉等。如狗牙根、海滨雀稗的霜霉病。

粉状物　病部产生各种颜色的粉末，如白粉、黑粉、锈粉等。如匍匐翦股颖、狗牙根、羊茅、早熟禾的白粉病所引起的白粉状物；匍匐翦股颖、早熟禾、海滨雀稗、狗牙根在高温高湿条件下引发的黑粉状物；狗牙根 5 月期间，由锈粉病引起的锈粉状物。

点状物　病部产生黑色或黑褐色小粒点，如分生孢子器和子囊壳等。如温带地区禾草草坪炭疽病引起的黑色点状物，狗牙根 7 月高温高湿季节黑斑病引发的黑色点状物。

病害的症状是植物发生某种病害以后在外部形态上表现出的不正常特征，每一种病害都有它特有的症状表现。人们认识病害，首先是从病害症状的描述开始，描述症状的发生和发展过程，选择最典型的症状来命名这种病害，如腐霉病、褐斑病、银元斑病等。从这些病害名称就可以知道它的症状类型。当掌握大量的病害症状表现，尤其是综合征和并发症的变化以后，就比较容易对某些病害样本作出初步的诊断，确定它是属于哪一类病害，并由此决定采取什么样的管养措施。

（三）高尔夫草坪真菌病害

在高尔夫草坪病害中，真菌是最重要的病原，大约有 80% 以上的植物病害由真菌引起。

真菌没有根、茎、叶的分化，不含叶绿素，不能进行光合作用，也没有维管束组织，有细胞壁和真正的细胞核，细胞壁由几丁质和半纤维素构成，所需营养物质全靠其他生物有机体供给，属异养生物，典型的繁殖方式是产生各种类型的孢子。

真菌营养体除极少数为单细胞外，其余都是丝状。单条丝状物称菌丝，交错成团的称菌丝体。菌丝通常为圆管状、无色透明。但一些真菌菌丝（特别是老熟菌丝)可呈现不同颜色。低等真菌菌丝一般没有隔膜,而高等真菌菌丝则有隔膜,因此是多细胞的。虽然隔膜把菌丝分隔成许多细胞,但是细胞与细胞之间有孔道相通,使细胞质或养分能够互相沟通。

真菌在自然界分布很广,空气、水、土壤中都有存在。在 500 克表土中含有4.5 万~2250 万个真菌。真菌可被气流、水流、水溅、昆虫、草坪机械、种子、插条、草块和草皮卷等长距离传播。真菌从死的或腐烂的有机物上取得营养。许多真菌有助于枯草垫的分解,是有益真菌。大约有 200 种真菌在温度和湿度条件适宜时,侵染活的草坪草植株。

真菌是异养生物,获取养分主要靠菌丝吸收,一切营养物质都是在溶液状态下被吸收,并主要取决于真菌的渗透压和真菌细胞膜的透性(真菌细胞液的渗透压往往比寄主高 2~5 倍)。同时,真菌必须分泌多种酶和毒素,杀死寄主细胞,或把复杂有机物分解成较简单的小分子化合物,才可以吸收和利用。一些专性寄生菌,在菌丝上形成各种形态的吸器,伸入寄主细胞中吸收营养。真菌的许多代谢产物对其他生物常有毒害或抑制作用,这是真菌导致草坪草病害的重要因素之一。

真菌的生长和发育,要求一定的环境条件。当环境条件不适宜时,真菌可以发生某种适应性的变态。环境条件主要包括温度、湿度、光和酸碱度等。大多数真菌生长发育的最适温度为 20℃~25℃,相对湿度在 90% 以上,黑暗和散光条件,pH 值范围为 3~9,最适 pH 值为 5.5~6.5 的条件下生长好。植物病原菌多是好氧的,在生长发育过程中,必须有充分的氧气供应才能生长良好。

在恶劣的条件下,草坪草生长差的地方,在枯烂的茎叶上能发现大量的引发病害的真菌。生长弱的或受损的植株对真菌失去许多自然的抵抗能力,所受损害比生长强壮的植株大。真菌菌丝,通过被刈割的草顶部和其他伤口或通过自然孔口(气孔)和直接穿透植株的表皮进入草的植株。真菌在植株内扩展、生长几天或几周后,产生孢子或孢子体,引起更多的侵染或完成它们的生活史。有些孢子在叶表面表现为霉状物(如锈病、雪霉病等);有的在染病植株上产生黑色真菌子实体,埋在染病植株组织上。

真菌生长经过营养阶段后,即转入生殖阶段。先进行无性生殖,产生无性孢子。有的真菌后期在同一菌丝体上进行有性生殖,产生有性孢子。真菌的无性生殖是不经过性细胞结合而直接由菌丝分化形成无性孢子。常见的无性孢子有:①游动孢子,形成于游动孢子囊内;②孢囊孢子,形成于孢子囊内;③分生孢子,产生于由菌丝分化而形成的分生孢子梗上,或由菌丝构成的垫状物即分生孢子盘上,或生在近圆形的分生孢子器里,或由极短的分生孢子梗构成的垫状结构分生孢子座上。常见的有性孢子有：①卵孢子；②接合孢子；③担孢子；④子囊孢子。根据有性孢子的类型，可以将真菌大致分为鞭毛菌、接合菌、担子菌、子囊菌，以及未知菌五大类。

寄主表面长出霉状物、粉状物等是真菌病害的重要标志。鞭毛菌亚门的一些菌，例如绵霉、腐霉、疫霉等，常生活在水中或潮湿的土壤种，导致植物根部或茎腐烂。这类菌在湿度大时，病部生出白毛状病征。比较高等的鞭毛菌，如霜霉菌，接近陆生，多危害植物的地上部分，导致产生叶斑或花、穗变形，在病部生出类似霜的霉状物。鞭毛菌引起的叶斑多数时叶面呈局部褪绿、变黄的斑块，早期不形成坏死斑，斑块也没有深色边缘。子囊菌和半知菌所引起的病害，除少数菌（如白粉菌等）外，一般都形成明显的枯死病斑，并有明显的、颜色较深的边缘，在病斑上产生各种颜色的霉状物或小黑点。担子菌中的锈菌和黑粉菌，常形成呈锈色粉状物或黑色粉状物，其特征格外明显。

（四）高尔夫草坪病害诊断

高尔夫草坪病害种类甚多，传播途径也很多，怎样正确地诊断病害类型以及发生原因和规律，准确地提出有效的防治措施，是病害防治的重要环节。高尔夫草坪真菌病害发生与环境条件有密切的关系，现场观察能基本确定真菌病害发生与地形、地势土壤、气候等因素关系。

高尔夫草坪由于低修剪，靠病株观察不易确立，病症的典型特征是草坪整体发生表现。观察和记录的情况，包括枯草斑大小、形态、严重程度、分布，发生时间，发病部位等内容。注意整体性斑点的形状、单位面积数目、大小、色泽、排列等。尤其是色泽描述是病害诊断的主要观察方法。

由于高尔夫草坪病害的症状往往存在"同症异源"和"同源异症"现象，例如，黄单胞杆菌引起草坪叶斑病，也能引起萎蔫病；因此，症状鉴别不是唯一可靠的方法，还需要做病原鉴定。病原鉴定一般取病组织或徒手切片进行显微镜检查，确定病原种类。

应注意，在寄主已死的部分，有时也有霉状物，这并不是真正的病原真菌，而是腐生菌。为了搞清楚真正的致病真菌，应根据科赫法则对病原进行鉴定和人工接种复验。

（五）高尔夫草坪病害的分类

草坪病害依据病原可分成两大类，即非侵染性病害和侵染性病害。非侵染性病害，也称生理性病害，是由不适宜的环境条件（如干旱、冻害、日照不足等)引起的,只局限于受害植株本身,不具有传染性。其不适宜于草坪植物生长发育的环境条件,称非侵染性病原。如温度过高,引起灼伤;低温,引起冻害;土壤水分不足,引起枯萎;排水不良、积水造成根系腐烂,直至植株枯死;营养元素不足,引起缺素症;还有空气和土壤中的有害化学物质及农药使用不当等。非侵染性病害,常大面积成片发生,全株发病。常见症状为草坪草变色(如缺少草坪生长所必需的营养元素时)、畸形(如因干旱而萎蔫)、枯死(如温度过高或过低)等。

侵染性病害是由病原物侵入寄主(草坪草)体内引起的。引起草坪植物病害的病原生物(简称病原物),称侵染性病原。主要有真菌、细菌、病毒、植原体、类病毒、线虫、藻类和螨类等。病原物属菌类的称为病原菌。这类由生物因子引起的植物病害都能相互传染,有侵染过程,并在适宜条件下可以在植株间传染蔓延,甚至造成流行。因此,侵染性病害又称传染性病害,也称寄生性病害。草坪上常先出现中心病株,有从点到面扩展危害的过程。

非侵染性病害和侵染性病害,有时二者症状相似,而且常常互为因果,伴随发生。例如,当草坪草生长在不适宜的环境条件下时,其抗病性会下降甚至消失,因而容易感染传染性病害。另外,传染性病害也会使草坪草的抗逆性显著降低,更易引起非传染性病害。

通常我们都认为高尔夫球场是最高级别的草坪养护,充足的水、肥、农药以及机械养护;而这些养护的根本出发点,是高尔夫运动对于场地的严格要求,以及由此对高尔夫草坪植物产生巨大的环境压力。高尔夫草坪管理当中,草坪植物必须面对持续而频繁的低修剪,频繁的人流践踏,机械滚压等。由于各种环境或人为损害造成草坪质量下降,远远比由病原物引起的损害要严重得多,在草坪管理中,应尽可能地为草坪草提供适宜的环境条件,增强其抗病性。

二、高尔夫球场主要草坪病害

从草地农业生态学的观点而言,高尔夫球场草坪属于高度人工化的生态群落,受人为扰动严重,由于构成草坪的草种单一,因而群落稳定性不高,病害容易发生。针对高尔夫草坪的高效病害防治策略,需要了解病害发生的环境因子,以及与各种环境因子动态变化的依存关系。通过调整生态系统内的温度、水分、肥料等生长因子,加入杀菌剂、生长调节剂等药剂,改变寄生物与寄主植物的力量变化,对草坪病害进行可持续的治理。

我国高尔夫草坪发生的各种病害累计 30 种,主要病害 10~12 种,包括炭疽病、霜霉病、褐斑病、夏季斑枯病、银元斑病、镰刀菌枯萎病、锈病、腐霉病、白粉病、黑粉病、黑斑病、叶斑病和白叶病等。这些病害可分为两类：一类在冬季处于潜伏状态，春夏秋季节发病和传染，包括炭疽病、银元斑病、镰刀菌枯萎病、腐霉病、白叶病。另一类是春秋发病和传染，夏季处于潜伏状态，包括霜霉病、褐斑病、锈病、白粉病和黑粉病。从全年发病指数来看，1~3月发病个体数量较少，4月份后病害趋重，并逐渐形成高峰，10月份后病害发展变缓或消失。其中炭疽病、霜霉病、银元斑病、腐霉病等病状比较严重，对球场草坪影响更大。

（一）腐霉病

1. 病原物及寄主

高尔夫球场中的草坪草种大部分受到腐霉病病害的威胁，尤其剪股颖、一年生早熟禾、多年生黑麦草、狗牙根、海滨雀稗等草种。病原物为鞭毛菌亚门卵菌纲霜霉目腐霉属真菌，常见的有瓜果腐霉（Pythium aphanidermatum（Eds.）Fitsp）、禾谷腐霉（P.graminicola Subram）、终极腐霉（P.ultimum Trow）、禾根腐霉（P.arrhenomanes Drechsl.）、群结腐霉（P.myriotylum Drechsl）等。

2. 发生

腐霉菌为土壤习居菌，在土壤中和病残体中可存活5年以上。土壤和腐残体中的卵孢子是最重要的初侵染菌源。腐霉菌的菌丝体也可在存活的病株中和病残体中越年。在适宜条件下，卵孢子萌发后产生游动孢子囊和游动孢子，游动孢子经一段时间的游动后静止，形成休止孢子。休止孢子萌发并产生芽管和侵染菌丝，侵入幼苗或成株的根部，以及其他部位，主要在寄主细胞间隙扩展，卵孢子萌发也可直接生成芽管和侵染菌丝。各种来源的菌丝体在适宜条件下也迅速生长并侵染植株不同器官，以后病株又产生大量菌丝体以及无性繁殖器官孢囊梗和孢子囊。孢子囊萌发产生游动孢子或芽管，也能侵染寄主。

腐霉菌游动孢子可在植株和土壤表面自由水中游动传播，灌溉和雨水也能短距离传播孢子囊和卵孢子。菌丝体可借叶片相互接触而传播。菌丝体、带菌植物残片、带菌土壤，则可随工具、人和动物远距离传播。

发病条件：高温高湿有利于高湿活动性腐霉菌侵染。白天最高温30℃以上，夜间最低温20℃以上，大气相对湿度高于90%，且持续14小时以上，腐霉根腐和叶腐易发生。低凹积水的草坪、土壤、枯草层和植物体、经常维持湿润状态的草坪，均易发病。土壤贫瘠，有机质含量低，通气性差，缺磷，氮肥施用过量的草坪，发病亦重。

有些腐霉菌对温度的适应性很强，在土壤温度低至15℃时仍能侵染禾草，导致根尖大量坏死。引起"褐色雪腐病"的一些种类，在积雪覆盖下的高湿土壤中侵染禾草,能耐受更低的温度。

3. 症状

草坪草种子萌发和出土过程中,若受病菌侵染,出现芽腐、苗腐和幼苗猝倒。成株受害,一般自叶间向下枯萎或自叶鞘基部向上呈水渍状枯萎,病斑青灰色,后期有的病斑边缘变棕红色。根部受害可表现不同症状,有的根部产生褐色腐烂斑,根系发育不良,全株生长迟缓,分蘖减少,下部叶片变黄或变褐;有的根系外形正常,无明显腐烂现象或仅轻微变色,但次生根的吸水机能已被破坏,高温炎热时病株失水死亡。

在早晨有露水或湿度很高时,尤其是在雨后的清晨或晚上,腐烂病株成簇状伏在地上,可见棉花白毛状菌丝体;被侵染的叶片,出现水浸状变软,手触有黏液感,中午干燥叶片抽缩并变成红褐色。初期病斑呈圆形褐色斑块,直径2~10厘米,当持续高温高湿病斑合并,产生斑秃或条块状斑秃。

高尔夫球场翦股颖草坪等剪草较低的草坪上,枯草斑最初很小,但迅速扩大。剪草高度较高的草坪,枯草斑较大,形状较不规则。枯草斑内病株叶片暗褐色水渍状腐烂,干燥后病叶皱缩,色泽变浅,高湿时则生有成团的棉毛状菌丝体。多数相邻的枯草斑可汇合成较大的、形状不规则的死草区。这类死草区,往往分布在草场最低湿的区段或水道两侧,有时沿剪草机或其他农业机械作业路线成长条形分布。

4. 防治措施

(1)改善草坪环境条件:建植之前应平整土地,黏重土壤或含沙量高的土壤均需改良,要设置地下或地面排水设施,避免雨后积水,降低地下水位。

(2)种植耐病品种:耐病品种有较强的生理补偿作用,发病后通过增强根系发育而减轻损失。

(3)合理灌水,改进灌水方法。采用喷灌、滴灌,控制灌水量,减少灌水次数,减少根层土壤含水量,降低草坪小气候相对湿度,掌握不干不浇,浇水宜在上午,傍晚不可浇灌。

(4)加强草坪管理:枯草层厚度超过2厘米后要及时清除,高温季节有露水时不剪草,以避免病菌传播。平衡施肥,避免施用过量氮素追肥,增施磷肥和有机肥。

(5)适度修剪:草坪草要特别注意养护,可防腐霉菌寄生。一旦发现病害也要低刈剪,修剪高度一般要在3~4厘米,不能超过5厘米,增加通风透光,抑制再侵染。

(6)药剂保护:发病初期,尤其是高温高湿季节,要及时使用杀菌剂控制病害。保护性杀菌剂如百菌清、多菌灵和代森锰锌,内吸性杀菌剂如乙膦铝、甲霜灵、杀毒矾等均有较好的防治效果。为了防止耐药性的产生,应采用混合使用或交替使用,如代森锰锌–甲霜灵–乙膦铝(1:1:1)或代森锰锌–杀毒矾–乙膦铝(1:1:1)或甲霜灵–杀毒矾(1:1)混合使用。使用浓度、次数和间隔时间视病情而定,一般使用500~1000倍稀释液,间隔10~14天。

(二)褐斑病

1. 病原物及寄主

立枯丝核菌褐斑病,所引起的草坪病害,是草坪上最为广泛的病害。此病菌主要通过土壤传播,所以,寄主范围比任何病原菌都要广。其寄主包括草地早熟禾、狗牙根、假俭草、细弱翦股颖、匍匐翦股颖、细叶羊茅、草地早熟禾、黑麦草、钝叶草、高羊茅和结缕草等。

2. 发生

褐斑病菌以菌核和菌丝通常在草坪草病残体上度过不良环境,它也可以在枯草垫上以腐生方式来存活。当土壤温度达到15.6℃时,菌核开始萌发,真菌开始生长。与大多数真菌一样,褐斑病菌的生长呈圆形。但它在气温达到白天为29℃,夜间达到21℃或更高之前,不会在植株上寄生。病害的发生,并不是突然而来,它的发展需要一个过程,褐斑病菌不但可以从叶间或割口侵入,也可从气孔和直接穿透叶片侵入。当气温变高时,真菌首先侵染根,然后匍匐茎,最后是叶片。立枯丝核病菌在低温期间,侵染草地早熟禾,其症状与镰孢菌所引起的蛙眼病相似。

3. 症状

在高水平管理的草坪,如高尔夫果岭草坪上,被侵染的叶片首先出现水浸状,颜色变暗、变深,最终干枯、萎蔫、转为浅褐色。死去的叶片仍直立。当水分过大,呈饱和状态或早晨有露水时,在大小不等的不规则的圆形褐斑块外沿会出现2~5厘米的"烟环"。当干燥时"烟环"就消失了。草坪草染上该病,草死后被藻类代替,使土面变成蓝色硬皮。

有经验的草坪管理人员,在褐斑病严重发生时能闻到麝香气味。褐斑病在早期只毁坏少量叶片和植株。若连续热天,不及时处理,那么被褐斑病侵染过的地区就会被藻类所覆盖,最终形成很难恢复的硬皮。

4. 防治措施

(1)栽培技术措施:氮肥过高会使病害发生严重。在湿热天气,或湿热天气前,使用含氮量高的肥料,将增加病害的严重度。所以,在此期间要限制氮肥的使用量。一般要求一亩地不要超过 250 克,若在热天氮肥过多,病害就发生严重。磷和钾的用量正常就可以了。结合防治其他病害,早晨尽早将露水除掉。

(2)化学防治:许多接触性杀菌剂和内吸性杀菌剂能防治褐斑病,关键是要及早控制病情的发展,必须在病原菌大量侵染前用药。否则在高温高湿条件下,枯草圈将大量出现。建议在病害多发季节,每 5~7 天喷药一次,褐斑病在症状表现之前,已经被侵染。当发现症状时,早已有很大面积受到侵染。所以,用药剂防治的计划安排要准确。防治褐斑病的杀菌剂有:代森锰锌、百菌清、敌菌灵、苯菌灵、甲基托布津、放线菌酮、福美双、镉类化合物、五氯硝基苯、扑海因、托布津加代森锰锌或福美双。尽量安排混合和交替用药。

(三)长蠕孢菌叶斑病

1. 病原物及寄主
狗牙根草叶斑病是由一种特殊的长蠕孢菌(H.cynodontis)引起的。叶斑病容易出现在春秋多雨、潮湿的地区并造成严重问题。

2. 发生
病菌在草垫和寄主受侵染组织上以休眠菌丝越冬和越夏。在冬末春初气候变潮湿时,在狗牙根草上菌丝打破休眠,变成产孢组织,并产生分生孢子。分生孢子由风、雨等传到健康组织进行浸染。随着气候变暖,叶面病斑趋向消失。叶斑菌的情况非常像草地早熟禾的萎蔫病,但它在夏末、初秋凉爽气候下能恢复。

3. 症状
初始症状是在叶片上出现橄榄绿小点,随着病害的发展,斑点逐渐长成大的棕绿至黑色病斑。若叶片侵染严重,最终变成浅古铜色病斑。病株叶多而短小,茎细而节间短。草坪建植两年后容易发病,随后蔓延,全年发展,春秋尤重。

4. 防治措施
(1)栽培技术:在早春和早秋,减少氮肥用量,有助于防治叶斑病。保持磷和钾正常使用量。避免在早春和早秋或白天过量供水,这样容易使叶片干枯。

(2)化学防治:大多数接触性杀菌剂 7~10 天喷药一次,直到发病停止。

(四)长蠕孢菌网斑病

1. 病原物及寄主
长蠕孢菌网斑病是由网斑长蠕孢菌所引起的,寄主包括细叶羊茅和高羊茅。由长蠕孢菌引起的网斑病,是在春秋凉爽期间所发生的病害,它常被误称为"叶斑病"。在夏季暖和气候下,在细叶羊茅上所发生的长蠕孢菌病害实际上是由麦根腐平脐蠕孢(H.somkinianum)所引起的。从现有资料来看,叶斑是细叶羊茅上主要病害,而不是网斑病。

2. 发生

网斑病的发生与草地早熟禾萎蔫病相似。真菌在感病植株上严重侵染,在春秋凉爽气候期间,叶斑与根茎和根腐两者同时发生。在暖和天气,细叶羊茅的衰退病是由麦根腐平脐蠕孢所引起的。在植株和草垫上度过休眠期。在春天植株被侵染的部分产生的分生孢子由水溅或风刮到健康植株组织。在春天,病害叶斑阶段不太引人注意。虽然症状不会扩大,但夏天暖和天气时,在细叶羊茅上容易分离到麦根腐平脐蠕孢。不管是哪一种长蠕孢菌,可能两者都有,它们都限制了细叶羊茅的广泛使用。

3. 症状

初始症状与其他长蠕孢菌病害相似,在叶片上出现小的紫至黑色病斑,最终会扩大。细叶羊茅上,病斑扩大至整个叶片宽度。阔叶片的高羊茅草坪植株上最初出现不规则深至黑色横纹,这些黑色横纹相交结在一起,形成网状,称为"网斑病"。

4. 防治措施

(1)栽培技术:细叶羊茅是一种在低水平管理下的禾草。使用少量氮肥及磷、钾肥将有助于细叶羊茅的生长。细叶羊茅能适应相当干旱的条件,而不能忍受过多的水分。

(2)抗病品种:品种 C-26 的抗病性大概是最好的。

(3)化学防治:主要使用接触性杀菌剂。每隔 7~10 天喷药一次,最好是在病发开始前喷药,直至夏末。主要的杀菌剂有:百司清、代森锰锌、朴海因。

(五)长蠕孢菌红叶斑瘤病

1. 病原物及寄主

病原物为长蠕孢菌,寄主包括细弱翦股颖和匍匐翦股颖。通常发生在温暖、潮湿的地方,也有报道在美国的伊利诺伊州,多伦多匍匐翦股颖草坪上发生,整个生长期该病很严重。

2. 发生

病菌休眠期在草垫病残死株及活的组织上存活,在春末,产生分生孢子。在温暖的天气,红色叶斑病能使匍匐翦股颖草坪变弱。在球道草坪有 30% 变弱时,有时还可忽略不计,但在果岭上这一比例,就不能忽视。

3. 症状

病斑开始时与其他长蠕孢菌引起的叶斑病相似,在叶片上出小而深红褐斑点。病斑发展,中心呈枯草色,造成草坪植株干枯条症状。由红色叶斑病菌侵染,造成匍匐翦股颖严重变弱。

4. 防治措施

(1)栽培技术:在温暖天气期间,减少氮肥用量会大幅度减少红色叶斑病的严重度,且磷肥和钾肥必须维持所需水平。

(2)化学防治:使用接触性杀菌剂如百菌清、代森锰锌等。每7天喷一次药,直至天气变凉为止。朴海因可在发病初期,连续喷2~3次,每次间隔20天左右。

(六)长蠕孢菌叶斑病

1. 病原物及寄主

病原物为长蠕孢菌,寄主包括早熟禾、草地早熟禾、细叶羊茅、细弱翦股颖、匍匐翦股颖和黑麦草。

2. 发生

病原菌以菌丝和分生孢子在寄主病叶组织内越冬,来年当气候条件适宜时,成为初侵染源。在病斑上分生孢子进行重复侵染。

3. 症状

叶斑病或叶腐病,在早春和晚秋开始在叶片上出现小的褐至红色、紫黑色病斑,病斑迅速扩大,呈圆形、椭圆形、不规则形。病斑中央常呈现浅古铜色或枯草色。病斑边缘呈红褐或紫黑色。在潮湿条件下,许多病斑可以连在一起将病斑呈带状围起来,使叶片从尖部变黄、古铜或红褐色至死亡。当叶片出现许多病斑时,叶片可能会全部烂掉、萎蔫和死亡。在气温凉爽时,病斑只局限于叶片上,但在潮湿条件下,它将侵染叶鞘、根茎和根,在短期内草坪会变得稀疏。

4. 防治措施

(1)栽培技术:在长蠕孢菌叶斑病发生期间,保持草坪湿润有助于减少甚至阻止病害的发生。

(2)化学防治:几种杀菌剂用于长蠕孢菌叶斑病,所有这些杀菌剂都是接触性杀菌剂。除朴海因外,多数杀菌剂每隔7~10天用药一次,在病害刚发生时用药最好。具体的杀菌剂为百菌清、代森英、福美双。

（七）币斑病

1. 病原物及寄主

币斑病,是由核盘菌引起的。在雨后或湿度高的天气之后,随着严重干旱,病害尤为严重。寄主包括早熟禾、狗牙根、假俭草、细弱翦股颖、匍匐翦股颖、黑麦草、草地早熟禾、钝叶草和结缕草。

2. 发生

核盘菌以休眠菌丝在被侵染的植株、土壤中越冬。病菌在15.5℃~32℃时开始活动,最适侵染温度21℃~32℃,在这个温度范围内至少有两个生理小种会使草坪发生银元斑病。一种在凉快气候条件下致使草坪发病;另一种是喜欢在高温的白天和凉快的夜间。这两种联合毒素会导致翦股颖叶片和根部退化。在温度15.5℃~26.8℃产生毒素,使根部发褐,并侵染叶部。这种病不产生正常孢子,所以病害的传播借外界的力量。

3. 症状

病斑圆形,发白或枯草色。单个病斑大小与银元相似,从而得名为币斑病。在草坪的凹陷处,特别是草坪被剪成13厘米或更短的地区,病斑尤为明显。单个病斑能相互结合,并毁坏大批草坪草。在早晨,当草坪有露水时,新鲜的病斑上可见到灰白色,绒毛状的真菌菌丝。病害的传播靠割草机或其他维护草坪的设备,将受侵染的植物组织带到别处。被侵染的植物组织也能被高尔夫鞋或高尔夫车所携带。银元斑病在叶片上呈漂白或浅铜色病斑,占据叶片整个宽度。在翦股颖、紫羊茅、结缕草和狗牙根的叶片上,病斑末端有红褐色横纹,而在早熟禾上却看不到类似的情况。

4. 防治措施

（1）栽培措施:在气温高的生长季节里,要轻施勤施氮肥。这样既有利于植物的生长,也有利于控制病害发生。有人认为币斑病发生最重要的原因不是氮肥所造成,而是土壤含水量少所致。所以,草坪发生币斑病时,要保持一定的水分和适量的氮肥。最好将栽培措施与杀菌剂防治相结合。除掉露水是高尔夫果岭上防治币斑病的栽培防治最常用的方法。一般用竹竿、胶皮管、或用水冲。用水将寄主物吐出来的水冲掉或稀释,会使叶片干的更快,也会降低病害的严重度。

（2）抗病品种:对币斑病,匍匐翦股颖和普通早熟禾无抗病品种,只是中等抗病或中等感病。为防止草坪草因币斑病造成严重毁坏,需要用杀菌剂来处理。

（3）化学防治:主要有苯菌灵、甲基托布津、乙基托布津、百菌灵、镉类化合物、扑海因或五氯硝基苯、托布津加福美双或代森锰锌等杀菌剂可以防治币斑病。

（八）春季死斑病

1. 病原物及寄主

引起春季死斑病的病原物，在不同地区有所差别。在澳大利亚，病株的匍匐茎和根部产生深褐色有隔膜的菌丝体和菌核，有时在死亡的组织上还可观察到病原菌的子囊果。引起澳大利亚春季死斑病的病原菌为子囊菌亚门、腔菌纲、格孢腔菌目及小球腔菌属（Leptosphaeria）的两个种（Leptosphaeria narmari J.Walker and A.M.Smith 和 Leptosphaeria korrae J.Walker and A.M.Smith）。在北美洲、日本等地的病原菌还没有确定。小球腔菌在寄主根和根状茎表面生成暗褐色有隔的匍匐菌丝和较纤细的侵染菌丝，菌核和子囊座主要生于根状茎上。菌核扁平，暗褐色，直径60~400微米。气生菌丝通常在初生根与次生根连接处形成。在匍匐茎、根或茎基部附近的叶鞘处形成黑色的菌核和假囊壳。寄主主要为狗牙根属草坪草，结缕草草坪也有发生。

2. 发生

病原菌在土壤中存活，春季和秋季温度较低，土壤湿度较高时病原菌最活跃。10℃~20℃时土壤中病原菌生长最快。春季寄主茎叶恢复生长后，受害最明显。肥力低下的草坪发病较轻，夏末大量施氮肥可导致严重发病。在北美，仅11月日均温低于13℃的地区发病。

3. 症状

休眠的禾草春季恢复生长后，草坪上出现圆形褐色枯草斑，斑内枯株死亡。枯草斑直径一般为数厘米至1米左右，发病后3~4年内枯草斑往往在同一位置重复出现。约2~3年后枯草斑中心部植株存活，枯草斑变为环带状。狗牙根病株根和根状茎腐烂，病根和根状茎上往往生有暗色丝状体和核状物。

4. 防治措施

春季死斑病的发病期集中在每年的2~5月，这个时期天气通常都不稳定。春季死斑病的发病原因和光、温、水、气和肥有直接的关系。因此可以针对这几个方面采取相应措施，加以掌控，从而将各种因素调配到最适合草坪生长的状态。

（1）为了保证草坪草安全越冬并维持其正常生长，我们在头年的11月前通常会对草坪进行许多相关特殊保养和作业，像梳草、打孔和施含钾量高的专用肥等；这样做的目的是，虽然我们无法改变当时的天气温度，但我们可以通过人力作业来改善和增强草坪草的抗逆性和生存能力,从而使草坪草能够在极为不利的温度条件下安全过渡。

（2）要坚决控水。要有意识地适当保持草坪表面干燥,这样草坪就会去寻水而往下扎根。决不能有积水现象。

（3）对于果岭部位而言,可使用果岭专用渗透剂,对防止果岭干斑有很好的功效。它可以很好地改善果岭土壤的渗透性,在解决果岭表面积水现象的同时保持果岭表面干燥。

（4）谨慎处理春季草坪返青施肥。2～5月,有时会出现少见的艳阳天气,但总体温度和地下温度还不够高;此时,如果为了对草坪催青,贸然用含氮量过高的肥料施肥,由于高温的作用,草坪会生长得很快,颜色也很漂亮;但这个时期的天气往往变化多端,很不稳定,稍有不慎,球场草坪就会因氮肥施用过多而生长过快,抗病能力减弱,容易发生春季死斑病害。

（九）仙环病

1. 病原物及寄主

仙环病,又称蘑菇圈病,是草坪草较为常见的一种病害,由大量的土壤顶层植物残渣和土壤习居的腐生担子菌引起。这些担子菌包括伞菌目和马勃目20余属的50多种真菌,其发生较多的有杯伞属、环柄菇属、马勃属、小皮伞属、硬皮马勃属、口蘑属等真菌。其中,硬皮马勃属引起的蘑菇圈最常见。

2. 发生

蘑菇圈的出现可能导致草坪草死亡,一般沙壤土、低肥和水分不足的土壤上病害最严重。浅灌溉、浅施肥、枯草层厚、干旱都有利于病害的发生。但关于死草机理,目前无定论,已有的假说:①土壤内充满真菌菌丝体,阻止水分渗透,草坪草因此而死;②真菌活动导致土壤中氨浓度升高;③真菌产生的氰化物积累浓度过高;④禾草根部被真菌直接侵染;⑤草坪草发育受到削弱,因其他病菌侵染或环境胁迫而死亡。

3. 症状

春末夏初潮湿草坪上,常出现直径不一的暗绿色圆圈,宽度多为10～20厘米,圈上禾草生长旺盛,高茂粗壮,叶色浓绿,圈内禾草衰败枯死,在枯草圈内侧还可能出现次生旺草区。夏末雨后或灌溉后,外圈茂草带出现环状排列的担子果。草地的这一特殊现象,称为"仙人圈"（蘑菇圈）。圈的直径不等,小的数厘米,大的5～10米。多个仙人圈可相互交错重叠。草坪土壤质地较轻,肥力较低,水分不足时仙人圈发生较多。

4. 防治措施

可用甲醛或溴甲烷熏蒸,也可打孔浇灌萎锈灵、苯来特、灭菌丹或百菌清等杀菌剂药液。或者更换草坪,将仙人圈前后50厘米,深20~75厘米范围内的土壤移走,补以未被污染的净土。在仙人圈影响范围内补充灌水施肥,以促进禾草正常生长,同时铲除杂草。

由此,也可在蘑菇圈周边采取打孔、并大量灌水的措施对上述不利于草坪草生长的环境条件进行改良,帮助草坪草恢复。打孔是为了通氧,灌水是为了溶解土壤中过多的氮素并将其排走。

第二节　高尔夫球场草坪虫害防治

一、高尔夫球场草坪虫害概述

在草坪草生长发育过程中,常受到很多动物的为害,这些动物绝大多数是有害昆虫。昆虫属于节肢动物门昆虫纲,是动物界中种类最多的一类,全世界已知的昆虫种类在100万种以上,约占所有动物种类的80%。

危害高尔夫草坪草的害虫,有两类进食口器,一种是咀嚼式口器如蛴螬、地老虎等;另外是刺吸式口器如长蝽、介壳虫和蚜虫等。

对高尔夫球场草坪危害很大的一般为地下害虫。地下害虫又称根部害虫,种类繁多。地下害虫的特点是长期潜伏在土中,食性很杂,危害时期多集中在春秋两季。地下害虫的发生与土壤的质地、含水量、酸碱度、圃地的前作和周围的花木等情况有密切关系。例如,地老虎喜欢较湿润的黏质土壤。金龟子的幼虫(蛴螬),适生于中性或微酸性的土壤。蝼蛄多发生在轻盐碱地、黏沙壤、湿润、松软而多腐殖的荒地及河渠附近。常见的害虫有:鳞翅目的地老虎、鞘翅目的蛴螬(金龟子幼虫)、金针虫,直翅目的蟋蟀、蝼蛄和等翅目的白蚁等。

有害昆虫对高尔夫草坪伤害程度取决于虫口密度。虫口密度,受害虫种类、水分、温度及食料等诸多因素的影响。例如,果岭区域的虫口密度90%集中于果岭边缘区域;而球道区域,那些地势较低、树木较多、与池塘水域较近的区域,其虫口密度也比较高。

几乎所有地区的害虫均以休眠态越冬。当秋季来临时,由于温度下降,昆虫停止进食。春季气温回暖时候,又开始危害高尔夫草坪。我国南方害虫活动越冬时间短,危害期长;北方相对越冬时间长,危害期短。

（一）生活史

昆虫在一年中发生经过的状况,称为生活史,包括越冬虫态,一年中发生的世代,越冬后开始活动的时期,各代历期、各虫态的历期、生活习性等。了解害虫的生活史,掌握害虫的发生规律,是防治害虫的可靠依据。

昆虫的个体发育可分为胚胎发育和胚后发育两个阶段。胚胎发育指从卵受精开始到幼虫破开卵壳孵化为止。胚胎发育是在卵内进行的。胚后发育指幼虫自卵中孵出到成虫性成熟为止。在外部形态和内部构造上,昆虫的一生要经过复杂的变化,有若干次由量变到质变的过程,从而形成几个不同的发育阶段,这种现象称为变态。

昆虫经过长期的演化,发生了不同的变态类型,大致可分为不完全变态和完全变态。不完全变态昆虫,一生经过卵、幼虫(若虫)、成虫三个虫态。不完全变态主要有下面两个类型:

(1)渐变态:如蝗虫、蝽象、蝉等昆虫的幼体与成虫形态、习性和生活环境相似,仅体小、翅和附肢短,性器官不成熟,这类变态也称渐变态,其幼虫称"若虫"。

(2)半变态:蜻蜓的成虫陆生,幼虫水生,幼虫在形态和生活习性上与成虫明显不同,这类变态称半变态,其幼虫称"稚虫"。

完全变态昆虫,一生经过卵、幼虫、蛹、成虫四个虫态,如甲虫、蛾、蝶、蜂、蚁、蝇等。完全变态类的幼虫不仅外部形态和内部器官与成虫很不相同,而且生活习性也完全不同。从幼虫变为成虫过程中,口器、触角、足等附肢都需经过重新分化。因此,在幼虫与成虫之间要历经"蛹"来完成剧烈的体型变化。

卵期是昆虫个体发育的第一个时期,是指卵从母体产下后到孵化出幼虫所经过时期。卵是一个不活动的虫态,所以昆虫对产卵和卵的构造本身都有特殊的保护性适应。

幼虫期是昆虫个体发育的第二个时期。从卵孵化出来后到出现成虫特征之前的整个发育阶段,称为幼虫期(或若虫期)。幼虫期的明显特点是大量取食,积累营养,迅速增大体积。从实践意义来说,幼虫期对园林植物的危害最严重,因而常常是防治的重点时期。

自末龄幼虫脱去表皮至变为成虫所经历的时间,称为蛹期。蛹是完全变态类昆虫由幼虫变为成虫的过程中必须经过的虫态。末龄幼虫脱去最后的皮称化蛹。

成虫期是昆虫个体发育的最后一个时期。成虫期雌雄性的区别已显示出来,复眼也出现,有发达的触角,形态已经固定,有翅的种类,翅也长成,所以昆虫的分类以成虫为主要根据。成虫期的主要任务是交配产卵,繁殖后代。因此,成虫期本质上是昆虫的生殖期。

(二)高尔夫球场草坪虫害防治技术

1. 疏草施药

高尔夫草坪芜枝层栖息大量虫卵和成虫。清除枯草层是防治虫害最好的方法之一。疏草作业之后喷洒农药效果最高。未疏草而单独施药效果较差。枯草层清除后,应及时烧埋,以免虫害扩散。

2. 打孔灌药

根据果岭边缘害虫常常聚集特点,选择7~9月蛴螬接近地表活动期间,于果岭边缘采用打孔灌药、浇水作业链,集中杀灭蛴螬等虫害。作业链之后24小时检查果岭环圈,灭虫率达80%以上。果岭边缘经一次打孔灌药后,保持低害状态为1年。

3. 分次施药

根据成虫和幼虫的不同生活习性,按照害虫生活史进行分次集中杀灭成虫、减少幼虫。

幼虫施药时间大约在农药最敏感期,例如,蛴螬施药敏感期在7~9月。地老虎等蛾类幼虫,其施药时间在草坪上方有大量飞蛾后1~2周。成虫一般都隐藏在乔灌木、长草区,可集中人力于成虫出土后较短时间内来进行杀灭。比如选择昆虫交配季节,在夜晚8点左右,使用高压喷枪对成虫聚集的树丛集中喷药。

4. 黑光灯诱杀

利用黑光灯是杀灭成虫最有效的方法之一。即采用3600A紫外线的低压汞气荧光灯诱集灭杀。黑光灯诱集昆虫效果可达15目,100多科,数百万种,其中大多数为害虫。一个20W的黑光灯,最低诱集直径以200米计算,有效诱集面积为3公顷左右,18洞球场大约需安装15~20个此类黑光灯用于控制虫害。

二、高尔夫球场主要草坪虫害

(一)蛴螬

蛴螬是各种金龟子幼虫的总称。蛴螬体近圆筒形,常弯曲成"C"字形,乳白色,密被棕褐色细毛,尾部颜色较深,头橙黄色或黄褐色,有胸足3对,无腹足。专门取食园林植物根茎部,引起植株萎蔫而死。而其成虫金龟子,则食性很杂,花、叶和果实均是其取食对象。蛴螬以高尔夫草坪草根系为食料,充分发育的幼虫依种不同,长 1.3~3.8 厘米不等。

金龟子近年来对草坪的危害日趋严重,成为草坪的主要地下害虫之一。由于我国南北气候差异,蛴螬生活史最短为 1 年,最长为 2~4 年。如铜绿金龟子一年发生一代,以幼虫越冬,成虫出现于 5~11 月,盛期则为 6~8 月,雌雄交配后,雌成虫在高尔夫草坪土壤中产卵并孵化幼虫,开始进食草坪根系,此后蛴螬蜕皮长大。当秋季土壤温度转低时,停止进食并在土壤深层越冬。春季土壤温度转暖,蛴螬向上移动至土壤表层重新恢复进食。随着蜕皮长大,进入化蛹阶段,5 月后化蛹完成,成虫出土并开始交配产卵,进入新的生命周期。

金龟子以乔灌木叶子为食料。蛴螬以草坪根茎为主要食料。此虫食量大,爆发性强,短时间内即可将成片草坪破坏得残缺不全。每 1 平方米若有 30 头蛴螬就能严重伤害高尔夫草坪。当高尔夫草坪根系遭受蛴螬危害时候,轻者影响草坪的美观,重者造成草坪大面积枯死甚至毁灭。草坪受到蛴螬危害,植株生长出现失绿、萎蔫现象,大面积斑秃,较严重的则成片死亡。用手一提,就能掀起大片草坪并在掀起草坪的地面上看到大量的幼虫。受害草坪多呈长条状枯死斑,严重降低草坪的观赏价值。蛴螬为地下害虫,防治起来非常困难。如果防治方法不当,则既达不到预期的目的,又浪费了大量的人力、物力和财力。

亚热带高尔夫球道和果岭区草坪,主要蛴螬种类为铜绿金龟子、华南大黑鳃金龟子、大绿金龟子和浅棕鳃金龟子。在垂直空间分布上,4 种蛴螬主要活动于食物丰富的上中层土壤空间(0~10 厘米),少数出现于球道部分区域的 10~15 厘米活动和取食。亚热带地区雨季球道区高地(长草区和短草区高地)蛴螬密度是旱季的近一倍,是雨季凹地的数倍。雨季凹地(长草区和短草区凹地)虫口密度正好相反。无论旱季还是雨季,高水平养护区虫口密度都高于同时期的粗养护区。

果岭区的虫口密度较为复杂。边缘区虫口密度约占 90%,中央区数量很少。在果岭和球道区,均发生显著的蛴螬迁徙。旱季球道区蛴螬主要分布于地下较深土壤中(5~11 厘米),雨季向地表迁移(2~5 厘米)。周年在 0.3~7 厘米土层活动,9~10 月接近地表。

(1)成虫防治

①金龟子成虫一般都有假死性,可利用人工振落捕杀大量成虫;②夜出性金龟子成虫大多有趋光性,可设置黑光灯进行诱杀;③成虫发生盛期,可喷洒2.25%功夫乳油 3000~5000 倍液、40.7%乐斯本乳油 1000~2000 倍液、30%佐罗纳乳油 2000~3000 倍液、25%爱卡士乳油 800~1200 倍液。

(2)蛴螬防治

根据我国学者马宗仁的研究,发现蛴螬危害果岭具有典型的区隔化特征。

蛴螬在果岭的分布具有集聚性,因而果岭草坪受损严重限制在部分区域内。区隔集聚的害虫高密度位于发球台和果岭边缘区域,占整个蛴螬密度的80%~90%。一般在春季4~5月,秋季9~10月,针对蛴螬集聚区域包括果岭裙带、果岭环、果岭内侧边缘打孔施药,可以有效控制蛴螬的危害。在蛴螬集中区域,通过打孔灌根、施用50%辛硫磷乳油和50%马拉硫磷乳油1000~1500倍稀释液,可以有效控制虫口数目。

(二)蛾类

危害高尔夫草坪的几种蛾类的总称。幼虫为毛虫。毛虫因种的不同而有棕色、绿色和灰色等变化。多数身上散布黑色或暗棕色的圆斑。充分发育的毛虫体长约1.9厘米左右。这类害虫在中国北方通常一年1~2代,南方则有多代。常以幼虫越冬,翌年春化蛹为成虫。白天成虫隐蔽于障碍区,夜间雌雄交配并在黄昏时飞翔产卵,成虫以草坪茎叶为食。

高尔夫草坪毛虫具有咀嚼式口器。危害高尔夫草坪程度视虫口密度而定,虫口密度大小与气候等因素有关。在干旱季节,高尔夫果岭、发球台、球道等短草区更易受害。测毛虫最简便的方法是利用去污垢剂,将去污垢剂洒在棕色高尔夫草坪斑块等可疑虫害发生地。如有毛虫,则其忍受不了去污垢剂的刺激而纷纷爬出地表。通常采用2.8升(L)配30毫升(mL)去污垢剂效果最好。

(三)蝼蛄

蝼蛄生活在土壤中,以草根、匍匐茎、根状茎、昆虫和蚯蚓为食料。

蝼蛄淡棕色,被覆柔毛,具有锹状短足,善于在土壤中挖土打孔。因其生活史为不完全变态发育,幼虫称若虫,成虫长约3.8厘米。春季蝼蛄在土壤中打孔产卵,若虫在秋季变为成虫,每年一代。蝼蛄在土壤中打孔,甚至会将草植株连根拔起,并造成高低不平的土丘现象,严重影响高尔夫草坪竞技表面。

(四)蚂蚁

蚂蚁属膜翅目,蚁科。大部分蚂蚁是社会性的昆虫,群居于穴巢内,能筑巢、堆土。在巢内生活产卵的是蚁后,不育性的雄性蚂蚁称为工蚁。穴内还有幼蚁和蛹。春天或秋天,蚁群能产生有翅雄蚁和雌蚁。它们能飞舞并交配,从而产生一个新的蚁群。由于蚂蚁的筑穴和打洞,往往使得草坪草的根部裸露而死亡。蚂蚁有堆土的习性,在洞口筑成蚁山,因而在草坪上形成许多小土堆,影响草坪的美观。

草坪中常见的蚂蚁有小黑蚁、草地蚁和窃蚁,在草坪中或草坪的附近,还有一种叫做红外来火蚁的重要害虫。这种蚂蚁不仅在草坪上建筑蚁山,蔓延很快,而且还能叮人,在高尔夫球场中和家庭草坪上都可见到。这种蚂蚁喜欢在向阳地和黏土地堆蚁山。在管理较好的草坪上,蚁山一般只与草同等高度,而在未刈割的草坪,蚁山可达到4.5~6.5厘米高。

可采用毒饵诱杀蚁后的方法,减少虫口数量。当蚂蚁为害时,常喷施伏蚁灵、辛硫磷和菊酯杀虫剂等,并结合硫化碳灌巢、熏杀等方法,效果明显。

(五)长蝽

长蝽是危害高尔夫草坪最严重的地上害虫。北方通常为一年一代,南方代数依温度而定,通常为一年5~7代。长蝽具刺吸式口器。刺吸幼嫩枝叶,危害高尔夫草坪,使其枯萎褪绿。

长蝽喜欢居住向阳处,叶鞘、匍匐茎、枯草层是长蝽常见产卵处。夏季干旱时,虫害危害最烈。当夏季高尔夫草坪出现可疑黄色斑块时,应分开草层,仔细检查土壤表面和枯草层有无长蝽。若发现成虫或虫卵,须立即使用杀虫剂。雨季,高尔夫草坪湿度增加,真菌滋生,能杀灭长蝽,控制虫口密度。

(六)蚯蚓

蚯蚓属于环形动物门,不是昆虫。蚯蚓终年生活在草坪区土壤中,一般喜欢生活于潮湿低温、高有机质含量的土壤里。在土壤中打洞,摄取土壤、植物的落叶、根和其他物质的碎片等,然后爬到土表大量排泄,使得草坪土表面形成许多凹凸不平的小土堆,草坪变得很不美观。在高尔夫球场上出现许多小洞和排泄物,是十分令人讨厌的。

蚯蚓的这些活动能使得土壤疏松和肥沃,但是当栖居数量过多时,将导致草坪凹凸不平,变得泥泞妨碍使用,甚至引起草坪的退化。由于蚯蚓取食的范围是整个土壤,活动面广,深度可达到草根,较难防治,某些杀虫剂如亚砷酸钙对于进入土面的蚯蚓还是有效的化学制剂。

第三节　高尔夫球场草坪杂草防治

一、高尔夫球场草坪杂草概述

草坪草的颜色、叶片质地和植株密度的一致,对耐用和美观极为重要。为了达到一致性,所选的植物种类必须在整个草坪中存在且生长速度相似。如果草坪中有除建植草坪草种之外其他植物的生长和存在,可能会影响草坪的密度、颜色或质地。这些长错了地方的草本植物称为杂草。杂草对高尔夫球场危害主要是杂草与草坪草争夺阳光、水分、营养等资源,并主动或被动地释放各种化学物质干扰高尔夫草坪正常生长和发育。另外,杂草还是许多病虫害的寄主或越冬场所,是病虫害的重要传染源。

(一)草坪杂草的类型

防治高尔夫草坪杂草的首要工作,就是利用植物分类学和生物学知识对草坪杂草进行识别和分类,并以此为依据来确定有效的防治方法。杂草的生长习性越接近所选用的草坪草品种或草坪草的混合品种,对它们的防治就越困难。

按照杂草的生活史和生长习性,可以将其分为三类:一年生杂草、二年生杂草和多年生杂草。一年生杂草在一年内完成其生活史。二年生生杂草在两年内完成其生活史,在第一年生长季内发育到局部成熟,在第二年生长季内开花结果直至死亡。多年生杂草能生长很长时间,通常以休眠状态越冬,这些杂草在下一年生长季利用储藏的能量恢复生长,它们也能用种子繁殖。

一年生杂草在一年生内完成其生活史,且按照种子正常发芽的季节分为冬型一年生杂草和夏型一年生杂草。冬型一年生杂草在秋冬发芽,植株处于未成熟的状态度过冬季,在来年春天进一步进行营养生长、开花和结子,这类杂草,常常又被叫做越年生杂草,如荠菜、猪殃殃、婆婆纳、繁缕、看麦娘等。夏型一年生杂草在春天发芽而在夏天或秋天结子,如稗草、马唐、反枝苋、黎等。二年生杂草的种子在春秋两季都能发芽,常见的有小飞蓬、牛蒡子等。多年生杂草能存在许多生长季,如野胡萝卜。两年生杂草和一年生杂草一样,以种子繁殖。

多年生杂草又分为简单多年生杂草和匍匐多年生杂草。简单多年生杂草如车前草,只能以种子传播,地下茎被破坏后,可从地下营养组织长出新苗。于高尔夫球场常见的有,苣荬菜、刺儿菜、田旋花等。

而匍匐多年生杂草,如狗牙根、双穗雀稗、空心莲子草、田旋花、香附子等,既可以用种子繁殖,又可以用营养器官繁殖。防治起来最为麻烦。

在草坪中发现的杂草从植物学可分为单子叶植物和双子叶植物。但是从杂草防除的角度出发,通常将草坪杂草分为三类:禾草、莎草和阔叶草。单子叶杂草中不仅包括禾草和莎草,还包括一部分阔叶杂草。

草坪常见的一年生禾草有马唐、牛筋草、狗尾草、稗草。多年生禾草有狗牙根、双穗雀稗和铺地黍等。常见的莎草有香附子和水蜈蚣。常见的阔叶草有天胡荽、酢浆草、地锦和三点金等。

亚热带地区高尔夫球场草坪杂草中主要杂草种类组成和时间生态位,草坪杂草群落中各类杂草总共 59 种,其中禾本科 14 种,莎草科 4 种,另外 41 种为阔叶杂草。优势种杂草为香附子、水蜈蚣、黄花酢浆草、铺地藜、牛筋草、马唐草、天胡荽、狗尾草、空心莲子草、马齿苋、鸡眼草、两耳草等。

(二)杂草生态学特点

高尔夫草坪是一种典型的人工生态系统,其主体元素就是草坪草,杂草是草坪草的潜在替代者。只要草坪草生长不好,杂草就会有机会出现并占领一定区域,与草坪草争夺水分、光照、空间和养分。草坪若出现稀疏甚至裸露地面,杂草通常比草坪草更快地占领这些地方,而草坪覆盖面的丧失大大地降低草坪整体质量及其竞争力。

如果杂草在草坪中长期存在,则表明草坪的生长条件不适宜。土壤的物理性能不良(板结、渗水或结构差等)会影响草坪草的生长,让杂草生长蔓延。例如萹蓄草能在严重板结的土壤中广泛生长,能在低氧条件下生存发展,在板结的土壤中尤为典型,而大多数草坪草不能在这种条件下良好生长。萹蓄草存在和生长的地区可能表明土壤板结,要通过打孔铺沙来减轻土壤板结,改变土壤结构,给予草坪草以新的竞争机会。

某些植物在正常生长期间能产生产生化学物质,当这些物质进入土壤溶液时,会对周围的草坪草产生毒害。这些异株克生化合物能使这一地区的植物种类的平衡发生很大的改变。某些杂草就能分泌这类化合物来强烈抑制草坪草的生长。而某些草坪草种(如黑麦草)对其他草的生长也有抑制能力。对这类化合物的收集和浓缩,可能有益于直接防治杂草。

影响杂草生长的因素包括气候、土壤及草坪养护措施。

首先是气候因素。各个地区都有稳定的温度、水汽、光照条件,各类杂草也只能在特定的适应区域内和气候条件下分布生长。各种气候条件当中,极限温度对于杂草生长和分布最为关键。杂草每每在不利生境下采取休眠策略。在休眠期间,杂草通过产生种子或营养器官(如匍匐茎、根茎、块茎、或鳞茎)在最低代谢速度下存活,保持必要的组织及储藏营养,在当情况恢复正常时再恢复到正常的生长速度。

为了保证传播,一年生杂草产生丰富的种子。多年生杂草只产生一些种子,主要依靠储藏器官年复一年地生存下来。有些条件能防治杂草种子于不利条件下萌发,如坚硬的外种皮能机械性防治种子吸水萌发。有些品种产生抑制化学物,这些物质必须在种子萌发前冲洗掉,一些草坪杂草在最初萌发过程中需要短期的光照。有些品种的种子在还没有成熟时就从植株上脱落,需要一个后熟阶段,才能发芽。

对草坪的日常保养工作也极大地影响着杂草的存活。过度灌溉会促进马唐、早熟禾等杂草的种子萌发;打孔通气及疏草等操作的时机与强度对杂草的发芽也有影响。高尔夫球场频繁的施肥,其肥力条件也能影响一些杂草品种的生长,如早熟禾的生长与土壤含磷量成正相关。

(三)杂草种子的萌发

萌发是杂草种子的胚由休眠转变为生理生化代谢活跃、胚胎体积增大并突出子实皮、长成幼苗的过程。萌发需要适宜的环境条件,不同的杂草所需的环境条件有某些差异,但均要求较为充足的氧和水,对氧的要求似乎更决定于O_2/CO_2两者的比例。如看麦娘的子实在低氧分压或过高氧分压下,发芽率都不高,只在氧含量达20%时发芽率最高,而猪殃殃最适宜的氧含量是11.6%(见表13-1)。氧含量随土壤的深度呈反比,这种对不同氧分压的要求,可以保证不同种杂草子实在不同土壤深度萌发出苗。

表 13-1　氧气含量对杂草种子萌发率的影响

氧气含量(%)	种子萌发率	
	看麦娘	猪殃殃
1.3	50.3	16.0
11.6	75.0	92.6
20.0	91.6	53.2
50.0	56.0	50.0

杂草种子的萌发在自然界具有周期性的节律,其发芽盛期通常均在生长最适时机来临时出现。如看麦娘、野燕麦有秋冬和春季两个萌发盛期,荠菜、繁缕、早熟禾等均长年萌发,但春秋有两个高峰,龙葵仅在夏季萌发,萹蓄仅在春秋萌发等。

杂草种子萌发需要适宜的温度,范围低于其下限温度或高于其上限温度,种子都不会萌发。并且在这个范围中有一个最适温度(见表13-2)。

只有吸水膨胀后,杂草种子中细胞的细胞质呈溶胶状态,活跃的生理生化代谢活动才能开始,当种子的水分大于14%时,才能确保这一过程。通常当土壤湿度达到田间持水量的40%~100%时,杂草种子发芽。杂草种子越大,需求的湿度一般也越高。

有些杂草种子只有在光照条件下才能较好萌发,如马齿苋、藜、繁缕、反枝苋、鳢肠、狗尾草等;而曼陀罗等的种子只在黑暗条件下才能萌发;灯心草等无论在光照或黑暗条件下都能很好发芽。光照长短和光质对萌发也有影响,这是因为光对杂草种子萌发的影响主要是通过种子内部的活跃型(Pfr)和非活跃型(Pr)光敏色素比例而起作用的。前者促进种子萌发,后者抑制萌发,而光质则影响这种转换。致密的草坪上,某些杂草种子难以萌发出苗,原因在于草坪草的叶冠层透过的光含更多的远红光,而将杂草种子中的光敏色素促变为非活跃型。

表 13-2 部分杂草萌发所需的温度

杂草名	温度(℃)		杂草名	温度(℃)	
	范围	最适		范围	最适
稗草	13~45	20~35	荠菜	2~35	15~25
野燕麦	2~30	15~20	繁缕	2~30	13~20
牛筋草	20~40	25~35	藜	5~40	15~25
狗尾草	7~40	20~25	马齿苋	17~43	30~40
早熟禾	2~40	5~30	酸模叶蓼	2~40	30~40
猪殃殃	2~20	7~13	反枝苋	7~35	20~25
遏蓝菜	1~32	28~30	泽漆	2~35	20

某些杂草种子对光的需求,会受到环境条件的影响,像变温、贮藏等因素。如刚成熟的反枝苋种子发芽有需光性,在土壤中埋藏一年,需光性消失,而稗草种子则恰恰相反。此外,土壤各种条件通过直接或间接的方式影响到杂草种子的萌发。杂草种子在土壤中的埋藏深度间接影响到萌发。小粒种子杂草在土表或接近土表处萌发较好。土壤中的硝酸盐含量对萌发有刺激作用,如狗尾草和藜的种子。土壤类型、pH 值及物理性质也影响杂草种子的萌发。

上述诸因子对杂草种子的萌发影响常常是综合的。有时,一个因素会影响到几个因子的变化,从而复合作用到种子的萌发。杂草的营养器官的萌发与杂草种子的萌发一样,受上述诸因子的影响和制约,也有其周期节律性。

(四)杂草的发生、分布规律

我国幅员辽阔,南北地区气候差别较大,不同地区杂草的主要种类不同。

北方地区杂草的主要种类有：一年生早熟禾、马唐、稗草、金色狗尾草、异型莎草、藜、反枝苋、马齿苋、蒲公英、苦荬菜、车前、刺儿菜、委陵菜、堇菜、野菊花、荠菜等。

南方地区杂草主要种类有：升马唐、稗、皱叶狗尾草、香附子、土荆芥、刺苋、马齿苋、蒲公英、多头苦菜、阔叶车前、繁缕、阔叶锦葵、苍耳、酢浆草、野牛蓬草等。

新建植草坪与已成坪草坪由于生态环境、管理方式等方面的差异，主要杂草的种类也不同。如北方地区新建植草坪杂草的优势种群为：马唐、稗草、藜、苋菜、莎草和马齿苋等；已成坪老草坪的主要杂草种类是：马唐、狗尾草、蒲公英、苦荬菜、苋菜、车前、委陵菜及荠菜等。

地势低洼、容易积水的园圃以香附子、异型莎草、空心莲子草、野菊花等居多；地势高燥的园圃则以马唐、狗尾草、蒲公英、堇菜、苦菜、马齿苋等居多。

不同的杂草由于其生物特性不同，其种子萌发、根茎生长的最适温度不同，因而形成了不同季节杂草种群的差异。一般春季杂草主要有：蒲公英、野菊花、荠菜、附地菜及田旋花等。夏季杂草主要有稗草、牛筋草、马唐、莎草、藜、苋、马齿苋、苦荬菜等。秋季杂草主要有马唐、狗尾草、蒲公英、堇菜、委陵菜、车前等。

（五）高尔夫草坪杂草的防治方法与策略

在高尔夫球场草坪中，低剪、频剪的果岭和发球台草坪很难有杂草侵入。但在北方地区，一年生早熟禾因其适应高水平的管理条件，能够成功侵入。防除一年生早熟禾的最好办法，就是大量补播匍匐翦股颖或用草皮替换受害草坪，增高翦股颖密度。在南方地区，侵入果岭的往往是球道草，如海滨雀稗经常侵入果岭狗牙根，天堂草419（Tifway419）经常侵入矮天堂（TifDwarf）构成的果岭和发球台。香附子，也是侵入果岭的主要杂草之一。

果岭杂草防治应避免使用除草剂。果岭草坪低矮，修剪频繁，伤口较多且容易吸收除草剂。果岭土壤中，沙粒成分很高，吸附药剂功能较弱。果岭区域灌溉较多，造成除草剂加速吸收或洗脱。因此，果岭使用除草剂，风险很高，且除草效率较低，应该首选人工拔除。

球道杂草防除，主要应用化学防除和生态防除，特别应重视高草区和树下、花圃等区域的杂草防除。在高尔夫球场现行的草坪管理实践当中，以根茎繁殖的杂草如香附子和水蜈蚣生长竞争能力最强，资源利用能力较强。因此，有学者认为，有必要改变现行的球场管理制度，首先以维护草坪主体的生长为主要目标，在某一时段适度缩减水肥供应，压缩杂草生态位，而不断加高尔夫草坪密度。这种方案在短时间内要求提高剪草高度，降低球场草坪竞技水平，但是从长远而言,尽量提高草坪生态位才是维持高品质草坪的关键。这对改变我国高尔夫球场草坪养护单位费用过高,水肥过度供应的现状也是一个启示。

杂草防除依其作用原理,可分为生物防除、化学防除和机械防除。要控制杂草的危害必须坚持"预防为主,综合治理"的原则,重视生物防除,并建立因地制宜的以化学除草为主的综合防除体系。而预防杂草危害的工作重点有二:①通过科学管理,使环境条件有利于草坪草而不利于杂草生长;②使用不含杂草的种子和无杂草的草皮建植草坪,阻止杂草结子,防止杂草入侵和蔓延。

1. 人工拔除

当一年生禾草危害时,最为行之有效的防除方法就是人工拔除。人工拔除杂草目前在我国的草坪建植与养护管理中仍普遍采用,它的最大缺点是费工费时,还会损伤新建植的幼小草坪植物。

2. 生物拮抗抑制杂草

生物拮抗抑制杂草是新建植草坪防治杂草的一种有效途径,主要通过加大草坪播种量,或播种时混入先锋草种,或通过对目标草坪的强化施肥(生长促进剂)来实现。

(1)适时适量播种,促进草坪植物形成优势种群。

由于不同杂草对发芽的温度要求不同,因而在同一温度条件下,杂草的发芽不如草坪发芽整齐。适时播种,可发挥草坪从播种到成坪这一时期的竞争优势。在新建植草坪时加大播种量,造成草坪植物的种群优势,达到与杂草竞争光、水、气、肥的目的。通过与其他杂草防除方法如人工拔除及化学除草相结合,使草坪迅速郁闭成坪,由于杂草种子在土壤中的分布存在一定的位差,可以使那些处于土壤稍深层的杂草种子因缺乏光照而不能萌发。

(2)混配先锋草种,抑制杂草生长。

先锋草种如多年生黑麦草及高羊茅出苗快,一般6~7天就可以出苗,而且出苗后生长迅速,前期比一般杂草的出苗及生长均旺盛,因此,可以在建植草坪时与其他草坪品种进行混播。绝大部分杂草均为喜光植物,种子萌发需要充足的光照,而早熟禾等冷季型草坪植物均为耐阴植物,种子萌发对光的要求不严格。由于先锋草种的快速生长,照射到地表的太阳光减少,这样就抑制了杂草种子的萌发及生长。而冷季型早熟禾等草坪植物种子萌发和生长不受到较大的影响,从而达到防治杂草的目的。但先锋草种的播种量最好不要超过10%~20%,否则,也会抑制其他草坪植物的生长。

(3)对目标草种强化施肥,促进草坪的郁闭。

目标草坪植物,如早熟禾等,达到分蘖期以后,先采取人工拔除、化学除草等方法防除已出土的杂草,在新的杂草未长出之前,采取叶面施肥等方法,对草坪植物集中施肥,促进草坪地上部分的快速生长及郁闭成坪,以达到抑制杂草的目的。喷施的肥料以促进植株地上部分生长的氮肥为主,适当加入植物生长调节剂、氨基酸以及微量元素。

3. 合理修剪抑制杂草

合理修剪可以促进草坪植物的生长,调节草坪的绿期以及减轻病虫害的发生。同时,适当修剪还可以抑制杂草的生长。大多数植物的分蘖力很强,耐强修剪,而大多数的杂草,尤其是阔叶杂草则再生能力差,不耐修剪。

4. 化学防除

对大多数多年生杂草,人工拔除,不能除根,只能依靠化学防除。禾本科草坪中阔叶杂草的化学防治已经具有相当长的历史,最早是从 2,4-D 除草剂开始。此后陆续开发了苯氧羧酸和苯甲酸等类型很多的除草剂,目前生产上应用的主要有 2,4-D、二甲四氯、麦草畏、溴苯腈和使它隆等。

由于禾本科草坪植物与单子叶杂草的形态结构和生物学特性极其相似,采用化学除草剂防治杂草有一定的困难。需要将时差、位差选择性与除草剂除草机理相结合,目前主要以芽前除草剂为主。近几年又开发了芽后除草剂,在草坪管理的应用中取得了较好的效果。

此外,氟草胺、灭草灵、恶草灵、施田补、西玛津、大惠利、地乐胺等广谱性除草剂可以芽前防治单、双子叶杂草。但一般只能应用于生长多年的禾本科草坪,新建植的草坪上应慎重使用。

目前,在草坪杂草防治的实践中,经常采用复配制剂来防治草坪中的杂草。如 2,4-D 与二甲四氯混合,2,4-D 与麦草畏混用可以扩大防治双子叶杂草的杀草谱;溴苯腈与芽后除草剂的交替使用可以在一个生长季内科学地防除杂草。如果使用地乐胺或大惠利等进行土壤封闭,可以同时防治马唐、稗草、狗尾草、藜、苋、马齿苋等。

随着农药环境污染问题的日益严重,人类最终可通过生物技术解决杂草问题,如通过转基因技术培育出对环境污染较少或生物降解较快的除草剂(如草甘膦)具有抗性的草坪新品种。同时也可能培育出一些在较低的养护管理水平上应用,具有很强的生物竞争力的草坪栽培品种。

二、高尔夫球场主要草坪杂草

在高尔夫球场草坪的养护工作中,与防除杂草相关的工作占的比例很大。杂草在球场适宜的水肥条件下,往往比球场草坪草具有更强的竞争优势。比如在球场喷头或排水井附近,水蜈蚣的危害程度就比其他区域更为猛烈,而在少肥或干旱的长草区,水蜈蚣的危害就轻得多。

在南方高温高湿的气候条件下,几乎每个季度都有杂草发芽,在同一时段内,杂草的叶龄参差不齐,世代重叠。既要防除幼苗、又要防除苗后早期杂草,还要防除大龄开花杂草,且杂草种类较多,杂草防除的方案选择非常复杂,具体工作也就更加繁复。

高尔场草坪中常见的杂草有稗草、牛筋草、马唐、一年生早熟禾、狗牙根、马齿苋和香附子等。

(一)稗草

稗草又名稗子、光头稗、芒稷、水稗子,属禾本科一年生杂草。秆较细弱;叶鞘压扁;叶线形。圆锥花序狭窄,分枝为总状花序,长不超过 2 厘米;排列于主轴一侧,在一个平面上,小穗规则地成四行排列于分枝轴一侧。小穗无芒。水、旱、园田都有生长,也生于路旁田边、荒地、隙地,适应性极强,既耐干旱、又耐盐碱,喜温湿,能抗寒,繁殖力惊人,一株稗有种子数千粒,最多可结一万多粒。种子边成熟、边脱落,体轻有芒,借风或水流传播。种子发芽深度为 2~5 厘米,深层不发芽的种子,能保持发芽力 10 年以上 。

稗草芽前用 25%恶草酮(恶草灵)乳油 0.2mL/m^2,兑水 75mL/m^2 喷雾,喷后灌溉。直播草坪播前 18 天,用 23.5%乙氧氟草醚(果尔)乳油0.1mL/m^2,兑水 60mL/m^2 喷雾,喷后灌溉。百慕大、结缕草、早熟禾生长期,稗草芽前:用恶草酮乳油 0.2mL/m^2,兑水 90mL/m^2 喷雾,喷后灌溉。稗草 4~7 叶,用草坪宁 2 号 0.09g/m^2,兑水 60mL/m^2 喷雾,间隔 7~10 天后,以同样用量再喷一遍。超过 7 叶期,人工拔除。

(二)牛筋草

牛筋草又名蟋蟀草。禾本科 1 年生晚春杂草,茎扁平直立,高 10~60 厘米,韧性大。叶光滑,叶脉明显,根须状,发达,入土深,很难拔除。穗状花序 2~7 个,呈指状排列于秆顶,有时 1~2 枚生于花序之下。小穗无柄,外稃无芒。颖果三角状卵形,有明显的波状皱纹。

牛筋草芽前用草坪宁 1 号 0.0114g/m^2 或草坪宁 42 号 0.12g/m^2,兑水 80mL/m^{2}喷雾,喷后灌溉。牛筋草 3 叶前用草坪宁 2 号 0.09g/m^2,兑水 45mL/m^2 喷雾,不用灌溉。高羊茅、黑麦草草坪中,牛筋草 1~3 叶,用草坪宁 2 号 0.09g/m^2,兑水80mL/m^2 喷雾。超过 3 叶期的牛筋草,人工拔除。

（三）马唐

马唐又名抓根草、万根草、鸡爪草，禾本科一年生晚春杂草。株高 40~60 厘米，茎多分枝，秆基部倾斜或横卧，着土后节易生不定根。叶片条状披针形，叶鞘无毛或疏毛，叶舌膜质。花序由 2~8 个细长的穗集成指状，小穗披针形或两行互生排列。

马唐芽前用草坪宁 1 号 0.015g/m² 或草坪宁 42 号 0.1g/m² 兑水 75mL/m² 喷雾。马唐 1~4 叶用草坪宁 2 号 0.09g/m²，兑水 75~100mL/m² 喷雾。马唐 4~7 叶，用草坪宁 2 号 0.09g/m²，兑水 75~100mL/m² 喷雾，间隔 10 天，以同量 2 号再喷一遍。超过 7 叶期的马唐，人工拔除。

（四）一年生早熟禾

一年生早熟禾是禾本科 1 年生或 2 年生杂草。秆丛生，直立，基部稍向外倾斜；叶片光滑柔软，顶端呈船形，边缘微粗糙。叶舌圆形，膜质。圆锥花序开展，塔形，小穗绿色有柄，有花 3~5 朵，外稃卵圆形，先端钝，边缘膜质，5 脉明显，脉下部均有柔毛，内稃等长或稍短于外稃，颖果纺锤形。

以杂交狗牙根为球道草的高尔夫草坪的发球台周围，会混杂有一年生早熟禾，这种杂草会起簇，妨碍球手打球，也会与草坪争肥、争水。一年生早熟禾，芽前至 2 叶期，用草坪宁 75 号 0.4g/m² 和草坪宁 42 号 0.2g/m²，兑水 75~100mL/m² 喷雾。药后灌溉，不仅可使 2 叶前的早熟禾缓慢死亡，还可以控制早熟禾的萌发，控制期长达 60~75 天。也可用 25% 恶草酮（恶草灵）乳油 0.3mL/m²，兑水 75~100mL/m² 喷雾，药后喷灌。

（五）狗牙根

暖季型草坪草当中的狗牙根一般来源于两条渠道，一是通过移栽草坪的根茎或植株带入，二是原有的土壤中存在狗牙根。对诸如结缕草等球道或长草区草坪中零星发生的狗牙根，可利用草坪宁 3 号加草坪宁 9 号 15mL，再兑水 2L，对狗牙根叶片进行涂抹毒杀。

（六）马齿苋

马齿苋又名马齿菜、马杓菜、长寿菜、马须菜，马齿苋科一年生杂草。肉质匍匐，较光滑，无毛；茎带紫红色，由基部四散分枝；叶呈倒卵形，光滑，上表面深绿色，下表面淡绿色。花黄色，花腋簇生，无梗；蒴果圆锥形，盖裂；种子极多，肾状卵形，黑色，直径不到 1 毫米。

马齿苋芽前用草坪宁 1 号 0.0114g/m² 加草坪宁 38 号 0.05g/m²,兑水 75mL/m² 喷雾,药后灌水数次。马齿苋 1~2 叶期草坪宁 6 号 0.045g/m²,兑水 45mL/m² 喷雾。马齿苋 2~4 叶期用草坪宁 10 号 0.36g/m²,兑水 45mL/m² 喷雾。

(七) 香附子

香附子又名回头青,莎草科多年生杂草,匍匐根状茎较长,有椭圆形的块茎。有香味,坚硬,褐色。秆锐三棱形,平滑。叶较多而短于秆,鞘棕色。叶状苞片 2~3 枚,比花序长。聚伞花序,有 3~10 个辐射枝。小穗条形,小穗轴有白色透明的翅;鳞片覆瓦状排列;花药暗红色,花柱长,柱头 3 个,伸出鳞片之外。小坚果矩圆倒卵形,有三棱。夏、秋间开花,茎从叶丛中抽出。种子细小。

针对暖季型草坪的香附子,芽前用草坪宁 38 号 0.088g/m² 加草坪宁 42 号 0.31g/m²,兑水 75mL/m² 喷雾,药后灌水 2~3 次,保持土表高度湿润至少 7 天。隔 2~3 个月再喷一次药,连喷 2 次,可根除。针对香附子生长期,特别在 6~7 叶期,用草坪宁 7 号① 100mL 加草坪宁 71 号 15g,兑水 10kg,采用药物定点施放方式对香附子叶片进行涂抹毒杀。涂抹后要尽量推迟剪草,至少 24 小时不要浇水。草坪宁 7 号为液体形态,一般为 100mL 瓶装,草坪宁 71 号则为固体形态。芽后除草的效果,与药物浓度和植物吸收部位最为相关,所以此阶段控制好药物配制浓度比较关键,不能按面积施药,因为草坪宁 7 号药效很强,如果均匀施药,容易造成周边目标草坪的损害,正常草坪草会受药害影响而死。

【本章小结】

识别和诊断常见的病害、虫害和杂草,并且综合利用各种养护措施解决球场草坪实际养护过程中遇到的有害生物防治问题,是本章学习的重点。

【思考与练习】

1. 高尔夫球场常见的病害有哪些,如何防治?
2. 高尔夫球场常见的虫害有哪些,如何防治?
3. 高尔夫球场常见的杂草有哪些,如何防治?

---

① 草坪宁 7 号为液体形态,一般为 100mL 瓶装,草坪宁 71 号则为固体形态。芽后除草的效果,与药物浓度和植物吸收部位最为相关,所以此阶段控制好药物配制浓度比较关键,不能按面积施药,因为草坪宁 7 号药效很强,如果均匀施药,容易造成周边目标草坪的损害,正常草坪草会受药害影响而死。

总 策 划:刘 权
执行策划:李红丽
责任编辑:李红丽 赵 天

图书在版编目(CIP)数据

高尔夫球场建造与草坪养护/常智慧,李存焕主编. —北京:旅游教育出版社,
2012.5(2024.7)

(高尔夫俱乐部服务与管理专业规划教材)
ISBN 978-7-5637-2397-3

Ⅰ.①高… Ⅱ.①常… ②李… Ⅲ.①高尔夫球运动—体育场—草坪—管理—
教材 Ⅳ.①S688.4

中国版本图书馆 CIP 数据核字(2012)第 075627 号

"十二五"职业教育国家规划教材
高尔夫俱乐部服务与管理专业规划教材
高尔夫球场建造与草坪养护
(第2版)
主 编 常智慧 李存焕
副主编 尹淑霞 黄登峰 杜玉珍

出版单位	旅游教育出版社
地 址	北京市朝阳区定福庄南里 1 号
邮 编	100024
发行电话	(010)65778403 65728372 65767462(传真)
本社网址	www.tepcb.com
E-mail	tepfx@163.com
印刷单位	三河市灵山芝兰印刷有限公司
经销单位	新华书店
开 本	787 毫米 × 960 毫米 1/16
印 张	19.25
字 数	282 千字
版 次	2017 年 1 月第 2 版
印 次	2024 年 7 月第 3 次印刷
定 价	42.00 元

(图书如有装订差错请与发行部联系)